页岩气与致密砂岩气井
工厂化作业技术

刘乃震　编著

石油工业出版社

内 容 提 要

本书以威远页岩气和苏里格致密气钻完井和压裂工厂化作业的案例为基础，从工厂化的概念入手，系统介绍了工厂化作业的技术、装备和配套流程，包括工厂化平台地质工程一体化部署、批量钻井、钻井液重复利用、同步压裂、集中测试、标准化操作等内容，提出了工厂化作业的发展方向。本书力求取材新颖，理论联系实际，研究与应用结合，突出系统性和实用性。

本书可供从事页岩气与致密砂岩气等非常规油气藏钻探研究人员、现场工程技术人员阅读，也可供石油院校相关专业师生作为教学参考书。

图书在版编目（CIP）数据

页岩气与致密砂岩气井工厂化作业技术／刘乃震编著 .—北京：石油工业出版社，2020.1

ISBN 978-7-5183-2459-0

Ⅰ．①页… Ⅱ．①刘… Ⅲ．①油页岩－气井管理②致密砂岩－气井管理 Ⅳ．① TE37

中国版本图书馆 CIP 数据核字（2018）第 015344 号

出版发行：石油工业出版社

（北京安定门外安华里 2 区 1 号　100011）

网　　址：www.petropub.com

编辑部：(010) 64523583　图书营销中心：(010) 64523633

经　　销：全国新华书店

印　　刷：北京中石油彩色印刷有限责任公司

2020 年 1 月第 1 版　2020 年 1 月第 1 次印刷

787×1092 毫米　开本：1/16　印张：14.25

字数：380 千字

定价：120.00 元

（如出现印装质量问题，我社图书营销中心负责调换）

版权所有，翻印必究

序

随着油气勘探开发的进程推进，常规油气资源越来越少，页岩气、致密气等难动用非常规油气资源占有比例越来越多。据估计，全球页岩气资源量约为 $457 \times 10^{12} m^3$、致密砂岩气资源量约为 $400 \times 10^{12} m^3$、煤层气资源量约为 $260 \times 10^{12} m^3$。我国页岩气资源量为 $134 \times 10^{12} m^3$、致密气资源量 $(17 \sim 25) \times 10^{12} m^3$、煤层气资源量 $36.8 \times 10^{12} m^3$。如果采用常规技术开采，经济效益差，甚至不具备开发价值。"工厂化作业技术"的出现使这些非常规油气资源得以经济有效开发。

"工厂化作业技术"采用类似工厂流水线式的生产方法或方式，在同一地区集中布置大批相似井，使用标准化的装备，以生产或装配流水线的作业方式，通过批量施工、交叉作业、物资共享和集中管理等多种途径来减少土地占用面积、节约资源、降低成本，进而提高油气田开发效益。该技术作为油气资源高效开发的重要抓手，受到了国内外油公司和技术服务商的青睐。

我国非常规油气资源储量丰富、分布广泛、潜力巨大，可采资源量为 $(20 \sim 120) \times 10^{12} m^3$。在我国经济快速发展，油气需求量持续增长的今天，非常规油气作为替代常规油气的战略资源，其勘探开发的重要地位日益凸显。

中国石油集团长城钻探工程有限公司经过多年的攻关，在引进工厂化作业理念的基础上，通过精细分析苏里格致密气和威远页岩气"储层甜点"，优化井位部署及实施有效地质跟踪，创新钻机整体平移技术和交叉压裂、体积压裂与转向压裂技术，应用系统工程的思维与方法，集中配置人力、物力、投资、组织等要素，优质高效地组织施工和生产，形成了集工厂化平台优化部署、工厂化钻井、工厂化钻井液优选、工厂化压裂、工厂化测试于一体的"页岩气与致密砂岩气井工厂化作业技术"，并在现场应用中取得了良好效果。

《页岩气与致密砂岩气井工厂化作业技术》面向现场实践，理论联系实际，在收录大量详实数据和图表基础上，全面介绍了工厂化作业系列技术，既有较强的理论性又有大量的施工经验，充分展示相关配套技术的认识、探索和创新过程。相信此书对于从事类似油气田开发和生产建设人员具有较高的理论和实际参考价值，是一部难得的好书。

我衷心希望"工厂化作业技术"能得到普及推广，希望此书对促进我国非常规能源的开发起到推动作用。

中国工程院院士

2019 年 12 月 20 日

前　　言

油气井工厂化作业基于流水线生产理念和模式,是提高工程施工效率、降低成本、提高经济效益的重要技术手段。美国是世界上实施油气井工厂化作业最早,技术最成熟,应用规模最大的国家。自2001年美国Nabors钻井公司提出工厂化作业理念,在北达科他州巴肯页岩气田开展试验以来,应用规模不断扩大,2012年工厂化作业占比达到70%,2018年突破90%。

国内海洋石油率先引入油气井工厂化作业模式,主要用于海上平台开发,随后逐步应用到陆地,基本采用边摸索、边学习、边实践、边完善的工作思路。

长城钻探是国内陆上开展油气井工厂化作业探讨与实践最早的单位之一,技术发展比较快,应用规模也比较大,经历了联合作业、攻关试验和规模应用三个阶段。

2012年,长城钻探在苏里格南与道达尔公司合作,成功实施双钻机、单排9口井工厂化作业,打破了单兵作战的传统观念,拉开了致密气丛式井工厂化作业的序幕。在苏里格南共完成63个平台560口井,平均机械钻速13.77m/h,同比提高37.29%;平均钻井周期18.55天,同比缩短39.77%;平均建井周期24.28天,同比缩短43.26%。

2013年,长城钻探在苏里格气田风险作业区块苏53井区,率先实施双排13口丛式水平井平台工厂化批量钻完井、压裂作业,为规模化推广应用丛式水平井平台工厂化作业奠定了坚实的基础。通过创新管理理念和集成应用先进实用技术,采取"流水线作业、批量化施工、程序化控制、规范化管理"的方式,实现了钻井、压裂、试气作业"三同时",投产时间比计划提前50天,取得"六个当年"的突出业绩,即:当年部署井位、当年征地建井场、当年完钻、当年压裂、当年试气、当年投产。钻井时效和开发效果大幅提升,同比机械钻速提高了31.3%,钻井周期和建井周期分别缩短了45.2%和44.6%,节约投资和费用800余万元。采用段内暂堵转向密切割压裂和双水平井拉链式同步压裂,有效提高了改造效果,平台初期日产达$124\times10^4m^3$。截至2018年12月底,累计产气达$6.45\times10^8m^3$。

自2014年以来,长城钻探在威远风险作业区块率先开展工厂化批量钻完井作业。5年来共完成了22个页岩气平台85口水平井,平均井深4867m、水平段长1591m,平台建井周期由343天缩减到176天,最短176天,同比缩短49%。累计压裂、投产14个平台68口井,共完成1339段压裂施工,平均每天施工2.14段,总液量$244.2\times10^4m^3$,平均单井液量$3.60\times10^4m^3$,平均单段液量$1826.0m^3$;总砂量$8.65\times10^4m^3$,平均单井砂量$1319.24m^3$,平均单段砂量$67.5m^3$,创造了川南页岩气首个日产百万立方米平台,引领了威远页岩气开发。

从2012年的跟踪学习,到2013年开展丛式水平井组先导试验,再到2014年以来的规模应用工厂化作业模式,长城钻探通过引进国外工厂化作业理念,在不断深化地质认识、厘清目标"甜点"、优化井位部署、实施精准地质导向的基础上,应用系统工程的统筹方法,创新了工厂化钻完井及压裂试气配套适用技术,高效组织生产,形成了基于"集约化平台布井、钻机快速平移、丛式水平井批量钻井、钻井液重复利用、废弃物不落地处理、拉链式协同压裂、远程技术支持与决策"等为核心的工厂化作业系列特色技术,成功应用于致密油气、页岩气开发，取得了良好的开发效果，多项工程被评为中国石油集团工厂化作业的典范工程。成绩的取得来之不易，离不开中国石油集团有关部门、有关油气田和兄弟单位的大力支持，离不开广大科研人员刻苦攻关，更离不开一线队伍管理和操作人员的辛勤劳作。有成功的喜悦，也有失败的教训；有亮点，有不足；有优势，也有差距。将工厂化作业的经验、教训、亮点和差距等进行整理、归纳、总结并编写成书，希望能有助于读者全面真实地了解油气井工厂化作业的发展历程，从中得到一些启示；也希望石油工作者能够在实践中不断丰富和发展油气井工厂化作业技术，扩大应用规模，持续提高作业效率，为我国非常规油气资源高效开发提供技术支持。若能如此，足矣。

本书在编写过程中，王廷瑞、王龙、于铁峰、李玉城、柳明、杨龙、罗达、高清春、赵云、李壮、王西贵、解东品、陈思路、杨鹏、吴则鑫、王立军、王佳露、郭修成、匡绪兵、李晴等同志做了大量资料收集整理工作，在此深表谢意。

本书历时三年，五易其稿，油田开发专家刘俊荣、李伟、刘志良、何凯、贾海燕、于开斌，钻井专家王立波、刘旭礼、高远文、余雷、刘日江、阎卫军、朱忠伟，井下作业专家蔡长宇，压裂专家刘福健、黄生松、董德忠等在百忙之中抽出大量时间对书稿进行审阅，石油工业出版社编辑对此书提出了很好的建议，在此一并表示感谢。

由于编者水平有限，书中不足之处在所难免，敬请读者批评指正。

刘乃震
2019 年 11 月　北京

目　　录

第一章　绪论 ………………………………………………………………………………… 1

　第一节　工厂化作业的概念和基本特征 ……………………………………………………… 1
　　一、工厂化作业的概念 …………………………………………………………………… 1
　　二、工厂化作业的基本特征 ……………………………………………………………… 2
　第二节　工厂化作业发展历程及现状 ………………………………………………………… 5
　　一、工厂化作业发展历程 ………………………………………………………………… 5
　　二、工厂化钻完井技术现状 ……………………………………………………………… 8
　　三、工厂化作业钻井设备及工具现状 …………………………………………………… 12
　　四、工厂化压裂技术现状 ………………………………………………………………… 14
　第三节　工厂化作业技术发展方向 …………………………………………………………… 18
　　一、向地质工程一体化方向发展 ………………………………………………………… 18
　　二、向钻井压裂大型化方向发展 ………………………………………………………… 18
　　三、向井网部署、平台井压裂一次成型方向发展 ……………………………………… 19
　　四、向数字化、信息化方向发展 ………………………………………………………… 19
　　五、向自动化、智能化方向发展 ………………………………………………………… 19

第二章　施工工区地质概况 ……………………………………………………………… 20

　第一节　苏 53 区块地质概况 ………………………………………………………………… 20
　　一、井震联合小层对比与微构造识别 …………………………………………………… 20
　　二、储层反演和砂体预测 ………………………………………………………………… 21
　　三、沉积微相研究 ………………………………………………………………………… 22
　　四、储层模拟 ……………………………………………………………………………… 23
　　五、裂缝分布规律预测 …………………………………………………………………… 25
　第二节　威远作业区块地质概况 ……………………………………………………………… 26
　　一、精细层位标定与构造特征 …………………………………………………………… 26
　　二、页岩沉积相特征 ……………………………………………………………………… 27
　　三、页岩地化特征 ………………………………………………………………………… 29
　　四、优质页岩层段储层特征 ……………………………………………………………… 30
　　五、含气性特征 …………………………………………………………………………… 32
　　六、气藏特征 ……………………………………………………………………………… 33
　　七、优质页岩划分标准 …………………………………………………………………… 34

第三章　丛式井组平台位置优化 ………………………………………………………… 36

　第一节　丛式井组平台模型建立与求解 ……………………………………………………… 36
　　一、地面建设费用模型的建立 …………………………………………………………… 37
　　二、钻完井费用模型的建立 ……………………………………………………………… 39
　　三、丛式水平井钻井平台规划模型的建立 ……………………………………………… 40

第二节　工厂化作业井场布置 …………………………………………………………… 42
　　　　一、井场布置原则 …………………………………………………………………… 43
　　　　二、工厂化作业井场布置技术要求 ………………………………………………… 43
　　　　三、钻前道路要求 …………………………………………………………………… 44
　　第三节　苏53大井丛组合平台井场优化部署 …………………………………………… 44
　　　　一、大组合平台井场优选原则 ……………………………………………………… 45
　　　　二、优选依据和结果 ………………………………………………………………… 45
　　第四节　威远丛式水平井平台井场优化部署 …………………………………………… 50
　　　　一、威远丛式水平井平台井场优化原则 …………………………………………… 50
　　　　二、井位部署依据 …………………………………………………………………… 51
　　　　三、井位部署参数 …………………………………………………………………… 52
　　　　四、井位部署结果 …………………………………………………………………… 54
　　第五节　苏里格南丛式定向井平台优化部署 …………………………………………… 55
　　　　一、苏里格南丛式定向井平台优化设计 …………………………………………… 55
　　　　二、井身结构选择及剖面优化 ……………………………………………………… 55

第四章　工厂化钻井作业关键技术 …………………………………………………………… 58
　　第一节　平台井位优化设计技术 ………………………………………………………… 58
　　　　一、平台布井方式优选 ……………………………………………………………… 58
　　　　二、平台布井设计 …………………………………………………………………… 58
　　　　三、靶点优选与分配 ………………………………………………………………… 63
　　第二节　钻机平移技术 …………………………………………………………………… 68
　　　　一、步进式钻机平移装置 …………………………………………………………… 68
　　　　二、导轨式钻机移动装置 …………………………………………………………… 71
　　　　三、轮式钻机平移装置 ……………………………………………………………… 73
　　第三节　批量钻井技术 …………………………………………………………………… 73
　　　　一、批量化钻井施工作业工序设计原则 …………………………………………… 74
　　　　二、批量化钻井施工作业顺序 ……………………………………………………… 74
　　　　三、批量化钻井施工流程 …………………………………………………………… 75
　　　　四、批量化施工管理 ………………………………………………………………… 75
　　　　五、批量钻井施工实例 ……………………………………………………………… 76

第五章　丛式水平井（定向井）钻井技术 …………………………………………………… 80
　　第一节　地质工程一体化导向技术 ……………………………………………………… 80
　　　　一、地质工程一体化导向理论 ……………………………………………………… 80
　　　　二、钻完井信息化轨迹导向技术 …………………………………………………… 85
　　　　三、远程信息化支持技术 …………………………………………………………… 89
　　　　四、地质工程一体化导向效果 ……………………………………………………… 90
　　第二节　井身剖面及井身结构优化设计 ………………………………………………… 93
　　　　一、井眼轨道设计 …………………………………………………………………… 93
　　　　二、平台井组防碰设计 ……………………………………………………………… 100

三、井身结构设计 ··· 105
第三节　水平井摩阻监测分析技术 ··· 108
　　一、影响钻柱摩阻因素研究 ··· 108
　　二、三维刚杆摩阻扭矩计算模型建立 ··· 108
　　三、现场摩阻扭矩监测及分析 ··· 109
第四节　苏里格大组合平台水平井（定向井）施工技术 ··· 121
　　一、一开井段 ··· 121
　　二、二开井段 ··· 121
　　三、三开井段 ··· 121
　　四、完井工作 ··· 122
　　五、应用效果 ··· 122
第五节　威远丛式水平井施工技术 ··· 122
　　一、一开井段 ··· 123
　　二、二开井段 ··· 123
　　三、三开井段 ··· 123
　　四、完井模板 ··· 123
　　五、应用效果 ··· 124
第六节　苏里格南丛式定向井施工技术 ··· 124
　　一、钻具组合 ··· 124
　　二、$\phi 88.9mm$ 油管固井 ··· 125
　　三、丛式定向井工厂化实施效果 ··· 125

第六章　工厂化作业钻井液技术 ··· 127

第一节　工厂化钻井钻井液技术特点 ··· 127
　　一、工厂化钻井钻井液与常规钻井液的差异 ··· 127
　　二、工厂化钻井作业对钻井液相关设备的要求 ··· 128
第二节　工厂化钻井钻井液体系优化 ··· 131
　　一、水基钻井液体系 ··· 131
　　二、油基钻井液体系 ··· 133
　　三、可循环泡沫钻井液体系 ··· 135
第三节　工厂化钻井钻井液回收及无害化处理技术 ··· 137
　　一、工厂化钻井水基钻井液无害化处理技术 ··· 137
　　二、工厂化钻井油基钻井液回收及无害化处理技术 ··· 139
第四节　苏53区大井丛工厂化作业平台钻井液技术 ··· 142
　　一、钻井液施工难点 ··· 142
　　二、钻井液技术对策 ··· 143
　　三、钻井液现场应用 ··· 143
　　四、钻井液回收再利用 ··· 144
第五节　威远页岩气丛式水平井工厂化钻井钻井液技术 ··· 145
　　一、施工难点 ··· 146

二、钻井液现场应用 …… 146
三、清洁化生产 …… 147
四、实施效果 …… 148

第七章 工厂化压裂技术 …… 149

第一节 工厂化压裂关键技术 …… 149
一、体积压裂技术 …… 149
二、段内多缝体积压裂技术 …… 153
三、暂堵转向技术 …… 153
四、连续混配技术 …… 154
五、微地震监测技术 …… 155
六、水平井裸眼封隔器滑套分段压裂技术 …… 155
七、水平井桥塞射孔联作分段多簇压裂技术 …… 156

第二节 苏53作业区工厂化压裂技术 …… 158
一、体积压裂可行性分析 …… 158
二、压裂施工设计 …… 159
三、压裂工艺流程 …… 159
四、苏53区大井丛组合平台工厂化压裂施工情况 …… 164

第三节 威远作业区工厂化压裂技术 …… 169
一、压前评估与分析 …… 171
二、压裂工艺流程 …… 173
三、压裂施工设计 …… 177
四、施工程序安排 …… 178
五、威202H2平台工厂化压裂施工情况 …… 179

第八章 工厂化测试技术 …… 187

第一节 工厂化测试关键技术 …… 187
一、压后返排技术 …… 187
二、地面测试技术 …… 189

第二节 工厂化测试作业程序 …… 189
一、施工方案设计 …… 190
二、施工工序 …… 195
三、威202H2平台返排测试施工效果 …… 196

附录 页岩气与致密气井工厂化作业操作规程 …… 199
附录一 页岩气与致密气井工厂化钻完井地质设计规程 …… 199
附录二 页岩气与致密气井工厂化钻井工程设计规程 …… 201
附录三 页岩气与致密气井工厂化钻井作业规程 …… 205
附录四 页岩气与致密气井工厂化压裂作业规程 …… 211

参考文献 …… 215

第一章 绪 论

油气井工厂化作业作为油气资源高效开发的重要模式，越来越受到国内外油公司和油田技术服务商的重视。该技术自 2009 年引入我国后得到快速发展，目前已在页岩气、致密油气等非常规资源领域得到了广泛应用，钻完井和压裂作业效率大幅提高，产能建设进度显著加快，油气开发成本有效降低，取得了良好的效果。本章详细介绍了油气井工厂化作业的概念、技术特点、现状及发展趋势等。

第一节 工厂化作业的概念和基本特征

进入 21 世纪，随着北美地区非常规油气大规模商业开发，特别是美国"页岩气革命"，使高效低成本的油气井工厂化作业模式得到了迅速发展，形成了成熟的成套技术。

一、工厂化作业的概念

油气井工厂化作业是指应用系统工程的思维和方法，集中配置人力、物力、资金等要素，采用类似工厂流水线的生产方式，通过应用先进的技术，现代化的设备和科学的管理等手段，优质高效地组织油气田开发建设的一种生产作业方式[1]。具体是指在同一地区集中布置大批相似的丛式井组，使用标准化的装备或服务，以流水线生产作业的方式进行批量钻井、完井、压裂、试油（气）等工程施工的一种高效率低成本的作业模式。即采用"地质工程一体化设计、集群化布井、模块化装备、标准化作业、模板化技术、批量化施工、程序化控制"的方式，把钻前的平台建设、材料供应、电力供给，钻井的一开、二开、三开和完井，储层改造的通井、试压、压裂，压后的返排、测试、求产，以及施工作业后勤保障和远程技术支持等工序，按照工厂化的组织管理模式，形成一条相互衔接的"多兵种联合作战"的系统工程，从而提高储量动用程度、提升作业效率、节约产能建设和运营管理成本。

这个概念理解起来可能比较笼统。为此，专家们又先后提出了工厂化钻井和工厂化压裂的概念。国际钻井承包商协会（IADC）在 2011 年召开的先进钻机技术会议上，斯伦贝谢公司一体化项目管理部门（IPM）北美地区钻机管理组的 Ron Ayllon 经理提出了工厂化钻井的概念。他认为工厂化钻井就是利用可批量施工的井眼设计及对井下风险情况的掌握，使用专门制造的钻机和专门的钻井技术（如钻机平移技术、批量钻井技术等）来进行的大规模现场作业[1]。工厂化压裂的概念起源于北美非常规油气开发，实质就是通过井口管汇将井场上的多口井连接起来，一次施工作业可以进行多口井的同步压裂，以提高大井丛的压裂施工效率。工厂化作业的最大特点就是打破了传统的"单兵种"作业模式，实现了"多兵种"、流水线作业，显著提高了施工作业效率，为工程施工作业提速、降本、增效提供了革命性的手段。

从概念中不难看出，油气井实施工厂化作业能够让人清楚地了解整个项目进行的全过程，从而最大限度地提高作业效率、降低工程成本。油气井工厂化作业主要包括工厂化钻井、工厂化压裂、工厂化测试等内容。

针对中国传统的油气开发施工作业存在的效率低、成本高、管理难等瓶颈，在借鉴国外工厂化作业先进经验的基础上，2009年以来，中国石油和中国石化分别牵头探索页岩气、致密砂岩气等非常规资源工厂化作业模式，取得了良好效果，达到了降本增效目的[2]。

二、工厂化作业的基本特征

在非常规的页岩气、致密砂岩气开发过程中，工厂化作业贯穿整个钻井、压裂、测试等生产过程，是各施工环节的有机结合，是最大限度提高作业效率的一项多工序、多工种、无缝隙衔接的系统工程，其基本特征[3]主要体现在以下几个方面：

1. 方案设计最优化

随着水平井钻井技术的发展与完善，丛式水平井技术在页岩气、致密砂岩气等非常规油气藏开发过程中被广泛采用。在经过对目标区地质精细化研究，确定其丛式水平井开发方案，即地下水平井井网确定之后，如何在区域内优选出适合工厂化作业的平台位置，便不仅仅是一个地质问题了，这涉及到设置多少个平台，确定每个平台的位置以及每口井的归属等诸多问题，最终目标是以最少的油气田建设总投资获得最大的经济效益。

2. 工程技术模板化

根据目标区块不同井段钻头使用情况，综合考虑钻头使用寿命、钻速等影响因素，优选出适用于不同井段、不同开次的使用效果最佳钻头，通过钻头、螺杆钻具、随钻测量仪的最优化匹配和钻进参数优选，总结出适应不同地层特点和井型的钻井工程技术模板。由于所选钻头为该区域相应层段使用效果最好的钻头，在通过使用钻井工程技术模板，使钻头、螺杆钻具、随钻测量仪的使用和钻进参数匹配达到最优化，进而实现降低钻头损耗、提高机械钻速、减少起下钻次数、控制井眼轨迹精度和提高储层钻遇率的目的。

3. 施工作业流程化

工厂化作业的实质是把石油开采的全过程分解成若干个子过程，前一个子过程为下一个子过程创造条件，每一个子过程可以与其他子过程同时进行，实现空间上按顺序依次进行，时间上重叠并行。通过技术的高度集成，做到流水线上人与机器的有效组合，不论是在线作业还是离线作业，都要充分发挥人的能动性和设备的灵活性，确保实现批量化作业链条上的技术要素在各个工序节点上的连续性。例如，常规情况下2部钻机钻10口水平井大概需要50道工序，而工厂化作业模式只需34道，大幅度减少了作业工序和井架拆装次数，节省了大量甩钻具和固井候凝时间，实现了"井间提速"和"无缝隙施工"。

4. 作业规程标准化

工厂化作业包括钻井、完井、压裂、试气等多个工种的批量作业。工厂化作业初期，大多采用非标准的建设模块，不能较好地实现批量化作业，施工效率难以达到预期效果。为了确保工厂化各工种作业的连续、有效衔接和施工安全，增强作业的规范性，提高作业的效率，在相对可控资源配置条件下，定制标准化专属设备，制定包括地质和工程设计、钻完井、压裂、返排、试气和投产等作业的标准化作业规程，利用成套设施或综合技术使资源共享，摆脱传统石油施工作业理念和方式的束缚。借助于标准化，实现大型丛式井组（包括水平井）批量化、规模化施工，达到集约高效工厂化作业的目的。

5. 生产作业机械化及远程控制化

机械化是通过综合运用现代科技、装备和管理方法而发展起来的由钻机平移、旋转地质导向钻井、连续混配、远程控制等技术高度密集型生产作业方式。机械化的最大特点是能够在人工创造的环境中进行全过程的连续作业，从而摆脱传统作业方式的制约。国外主要是通过远程作业平台来实现远距离操作、自动化钻井及压裂。

6. 资源利用综合化

生产物资材料的批量准备、每道工序的批量施工作业、重复使用相同的设备与材料是"工厂化"的主要特点。利用平台布井模式，可大幅度减少平台面积；利用批量化钻井，可有效提高钻井速度、缩短建井周期；平台各开次使用相同的钻井液，可达到降低钻井液成本的目的；压裂设备一次摆放到位，对同井场的多口井进行同步或交叉压裂，液罐不用多次吊装搬运，就能实现压裂液连续混配和连续压裂，大幅度减少液罐数量，提高设备利用率。

7. 队伍管理一体化

按"项目部—工程驻井—井队"的技术指挥管理网络，以及反向的信息反馈，有针对性地加强对员工的技术和技能培训，建立技术难点的快速准确解决机制，措施落实做到有的放矢，推行精准工厂化管理模式，有效降低无效工作时间。

对于重点钻井工序，项目部组织专业人员指挥、协调，从措施、环节、设备三个方面给予针对性支持，井队之间相互配合，安全快速地完成钻井施工；压裂施工中，根据班组和岗位属地划分，实现分工明确的属地管理，以仪表车为中心形成沟通网络，做到岗位间交流无障碍、沟通无误差，确保连续施工。

8. 工程效益最大化

（1）通过批量化施工缩短建井周期，降低工程成本。

加拿大 Groundbirch 页岩气项目位于加拿大英属哥伦比亚省西北部，主要开发 Montney 页岩、泥质粉砂岩层天然气，储层平均埋深约 2500m，采用工厂化作业模式钻丛式井，实现了钻井大提速，成本也得到了大幅降低（图 1-1），单井平均使用钻头从 17 只减少到 2~3 只，单井钻井周期由前期的 40d 左右缩短至 9.8d。

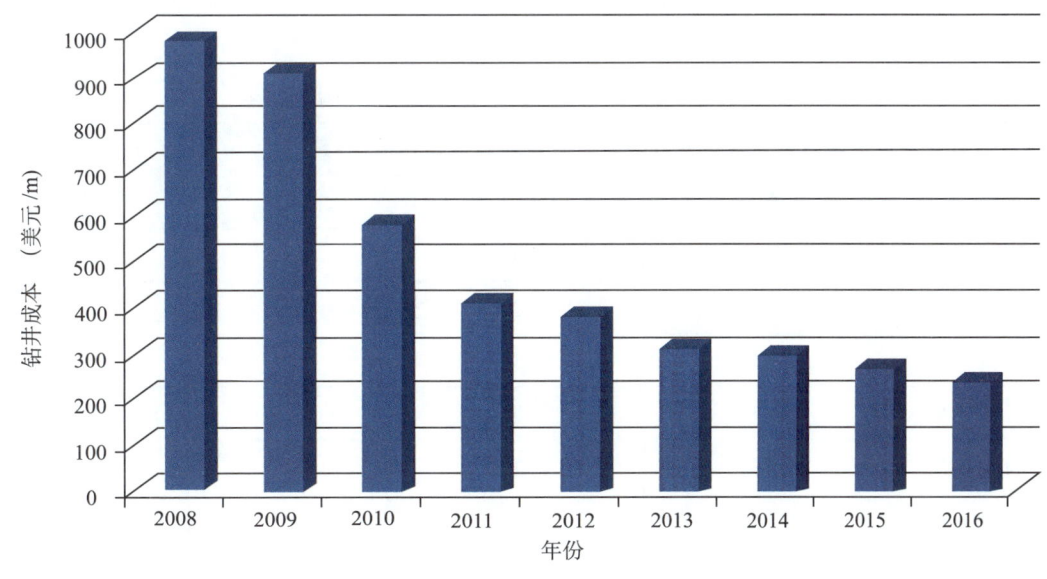

图 1-1 加拿大 Groundbirch 页岩气项目工厂化作业井每米钻井成本图

Fayetteville 页岩气区埋深约为 2200m，2008 年开始采用工厂化作业以来，虽然水平段长度增加了 84%，但钻井成本并未因水平段增长而增加，平均单井作业成本始终控制在 210～300 万美元（图 1-2）。

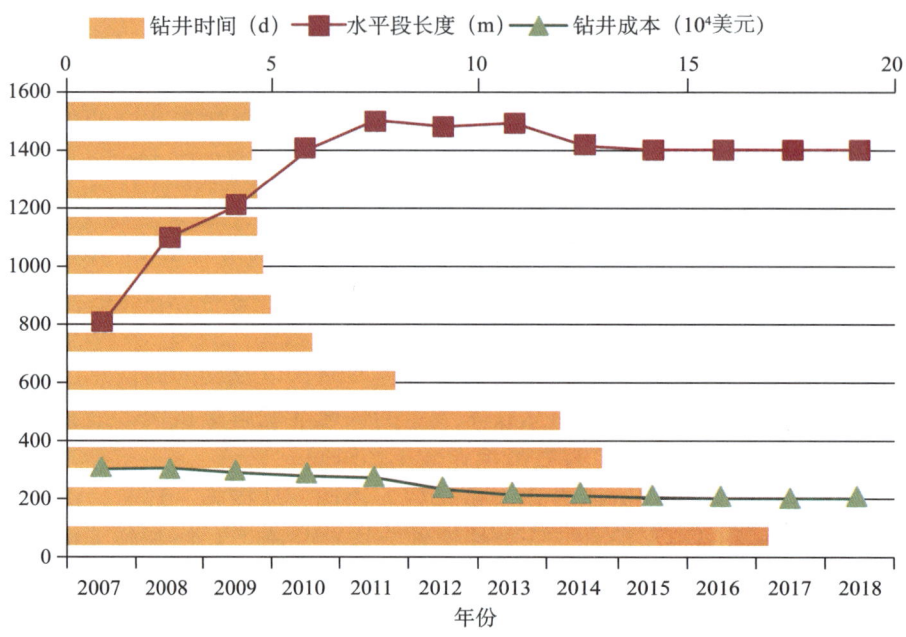

图 1-2　2007—2018 年 Fayetteville 页岩气区工厂化钻井情况统计图

（2）通过标准化平台布局和钻机平移技术缩短搬迁和安装周期。

通过平台标准化布局，采用底部能移动的钻机，防喷器挂在井架底座一起移动，钻井泵、钻井液罐、各种板房无须搬动，节省钻机搬迁时间。表 1-1 是美国一个大型多井独立平台钻机平移与单井平台搬迁情况对比。从表 1-1 可以看出，多井平台钻机移动时间相比单井减少了 13.3d，施工效率显著提高。

表 1-1　单井与多井平台钻井设备搬迁周期对比统计表

搬迁	单井平台		6 口井平台	
	时间（d）	类型	时间（d）	类型
到 1 井	3	搬迁	3	搬迁
1 井至 2 井	3	搬迁	0.3	滑动
2 井至 3 井	3	搬迁	0.3	滑动
3 井至 4 井	3	搬迁	0.5	滑动
4 井至 5 井	3	搬迁	0.3	滑动
5 井至 6 井	3	搬迁	0.3	滑动
总搬迁时间	18		4.7	

（3）采用自动化钻机和远程控制技术，减少用工人员数量。

在墨西哥某油田，依照开发方案，按照常规方式需要在近 3 年时间内钻井 1000 口以上，实施工厂化作业模式后，项目通过应用自动化钻机和远程控制技术，只用了 12 台钻机 17 个月即钻完全部油井，同常规方式相比，钻井速度提高了 10%，完成整个项目所需人数减少了 20 人，非生产时间平均降低了 3.3%（表 1-2）。

表 1-2　常规钻井与工厂化钻井所需人数对比统计

人员	常规钻井		工厂化钻井		节约人员
	人数（1 台钻机）	总人数（12 台钻机）	人数（1 台钻机）	总人数（12 台钻机）	
安全监督	2	24	1.3	16	8
定向工程师	2	24	1	12	12
总人数	4	48	2.3	28	20

（4）通过重复利用节约钻井液、压裂液等原材料资源。

实践证明，工厂化钻完井作业可以实现废弃钻井液、废弃压裂液等废弃物的综合处理，钻井液回收利用率可达到 40%~50%，压裂液重复利用率可达到 90% 以上。美国的 Piceance 气田实施的工厂化作业，使一个平台的多口井各开次可以重复利用相同钻井液体系，特别是油基钻井液的重复利用更大程度地降低钻井液成本，该气田的工厂化作业，产出水回收利用率可达 90% 以上；同一平台井的压裂返排液通过絮凝、杀菌、稀释等工艺处理后，可重新配制成压裂液继续压裂，重复利用率达 92.46%，满足了环保和压裂施工的要求。

（5）采用丛式井平台部署减少土地使用面积和基础设施建设。

丛式井标准化井场设计和地面工程建设使多口井共用生活设施和井场道路，可有效减少井场面积和井场道路，降低生态影响和地面工程建设成本。例如挪威石油公司在 XX 油区的 7 口单井采用工厂化丛式井标准化平台部署后，平台面积仅是单井井场面积的 1.7 倍，占地面积减少 76%，作业效率也大幅提高。

（6）通过同步压裂和交叉压裂方式提高压裂作业效果。

同步压裂和交叉压裂是工厂化压裂的核心，是实现大幅提高开发效果的重要手段。美国页岩气从 2001 年实施工厂化同步和交叉作业以来，页岩气产量快速增长。2000 年美国页岩气产量只有 $232×10^8m^3$，2005 年升到 $317×10^8m^3$，2010 年达到了 $1530×10^8m^3$，正是由于压裂增产技术的进步、成本的降低使得页岩气的产量提升越来越明显，生命力越来越强。

第二节　工厂化作业发展历程及现状

一、工厂化作业发展历程

工厂化作业起源于北美。据资料统计，2001 年美国 Nabors 钻井公司首次采用工厂化方式开发北达科他州巴肯气田，取得了意想不到的效果。2002 年加拿大能源公司（EnCana）

在一个井场完成多口水平井的钻井、射孔、压裂、完井和生产,所有井筒采用批量化的作业模式,每个平台可实现钻井 12～16 口,能够将单井成本由 980 万美元降至 750 万美元。随后,国外许多油气作业领域开始大面积推广工厂化作业模式,如美国致密砂岩气、页岩气开发,加拿大页岩油气田、英国北海油田、墨西哥湾和巴西深海油田的开发均采用这种新型的作业模式。总的来说,工厂化作业是理念创新、技术创新和管理创新的集成,是 21 世纪油气开发作业具有里程碑意义的技术变革。国外发展经历三个主要阶段:

一是连续性油气聚集理论的创新,发现了非常规油气资源;

二是水平井 + 体积压裂技术的突破,为非常规油气资源经济有效开发提供了技术手段;

三是集成地质认识、先进技术、现代装备及管理手段,解决了非常规资源开采成本高、难以经济有效动用的难题。

迄今为止,美国和加拿大的工厂化作业应用规模最大,技术最成熟。工厂化作业已成为美国页岩油气革命的一个重要推手,在各大页岩油气产区快速推广,应用比率也快速增长,已超过 80%,个别产区达到 90% 以上,如图 1-3 所示。

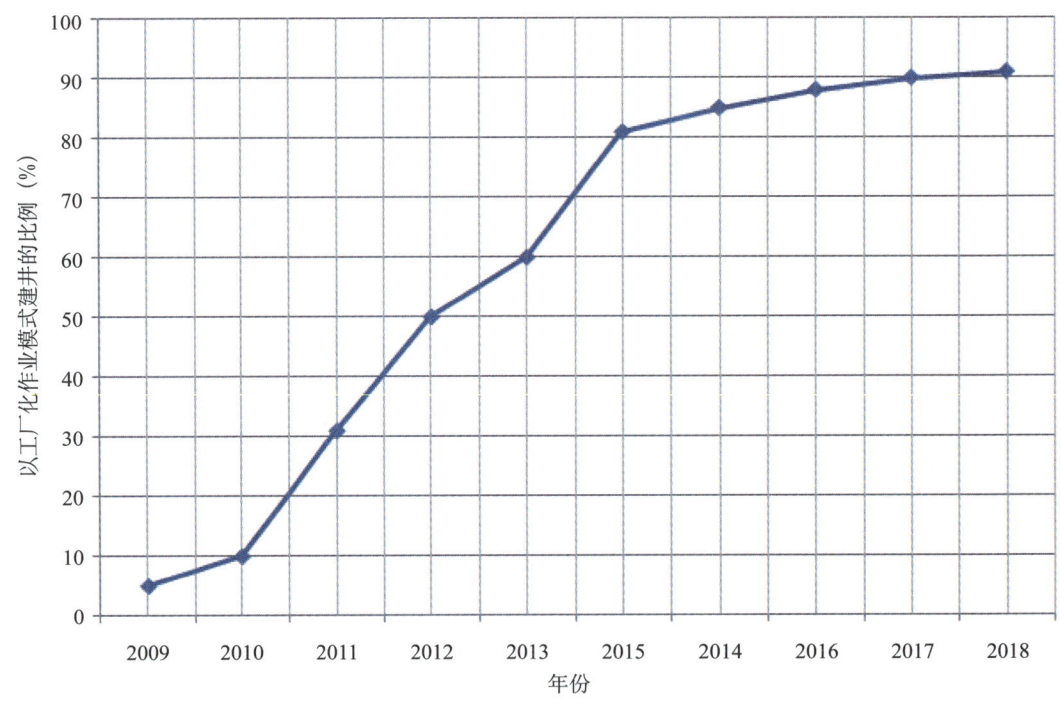

图 1-3 2009—2018 年美国以工厂化作业模式建井的比例图

2009 年国内开始探索应用工厂化作业,分三个阶段进行:

第一阶段为前期准备阶段。2009 年 3 月,中国石油首次在苏里格致密气区开展水平井开发先导试验。2009 年 11 月,中国石油与壳牌公司合作项目《富顺—永川区块页岩气项目》在成都启动;2010 年,在《大型油气田及煤层气开发》科技重大专项中专门设立页岩气勘探开发关键技术研究项目,标志着中国石油全面进入开发致密气和页岩气开发新局面。与此同时,国内引进了国外工厂化作业理念,学习了国外工厂化作业的主要做法,将国外工厂化作业技术引入到非常规资源开发，并对现有的技术和装备进行了集成和改进，为下步开展工厂化作业试验进行了大量的前期准备。如大力推广水平井技术开发致密气藏，梳理丛式平台井组的批量钻井技术，引进拉链式压裂技术等。通过与国外合作，宝鸡石油机械厂等厂家在常规钻机上进行了改造，研制了步进式、滑轨式快速移动装置等，为下步工厂化作业试验提供了技术和装备保障。

第二阶段为探索试验阶段。2011年以来，中国石油与道达尔、壳牌等国外公司合作，先后在苏里格南合作区和威远—长宁页岩气示范区进行了工厂化作业模式探索与实践，应用了丛式井平台部署技术、钻机平移技术、批量化钻完井技术、同步压裂技术等。中国石化分别在鄂尔多斯盆地大牛地和胜利油田非常规资源区块开展工厂化作业模式探索与研究，初步形成了适合其地区特点的工厂化作业模式，为其他油区工厂化作业模式的实施积累了经验。如2011年，在大牛地气田部署的DP43-H井工厂化作业平台，由6口双靶点水平井组成，分为3组，每组2口，井间距离5m，井组之间相距70m，平均设计井深3751m，水平段长1000m。与常规单井作业相比，节省占地面积2540m^2，钻井周期缩短16.3%，建井周期缩短26.9%，机械钻速提高12.8%，压裂周期缩短60%，压裂后产量提高2倍，不但节省了入网管线，而且还便于集中管理，应用效果显著（图1-4）[5]。在苏里格南合作区开展了工厂化作业试验，该地区的井型选择以大位移定向井为主，水平井为辅，部署了9个平台，每个平台布置9口井。呈单行布置。先用1台ZJ30型小钻机完成所有一开的表层钻进，然后用2台ZJ50型钻机同时进行二开作业，工厂化作业9轮后，效果如图1-5所示，平均水平井建井周期缩短了40%，平均井组压裂入井液量5000～7000m^3，压裂施工周期6～8d。试气作业周期从初期的50d缩短至35d，缩短了30%（图1-5）。在威远—长宁页岩气示范区也通过开展"工厂化钻井技术研究与应用"课题攻关，成功研发了步进式平移钻机ZJ50DB1及相关的配套技术，并在第一个总承包井组长宁H3平台上进行了成功试验。平台共部署6口水平井，累计钻井进尺25363m，平均钻井周期54.15d，与同类井相比钻井周期缩短15%以上[6]。

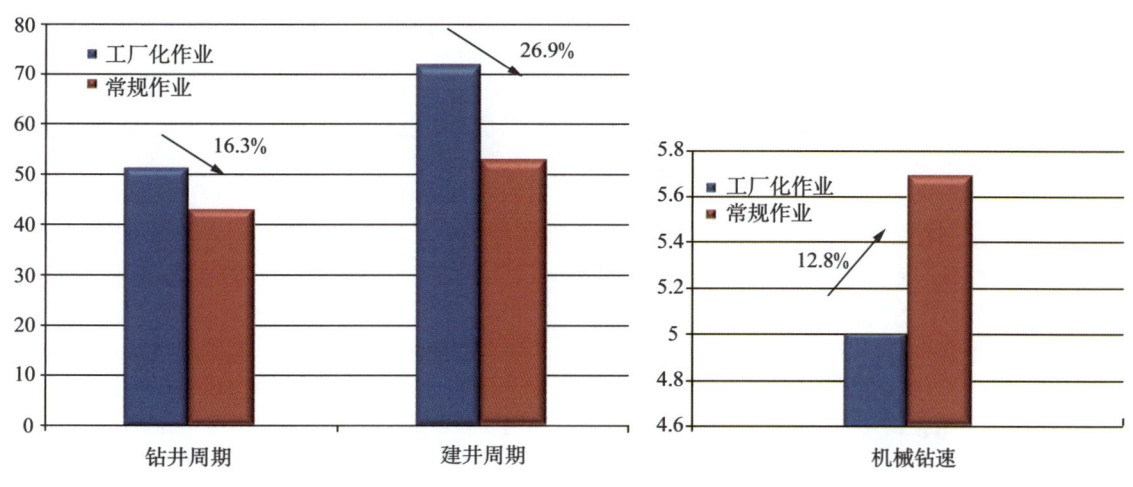

图1-4 大牛地工厂化作业与常规作业效果对比

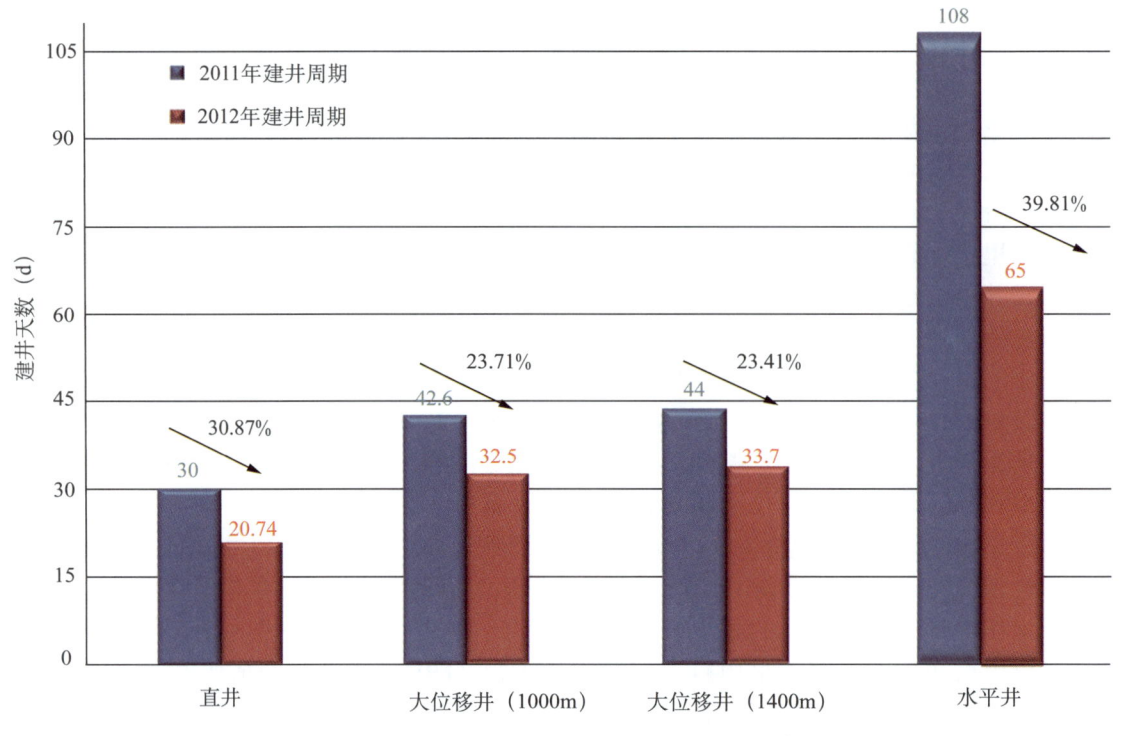

图 1-5 苏南合作区工厂化作业前后建井周期对比图

第三阶段为推广应用阶段。2014 年，国内各大钻探公司认真总结了前期工厂化试验的经验和教训，开展了"水平井优快钻完井与压裂改造一体化技术研发"等专项课题研究。设立了吉木萨尔、长 7、让 53 致密油、苏 53 致密气、长宁页岩气等多个示范区，开展了工厂化作业设计、工厂化钻完井、工厂化压裂等关键技术研究，形成了以"一体化逆向设计方法、钻完井与压裂统筹设计、批量钻井和交叉作业同步施工方案"为核心的工厂化作业配套技术，有效指导了示范区的地质工程一体化施工，实现了工程时效提高 20% 以上，钻井和压裂周期缩短 30% 以上，综合成本大幅下降，取得了较好的效果。2015 年以后，通过全面总结工厂化作业的成功经验，集成应用工程质量、优质页岩钻遇率、储层压裂改造效果的最优化、气藏地质与工程技术一体化等配套技术，全面推行了工厂化作业模式。

经过近 9 年的探索、试验与推广应用，基本形成了以威远—长宁页岩气、苏里格致密气等示范区为代表的工厂化钻完井配套技术。

二、工厂化钻完井技术现状

工厂化钻完井技术主要包括井场布局及井网优化设计、三维丛式水平井组井眼轨迹设计与控制、批量钻井、钻井液压裂液重复利用及废弃物处理、完井和固井等技术。

1. 井场布局及井网优化设计技术

国外工厂化钻井普遍采用丛式水平井组钻井方式。通过在钻前采用三维地震资料、区域钻井地质环境描述技术和压裂模拟成果等对平台数量、布井方式和井眼轨道进行整体优化，达到以最小面积的井场实现开发井网覆盖储层面积的目的[7]。用于井网部署与工程设计的商业化软件主要有斯伦贝谢公司的 Petrel 和哈里伯顿公司的 DecisionSpace 设计软件等，主要布井方式有单排9口井、双排6～24口井、3排9口井及多排环形排列等多种方式。如HornRiver页岩气区工厂化钻井井场布置情况（图1-6），井场采用双排状井网24口井排列，每排包括12口井，井间距为8m，圆井深度为5m，采油树总成能完全坐落于圆井中而不影响地面钻机移动。

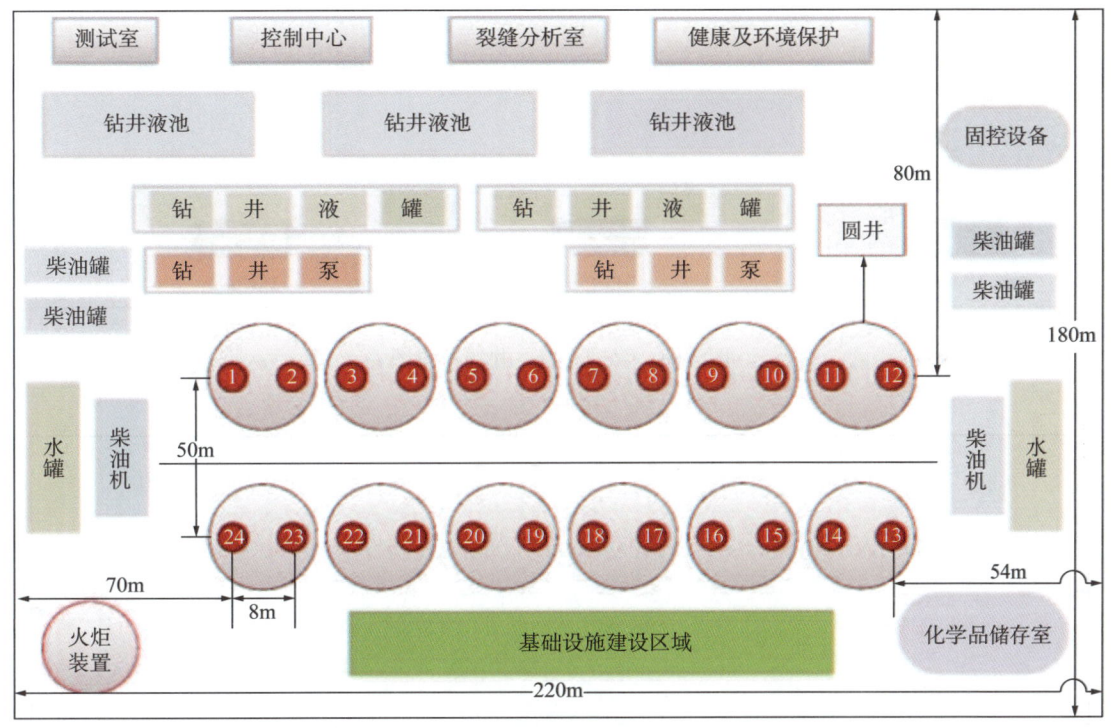

图1-6 HornRiver页岩气区工厂化钻井井场布置图

国内中国石油大学曾保全教授等利用数值模拟方法进行了布井方式研究。在此基础上，中国石油根据实际情况开发了多种布井方式，分别为单排9口井排列（图1-7）、双排6口井排列（图1-8）和双排13口井排列（图1-9）等。

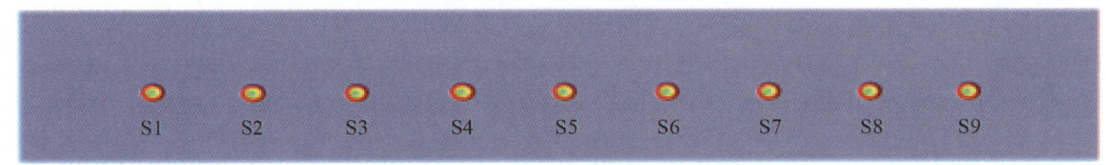

图1-7 单排9口井井场布置图

2. 三维丛式水平井组井眼轨迹设计与控制

三维水平井轨道设计与井眼轨迹控制技术是工厂化钻井成功的关键。国外提出按生产全过程进行一体化设计的思路，利用三维地震资料进行井眼轨道设计，并在有利甜点区内结合伽马曲线和测井数据进行轨道优化设计，利用高造斜率旋转导向系统和随钻近钻头地质导向工具确保在目标甜点区内实现井眼轨迹的平滑与实时控制。井眼轨道设计为"勺形"

或"L形",设计的水平段长度和储层接触面积要尽可能大,且水平段微微上翘,便于排水[7-9]。

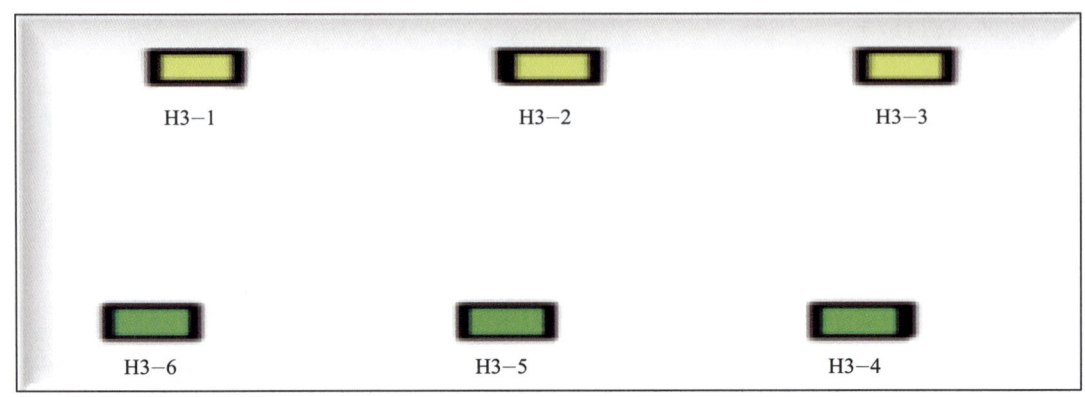

图1-8 双排6口井井场布置图

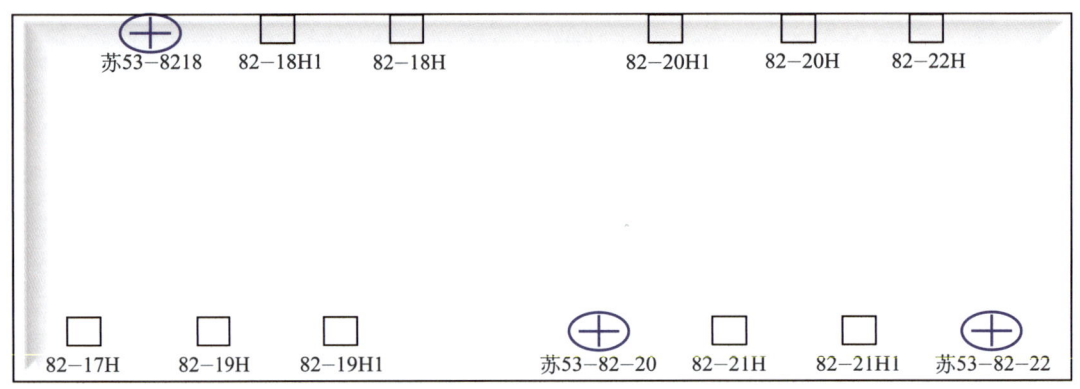

图1-9 双排13口井井场布置图

国内长宁—威远页岩气示范区也开展了丛式水平井组的设计与施工,利用测井、地震、压裂等资料获得目标区块的地应力特征,井眼轨道设计兼顾井壁稳定和储层改造要求,提出水平段井眼轨迹沿最小水平主应力方向延伸或与最小水平主应力方向夹角为30°~40°的方向延伸,采用井下动力钻具＋MWD＋伽马导向钻井技术提高对储层地质不确定性的应对能力。在更复杂的井眼轨迹中,采用旋转导向技术确保井眼轨迹在目标甜点区内[5]。

3. 批量钻井技术

批量钻井是工厂化作业的核心。国内批量钻井技术最早出现在20世纪90年代,主要用于海洋、渤海浅海油藏和辽河稠油开发。引进工厂化技术理念后,批量钻完井技术得到改进和完善,变得更加规范化和标准化。目前通用做法是通过一个平台的多口井依次一开,依次固井,依次二开,再依次固井、完井。整个过程中,钻井、固井、测井设备无停待,实现设备利用的最大化,多个工序并行作业达到无缝衔接,从而缩短建井周期,降低工程成本。常用的批量钻井施工流程为一开快速钻固表层,然后移钻井平台至第二口井继续一开钻固表层,接着移钻井平台至下一口井,如此顺序一开钻固完所有的井后再移钻井平台回到第一口井开始二开的钻固工作,重复以上操作直到二开钻固完所有的井,再次移钻井平台回到第一口井开始三开,依此类推钻完所有的井。在井深比较浅的情况下,国内有人提出先一开钻固表层后继续二开钻井及下套管固井后再移至下一口井开钻,实践证明这种方式也可以减少作业成本10%以上。

4. 钻井液及重复利用技术

目前,国内外页岩气开发主要应用油基钻井液,该钻井液在防止页岩地层井壁失稳和坍塌方面具有一定的优势,但费用较高,环保压力也大。为此,国外研制了替代油基钻井液的高性能水基钻井液,如 Performax、Shaledrill-H、Shaledrill-B 和甲基葡萄糖苷等多种水基钻井液,已成功应用于 Barnett、Haynesville 等页岩区钻井;我国也开展了高性能水基钻井液研究,并在长宁—威远页岩气区钻井中进行了试验应用,获得了一定的经验。

为配合工厂化钻井的需要,国外开发了多种钻井液循环利用系统。主要做法是利用物理、化学和微生物降解等方法来清除钻井液中的固相颗粒,通过独特的处理过程重复利用钻井液。相对于传统方法来说,钻井液循环利用系统减少了钻井液、水资源的利用和钻井液配制时间,降低了废弃钻井液的处理成本。国内工厂化钻井过程中,为了实现钻井液重复利用,同一个平台的多口井的同一开次,采用相同的钻井液体系,使用同一套钻井液循环系统(图1-10)。

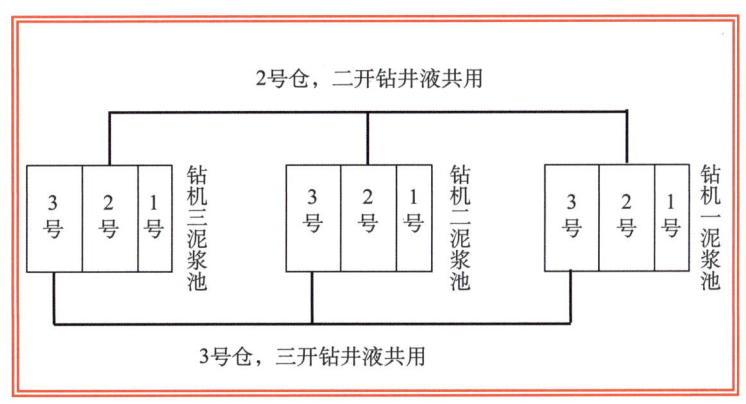

图1-10 钻井液共用示意图

5. 废弃物处理技术

井场废弃物处理主要包括钻井废弃物处理,压裂反排液处理,污油、污水、油土处理三个方面。钻井废弃物目前国内外主要采用集中贮存、铺垫道路、制作建筑材料、安全填埋、化学反应和高温焚烧等方式处理;压裂返排液主要采用物理法、化学法和生化法,包括絮凝-混凝、电解、超声耦合、微波氧化、固化填埋、纳滤、吸附、气浮、膜分离和微生物分解等方法处理。由于压裂返排液的种类多,组分复杂,COD值高,单一的处理方法无法满足国家环保要求,多方法组合渐次处理工艺受到了社会的广泛青睐;污油、污水主要采用不落地、集中拉运等方式处理;油土、受污土主要采用挖掘、集中拉运等方式处理。

6. 完井技术

页岩气和致密气工厂化作业完井方式主要有套管固井完井和裸眼分段完井两种。根据管外及管内压裂段隔离及井筒与地层沟通方式的差异,派生出多种压裂完井方式(表1-3)。

其中，套管固井+速钻桥塞与裸眼封隔器分段压裂是目前应用最广、技术最成熟的完井方式。

表1-3 工厂化作业完井方式对比

完井方式	管外隔离	管内隔离	井筒与地层沟通
套管完井	固井水泥石	速钻桥塞	射孔、水力喷射、径向钻孔
		砂塞或封隔器	套管滑套
裸眼完井	裸眼+液压膨胀封隔器	速钻桥塞	射孔、水力喷射、径向钻孔
	裸眼+机械膨胀封隔器	砂塞或封隔器	滑套

为了高效清除附着在井壁上的油基钻井液，国外在研制高效表面活性剂的基础上，开发了一系列性能优良的前置液，如Ronald的可固化隔离液、Nilsson的冲洗用表面活性剂体系和S.L.BERR的乳化隔离液等。国内适用于油基钻井液前置液的研究刚起步，开发的润湿反转前置液可基本满足部分地区页岩气水平井固井要求，但尚未达到性能稳定成熟的阶段。

在水泥浆方面，国外以保证层间封隔和水泥环完整性为目标，开发了多种水泥浆，包括泡沫水泥浆、酸溶性水泥浆、泡沫酸溶性水泥浆以及火山灰+H级水泥浆等。同时，针对地层破裂压力低引起井漏和完井后套管带压等情况，研发了低密度水泥浆、膨胀柔性水泥浆等。国内页岩气水平井固井主要应用弹韧性水泥浆。

在固井工艺方面，国内外均从套管串安全下入能力、提高套管居中度和顶替效率等方面进行了研究，先后提出了水平段套管安装滚轮扶正器，采用套管漂浮和抬头下入等工艺或技术来降低水平段下套管的摩阻，取得了显著应用效果。

三、工厂化作业钻井设备及工具现状

快速移动钻机和先进的导向钻井工具是确保工厂化钻完井作业顺利实施的关键。

1. 快速移动钻机[9]

采用常规方式将常规钻机从一个井口移动到下一个井口往往要花3～4d时间，效率低，劳动强度高，不适应工厂化作业的需要。工厂化作业在美国页岩油气开发中的应用，催生了工厂化作业新装备——快速移动钻机。目前，北美地区自动化钻机按移动方式分为滑移式钻机和行走式钻机。滑移式钻机配备双向滑轨系统（图1-11），如美国H&P公司的SAVANNA移动钻机、VERSA-RIG300钻机、RACKAndPINION钻机和SPARTA模块式钻机等。

步进式钻机（图1-12）是在钻机底座的4个角各装一个液压装置，相当于4个"液压大脚"，一步一步地移动钻机。具体过程是：大脚向前迈一步，将钻机抬升起来，整体向前移动后再放下来，再重复前面的步骤，直到将钻机移动至下一个井口。先进的步进系统能实现纵横双向甚至是任意方向的移动。如美国H&P公司生产的可进行纵横8向移动的GES型步进式钻机和Patterson-UTI钻井公司生产的APEX®钻机等，在同一个井场从一个井口移动到下一个井口通常只需2～3h。

图 1-11 配备双向滑轨系统的钻机

图 1-12 典型的液压步进式钻机系统图

国内借鉴国外的做法,创造性地研制了双向滑轨移动钻机,如 DJ30 超级单根钻机和深层水平段钻井用的 ZJ50DBS 移动钻机等。

2. 导向钻井工具

工厂化作业模式对井身剖面设计及井眼轨迹控制的要求很高,页岩气水平井水平段较长(一般为 1000~1500m),钻井作业中存在井眼质量差、摩阻扭矩大、机械钻速较低等问题。因此,必须采用性能优良的导向钻井工具,以满足实时精确控制井眼轨迹和降低单井作业成本的要求。在北美致密油气工厂化钻井中,控制井眼轨迹应用最多的主体技术仍是导向钻井(常规导向水力马达和带近钻头地质导向仪的导向水力马达),近几年常规旋转导向钻井系统的应用呈增长趋势,尤其是高造斜率旋转导向钻井系统应用效果十分显著[10]。如斯伦贝谢公司和贝克休斯公司分别于 2011 年和 2012 年推出的最大造斜率为 15°/30m 和 17°/30m 的高造斜率旋转导向系统,可用于钻直井段、造斜段和水平段,缩短了造斜段长度和靶前距,以更短的半径实现水平井二开"一趟钻"完钻,从而达到简化井身结构、减少起下钻作业、提高钻井效率、缩短钻井周期、降低钻井综合成本的目的,如图 1-13 所示。

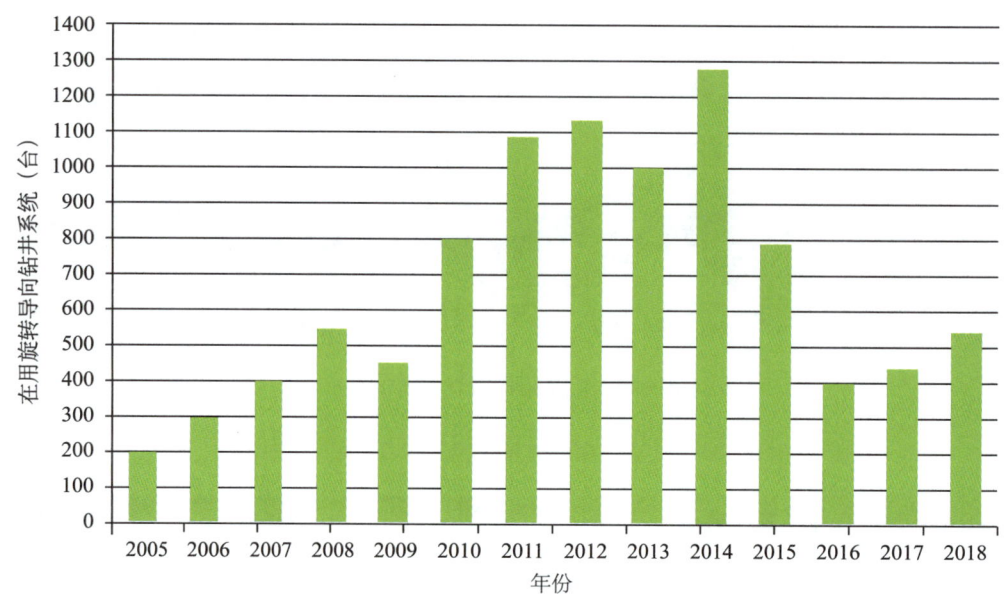

图 1-13 国际旋转导向钻井系统使用台数图

四、工厂化压裂技术现状

1. 技术现状

国内外主要开展了工厂化水平井组裂缝布局、裂缝参数、施工参数、压裂工艺、作业流程、压后排液管理等多方面的优化研究，核心在于把井组作为整体单元来进行优化，统筹考虑使井组控制储量最大、采出程度最高，压裂施工时效与生产效果最佳，压裂成本最低。

根据国外开发经验一般现场实施有 2 种方式：一种是 2 套压裂车组同时压裂，称同步压裂；另一种是 2 口井、1 套压裂车组，配合射孔、下桥塞等作业，交互施工、逐段压裂，称拉链式压裂（或交叉压裂）。为了监测压裂裂缝扩展形态，一般选择第 3 口井作为微地震监测井。

1）多井同步压裂技术[11]

同步压裂技术是对两口距离和垂深相近的水平井同时进行水力压裂，利用相邻井压裂产生的应力干扰，以增加水力压裂裂缝的复杂程度，从而增加水力压裂裂缝网格的密度和表面积。这项技术起源于 2006 年美国沃斯堡盆地 Barnett 页岩气水平井压裂，在间距 197m 的两口平行水平井中同时进行压裂，短期增产效果十分明显。随后该技术不断成熟，目前已发展成 3 口井同时压裂，甚至 4 口井同时压裂。据数据统计，美国 Parker 盆地的 29 个区块和 Johnson 盆地的 104 个区块平均产量比独立压裂的可类比井提高 21%～55%。

2）拉链式压裂技术（交叉压裂技术）

拉链式压裂技术与同步压裂技术类似，施工周期短，应力扰动叠加范围大，差异在于对邻井或多井之间分段压裂的顺序呈拉链式进行（图 1-14）。中国石油长宁 H3 平台，中国石化涪陵 JY30 平台、JY33 平台运用拉链式压裂技术，与单井压裂模式相比，施工周期缩减了 40%，储层改造体积（SRV）增加了 50%，产量比直井压裂高出数十倍，成本仅增加了 2～3 倍。

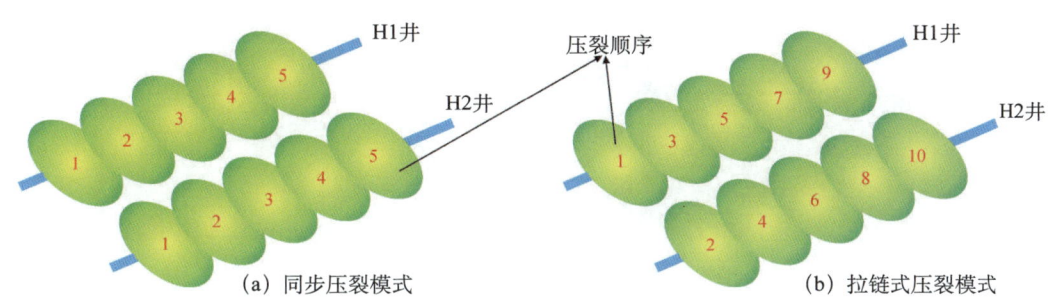

图 1-14　同步压裂与拉链式压裂施工顺序图

3）压裂液回收利用技术

国外页岩气和致密气储层工厂化压裂过程中，需要使用大量的淡水资源，平均一口页岩气水平井压裂需要 7000～20000m³ 水。在水资源贫乏地区，压裂成本非常高。同时，返排的压裂液通常储存在裸露的地表，容易导致压裂液的泄漏，对地表和地下水资源造成污染。采用压裂液回收利用系统，可以大幅减少用水量，减少压裂施工车辆，还可减少有害化学物质的泄漏。返排水的体积取决于储层特性，页岩气水平井能返排出原始压裂液体积的 15%～35%。目前哈里伯顿公司研制了 CleanWave 水处理装置，其通过电流处理压裂返排水，破坏水中胶状物质的稳定分散状态，使之凝结，使用较少的电能，就可以每天处理 4133.48m³ 返排水。当返排水流经电凝装置时，释放带正电的离子，并和胶状颗粒上面带负电的离子相结合，产生凝固。与此同时，在阴极产生的气泡附着在凝结物上面，使其漂浮在表面，由表面分离器去除，较重的絮凝物沉到水底，留下干净的清水。如果含有重金属，如钡、锶等金属矿物，还需要采取进一步处理措施。

国家对环境保护的要求越来越高，压裂返排液必须达到零排放、零污染。因此，国内各钻探公司都在开展压裂液返排重复利用技术研究。目前，长城钻探、渤海钻探等都研发出了返排液重复利用的核心处理剂。压裂返排液经核心处理剂处理后，可进行二次重复配液，并在 100℃ 剪切 1h 后，黏度仍然保持在 50mPa·s 以上，完全达到现场施工作业要求。

4）裂缝监测技术

国内外工厂化压裂过程中，需使用裂缝监测技术监测裂缝的情况，以评估压裂效果。目前国内外最常用的是微地震裂缝监测技术，该技术利用在井中或地面安装的地震检波器来监测压裂裂缝的走向和分布，实时提供压裂施工产生裂缝的高度、长度和方位，通过微地震监测结果优化压裂设计方案和油藏模型。

2. 工厂化压裂装备现状

工厂化压裂施工所需装备主要由压裂车、仪表车、连续混砂车、连续混配车、管汇车、粉料连续供应装置、低压集液装置和压裂管汇等组成（图 1-15 至图 1-21）。

图 1-15　HQ-2000 型压裂车外观

图 1-16　仪表车外观

图 1-17　CHFBT100 连续混砂车外观

图 1-18　连续混配车

图 1-19　管汇车外观

图 1-20　低压集液装置

图 1-21　压裂管汇

第三节　工厂化作业技术发展方向

工厂化作业技术的运用使北美页岩气藏勘探开发获得巨大成功，拓宽了天然气勘探开发空间。2009 年，我国开始探索应用工厂化作业技术。最初应用于海洋平台丛式钻井作业，而后将工厂化作业技术应用于陆上非常规油气开发，作业平台井数逐步扩大，目前，吉林新立低渗透油藏实施的工厂化作业，单平台已达 48 口井，取得了显著的降本增效效果。随着油气开发逐步进入非常规时代，工厂化作业技术将向纵深持续发展，主要体现在以下几个方面。

一、向地质工程一体化方向发展

近年来，随着我国老油田开发进入中后期和新发现油气资源品质的劣质化，勘探开发面临风险大、成本高等诸多难题，急需破解开发难题的新理念、新技术、新实践。美国非常规油气大规模开发的成果，推动了多学科融合、多技术集成的一体化创新和发展之路。例如，斯伦贝谢公司在全球 30 个国家执行各类一体化项目 50 多个，其中地质工程一体化服务的部门是过去 3 年斯伦贝谢公司唯一实现盈利连续增长的部门。面对目前低油价挑战和效益勘探开发的总体要求，在丛式水平井平台工厂化开发方案中，依据物探、测井、录井数据建立可视化储层地质模型，准确预测断层与裂缝展布变化，指导地质导向轨迹调整和压裂方案的优化，将成为工厂化作业快速发展的必由之路。未来工厂化作业将会使地质与工程、地面与井筒、钻井与压裂等多专业配合更加密切，特别是在油藏井位部署上会进一步深化理念，真正实现地质工程一体化。

二、向钻井压裂大型化方向发展

随着勘探技术的不断进步和制造业的快速增长，推动了我国工厂化作业向大型化方向发展。一是单个平台规模大型化，由双排向多排发展，由一个平台几口井向几十口井发展，目前国内单平台最多部署48口井。未来伴随分支井技术的介入，平台井数将会更多。而且随着平台规模的扩大，同步施工的钻机也会由目前的2部增加到4部，甚至更多；二是压裂设备和压裂施工大型化，如新研制的3000型压裂车与现有设备相比，最大功率、压力提升33%，减重19%，可满足山区、丘陵、受限井场、超高压作业等要求。自主创建的大型压裂工程成套装备，采用集成化控制及相关的应用体系，可满足30台主力装备+10台辅助装备的机组集中控制，为多口井同步大型压裂创造了条件。未来"千立方米砂、万立方米液"将不再是个例，而是常态。

三、向井网部署、平台井压裂一次成型方向发展

目前国内外页岩、致密砂岩等非常规资源开发中，不同区域、不同井深、不同地层、不同岩性，储层的压实程度和裂缝发育程度均有较大差异，各水平井井间距需要一个合理范围。井间距过大，压裂不能有效波及所有储层，造成剩余油气过多，二次开发效果受限；间距过小，压裂过程中则会出现井间互窜，影响压裂改造效果。此外，一些平台采用边压裂边投产的方式，也会出现井间互窜，影响投产井的生产效果。为此，新研发的井网部署、平台井压裂一次成型技术将成为今后的发展趋势。

四、向数字化、信息化方向发展

过去几年，油气企业纷纷开展对外合作，掀起了一场数字化升级和数字信息化业务发展的竞赛，形成了多个诸如数字化建井、数字化油田和多功能信息化平台等系列产品。如2017年9月在SIS全球论坛上斯伦贝谢公司推出了DrillPlan数字化建井方案，通过改变设计流程，增强了用户协作，并为钻井队提供了一种新的工作方式。目前用于北美地区作业的DrillPlan建井方案已经证明了其可以提高设计质量与效率。再比如远程信息平台集物探、钻井、录井、测井、井下作业数据为一体，实现自动采集、远程监控、远程技术支持、决策和指挥功能一体化，及时优化钻井措施和方案，将会开创"互联网+工厂化作业"的新局面。

五、向自动化、智能化方向发展

所谓的自动化智能化，就是充分利用与数字、数据相关的技术，如大数据、人工智能等提高仪器和设备的自动化及智能化水平，优化日常性操作流程或作业流程。通过传统专业技术与现代数字技术的结合，实现技术的自动化智能化。工厂化作业核心之一就是钻机快速移动，通过集成平移系统、自动送钻系统、自动化压裂及自动化监测控制与诊断系统等配套设施，作业效率将会显著提升。例如，利用大数据技术，在钻井方面通过监控和数据采集系统的实时信息反馈可以增加钻井作业的预见性，大幅提高钻井作业效率和作业的安全性；在完井方面通过信息监测，优化完井工具、压裂参数，快速做出反应达到优化生产目的；利用人工智能（AI）研制模仿人的能力解决特殊任务的机器人，可实现完全无人化钻台操作，提高作业效率和人员安全性，降低作业成本；利用无人驾驶飞行器（UAV）拍摄图像或者视频捕捉具有价值的信息，应用于监测和管理石油设备运行安全和效率。此外，一些智能材料的应用，如记忆型材料、电/磁致伸缩材料、压电材料等，将会使得井下仪器尺寸更小，功能更强。

第二章　施工工区地质概况

非常规油气资源作为最现实的接替能源，在世界能源结构中扮演着日益重要的角色。国外工厂化作业一般应用于非常规油气资源的开发，国内则主要应用于致密油气和页岩油气。工厂化作业模式以其规模化、程序化、标准化和流水化的资源优化配置优势，在非常规油气资源的开发过程中得到了广泛的应用和发展。

工厂化作业井位部署与常规井位部署有相似之处，也有不同之处。工厂化作业井位部署要求在同一区域内批量部署多口井，这就需要部署区域具有相对稳定的地下储层条件，地质认识更加深入准确；还需要与合理的开发层系、井网井距、储量动用、油气井生产效果、现有工艺技术条件及施工水平和能力相匹配，同时也要求多个技术学科紧密配合。

受国内非常规油气储层非均质性强等复杂地质条件和地面条件的限制，在实施工厂化作业之前需要深入开展储层地质研究和平台位置的优选，即在油气储量落实区域内，应用地震、测井和地质等研究方法对含油气富集区进行储层精细描述，并综合考虑地面条件、现有工艺技术条件下的施工能力、管网铺设以及经济效益等因素，优选出适合工厂化作业的区域，部署丛式开发井，实现油气资源的高效开发。

第一节　苏53区块地质概况

苏里格气田位于长庆靖边气田西北侧的苏里格庙地区，区域构造属于鄂尔多斯盆地伊陕斜坡北部中带。该气田是中国首个探明储量超万亿立方米的大气田，属于国际上罕见的"三低"（低渗、低压、低产）气田。

开发目的层为上古生界二叠系山西组山1段和石盒子组盒8段，气藏埋深3200～3500m，沉积类型属于三角洲平原背景下的河流相沉积体系。储层岩性主要为岩屑砂岩，少量石英砂岩、岩屑石英砂岩。有效储层为深灰色、灰白色中粗砂岩、粗砂岩和含砾粗砂岩，以方解石胶结物为主，泥质次之。储集砂体非均质性强，连续性较差，属溶孔、晶间孔隙型储层，裂缝不发育，储层物性差。胶结类型以孔隙式、接触式为主。孔喉结构具有小孔喉、分选差、排驱压力高、连续相饱和度偏低和主贡献喉道小的特点，孔隙度5.0%～12%，渗透率（0.98～5.0）×$10^{-3}\mu m^2$，气藏压力系数0.87～0.94，气藏类型为无边底水弹性气驱、低孔、特低渗、低压的岩性气藏。总体上，储层致密、薄而分散，储层非均质性强，储层预测及井位部署难度大。

一、井震联合小层对比与微构造识别

精细地层对比与微构造研究是一个系统的基础地质研究过程。以层序地层学、沉积学、石油地质学理论为指导，综合应用地震、测井、钻井、录井等资料，依据"标准层控制、旋回对比"的原则进行对比。识别出两个一级对比标志层（石盒子组顶界和本溪组顶界）和四个二级对比标志层。利用测井资料和井旁地震子波制作合成地震记录，进行地质—地震层位的标定（图2-1），进而开展人机联作进行构造精细解释，落实微构造。小层划分是

在二级标志层地层构造框架基础上,依据储层分布、电性特征进行层系化分,然后进行连井剖面对比,达到全区闭合统一,目的层山1段和盒8段分别划分为3个和6个小层。通过构造分析,区块构造和区域构造具有一致性的特点,为东西向单斜构造,局部井区发育微构造(图2–2)。

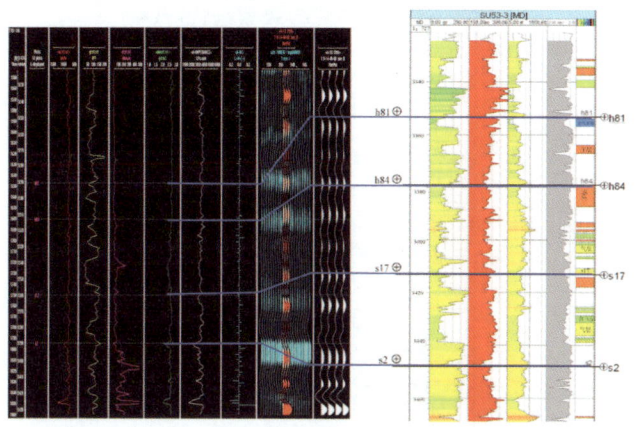

图2–1 苏53区块某井地震反射与剖面对比图

图2–2 苏53区块 h_8^4 小层顶界构造图

二、储层反演和砂体预测

储层反演是以地震资料为基础,以已知地质规律和钻井、测井资料为约束,以及参考其他相关资料研究目的层的空间几何形态和微观特征,是一个对地下岩层空间结构和物理性质进行成像(求解)的过程。通过对苏里格地区储层岩石物理分析得出,波阻抗不能有效区分砂岩与泥岩,重叠较为严重,砂岩里的含气层和非含气层则更难以区分,不能采用普通波阻抗反演进行储层预测。

苏53作业区块由于缺乏叠前地震资料,为了达到定量描述储层的目的,采用拟声波反演的方法开展砂体预测,其优势是采用基于模型全局寻优的高分辨率反演技术。首先分别对地震资料、测井资料进行重采样、标准化和滤波,以提高资料匹配度;应用交会图等方法确定反映地层和岩性变化敏感的曲线(自然伽马曲线)进行拟合声波曲线的构建(图2–3),然后采用多个层位控制进行约束反演,得到高分辨率的拟声波阻抗模型(图2–4)。

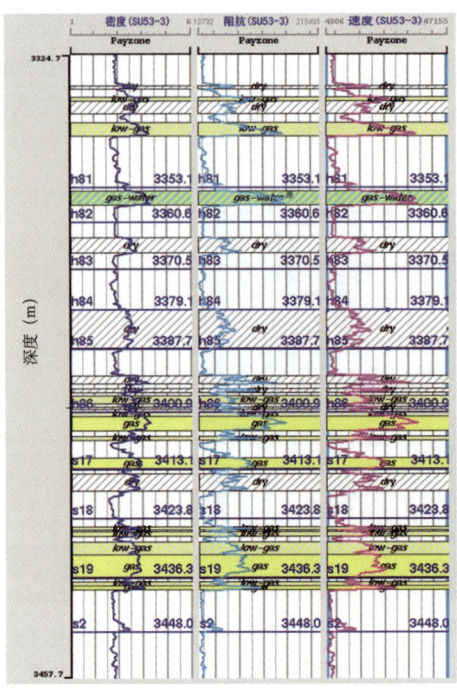

图 2-3 GR 拟合声波曲线（DT）图

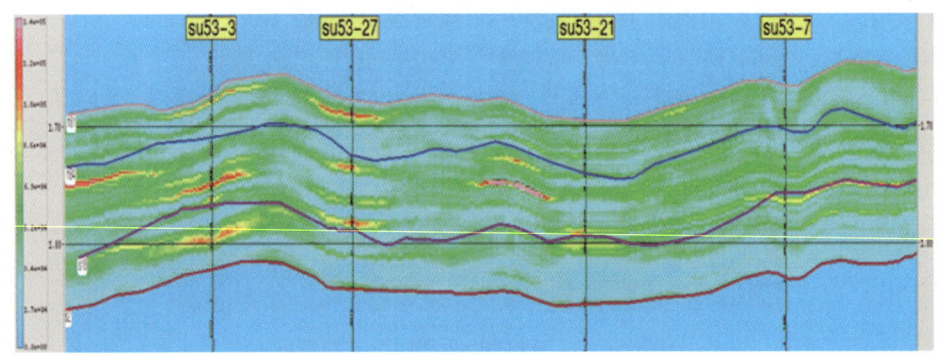

图 2-4 某条测线地震反演剖面图

反演剖面显示出单层砂体横向连续性差，储层薄，纵向上多个砂体叠置的特征。分小层提取储层反演厚度，获得小层的反演储层等厚图，分析得出储层平面分布特征：河道横向迁移快，砂体平面上呈南北方向展布，不同时期的砂体相互叠置，储层较厚，整体上具有北厚南薄、西厚东薄的特点。

三、沉积微相研究

晚古生代鄂尔多斯盆地位于整个华北地台的西部，山西组—石盒子组沉积时期，盆地整体北高南低，物源主要来自北部，苏里格地区物源主要来自杭锦旗以北的元古界地层，从北向南依次发育冲积平原—河流—三角洲—湖相沉积，并随湖泊的扩张和收缩在垂向上形成多旋回沉积。山西组山 1 段为曲流河沉积，发育河床、堤岸、河漫滩 3 个亚相，其中河床亚相又分为河道沉积和边滩两个微相。石盒子组盒 8 段为辫状河沉积，单井岩心沉积相可划分为3个亚相：河床沉积、废弃河道、河幔沉积，其中辫状河河床亚相又分为河道充填和心滩两个微相。

在沉积微相研究过程中，采用岩心相—测井相—地震相逐级刻度的整体思路（图2-5），即对单井相，连井剖面相分别研究，结合地震相的识别，勾绘储层平面相。通过反演砂体厚度计算各小层砂岩分布，得到各小层砂地比分布图，以此为指导，绘制各层沉积微相分布图（图2-6）。目标储层具有南北向河道呈条带状展布，心滩呈土豆状的特点，其中盒8下段较其他层位河道内心滩发育范围明显增大，不同期次河道横向迁移反复相互叠置。

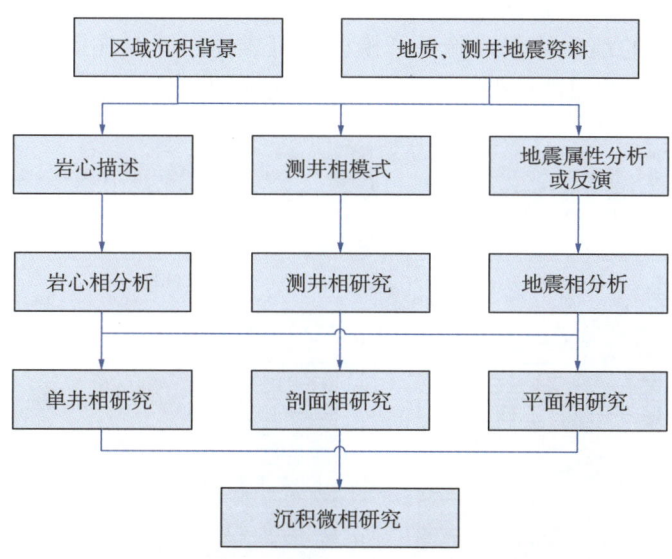

图2-5 沉积相研究流程图

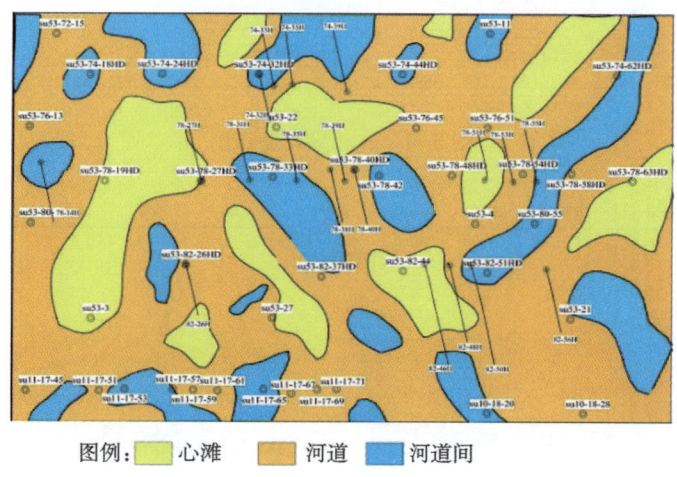

图2-6 盒8段某小层沉积微相平面图

四、储层模拟

储层模拟是指综合应用地震、测井、地质等各自研究成果，通过建立储层构造、沉积、岩相和属性的三维空间模型，进行精细刻画有效储层分布规律的研究过程。作为储层研究重点的岩相模拟，描述的是不同流动单元在地层中的分布情况，可以很好地反映单砂体的连通性、尖灭等特征。目前应用最多的储层岩相模拟方法是随机建模方法中的序贯指示模拟方法，其中确定数据的变差函数是随机模拟方法的关键。

根据苏里格气田储层特点，结合沉积微相研究成果和测井解释结论，将目的层划分为3种岩相，即泥岩相、致密砂岩相、优势砂岩相，然后利用地震反演储层厚度图和沉积微相描述结果，建立沉积相控下的岩相模型，进而有效预测含气砂体分布。

通过对岩相纵向分布的分析（图2-7）及其变差函数的研究，选取主方向、次方向、垂向上的变程，通过模拟获得精细刻画砂体的三维岩相模型（图2-8）。模拟出的纵横向砂体和气层分布符合前期的地质认识，验证了模型的可靠性。同时在此基础上，可以得到反映储层物性和含气性特征的属性模型，为深入评价储层提供地质依据。

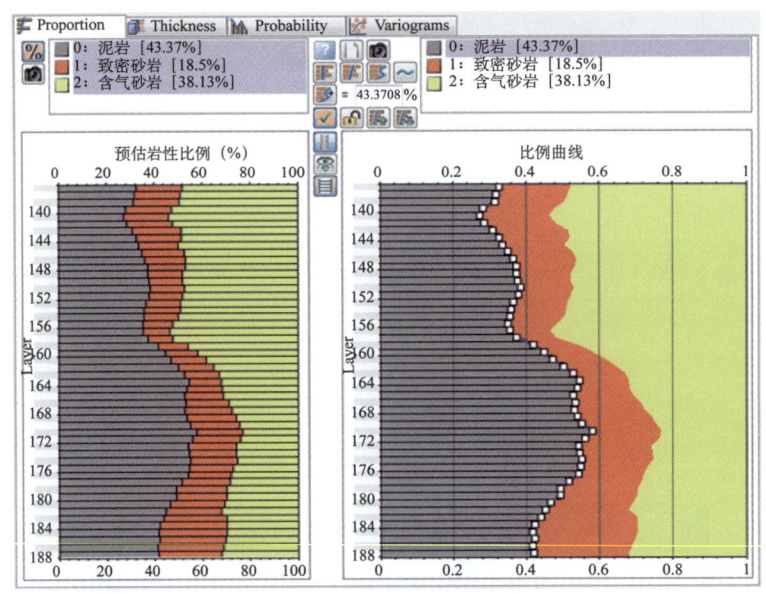

图2-7　岩相纵向分布图

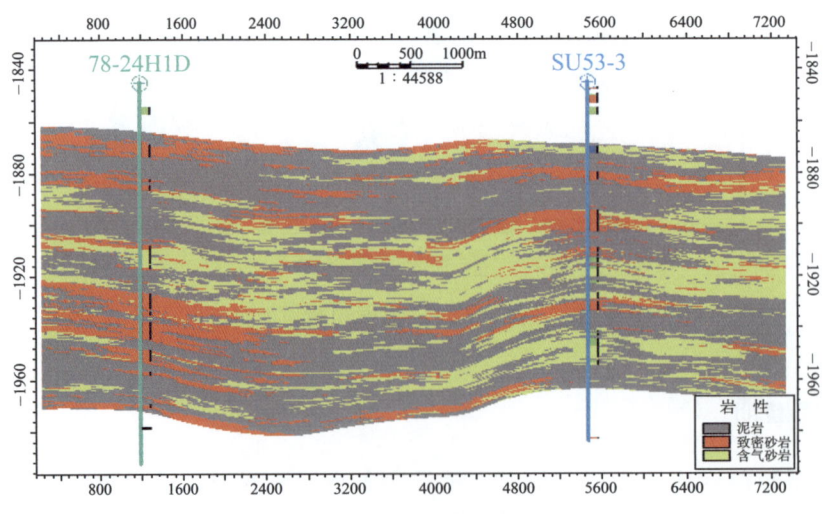

图2-8　岩相模型剖面图

五、裂缝分布规律预测

随着中国油气资源勘探开发由东部转向西部、由常规储层转向非常规储层，页岩气、致密气和煤层气等非常规油气资源将逐渐成为开发重点之一。由于多期的构造运动以及典型的陆相沉积特点，往往会形成裂缝性致密砂岩气藏，网状构造缝作为主要的渗流通道，但分布规律异常复杂；对于产生在海相、沼泽相或湖相的页岩气而言，裂缝发育程度是优选"甜点"的重要条件之一。目前储层裂缝预测主要是利用地质、地震、钻井、测井和构造应力等资料，进行裂缝识别、裂缝参数估算、裂缝储层分布预测等。

裂缝性储层裂缝分布规律复杂，目前尚缺乏有效的定量表征裂缝的方法。当前识别裂缝的主要技术有：一是从构造特征入手研究天然地下储层裂缝，并探讨构造主曲率与裂缝发育的关系；二是建立裂缝岩体力学模型，应用构造应力场模拟技术，根据岩石破裂准则和应变能密度进行裂缝参数定量化表征及预测；三是应用地球物理资料通过提取多种属性进行裂缝识别和预测；四是根据岩心裂缝实测和成像测井解释数据，应用多元统计方法和随机插值法建立离散裂缝网络模型（DFN）进行裂缝空间分布规律描述；五是基于地层主曲率和开发动态资料相结合的裂缝综合预测方法；六是用分形分维方法半定量预测储层中不同尺度裂缝的空间分布。总体看，目前上述种种研究方法得出的描述和预测精度尚不能完全达到油气勘探开发的要求。

苏 53 作业区块应用地应力场三维有限元数值模拟方法研究其（隐）裂缝的发育和分布情况：（1）依据区块地质构造特征建立三维地质模型；（2）将地质模型转化为有限元数学模型并对其进行网格划分；（3）结合岩心地应力测试实验结果，将物理力学参数加入到数学模型中即得到物理模型；（4）施加边界条件，并依据反演标准经反复试算得出反演结果。该方法是基于有限元软件平台，采用有限元约束优化反演法，对各地层进行线弹性计算，获得最大主应力、最小主应力、最大剪应力及主应力方向等模拟结果（图 2-9 和图 2-10），进而分析裂缝发育特点及其对流体运移的影响。区域不存在明显的（显）裂缝发育带，局部井区易于产生天然裂缝，最大水平主应力方向以偏 NE 向为主，可以指导水平井设计方位的选定。

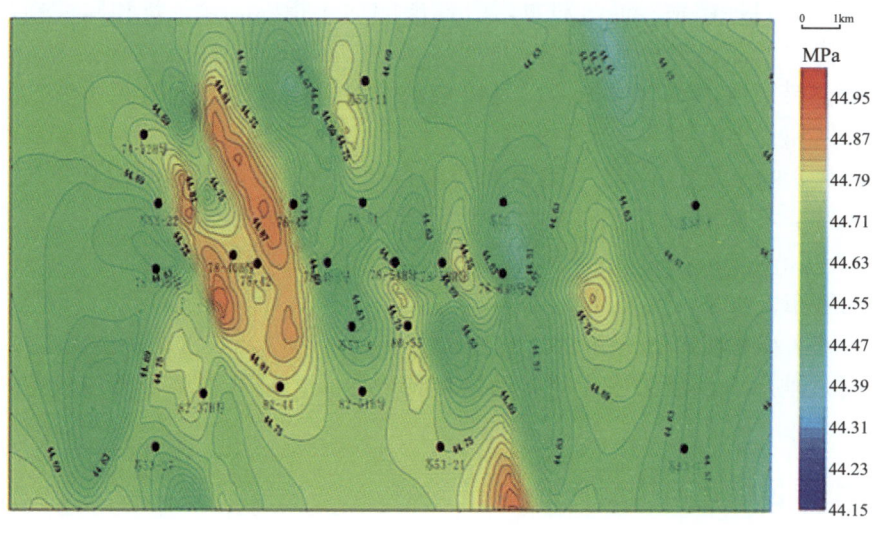

图 2-9 最大主应力平面图

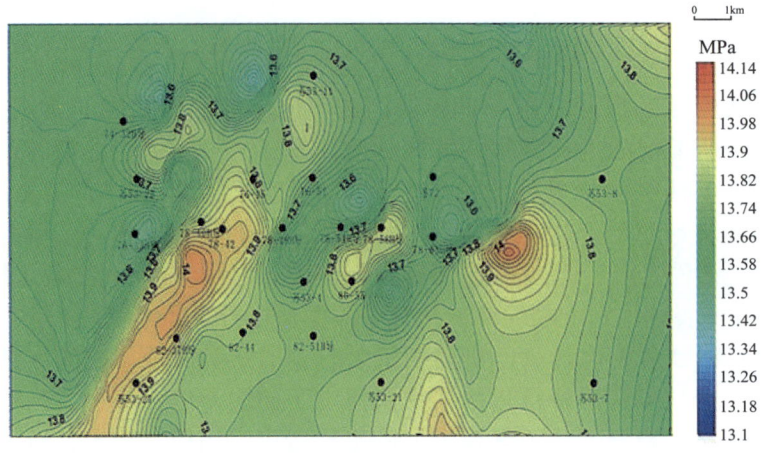

图 2-10 流体势平面图

第二节 威远作业区块地质概况

页岩气是赋存于以富有机质页岩为主的储集层系中的非常规天然气，以游离状态存在于天然裂缝和孔隙中，以吸附状态存在于干酪根或黏土颗粒表面，还有极少量以溶解状态储存在干酪根和沥青质中[12]。含气页岩总体上具有有机质丰度高、热演化程度高和后期变化程度高的特点。对于页岩气储层的评价，或者说资源潜力，包括生烃能力和储集能力，主要评价总有机碳含量（TOC）、热成熟度、干酪根类型、含气量、有效厚度和孔隙度等指标。同时，储层的矿物组成、裂缝发育程度也是对页岩气储层好坏的重要评价因素。

四川威远页岩气开发区处于穹隆构造的东南斜坡带上，发育北西—南东向单斜构造，构造比较简单，目的层位为下古生界志留系下统龙马溪组（自下而上分为龙一^{1}亚段、龙一^{2}亚段和龙二段），埋深介于 1500～4000m，厚度 0～574m，自下而上颜色逐渐变浅，有机质含量减少，底部发育一套富含有机质陆源硅质和生物硅质泥棚沉积的黑色、灰黑色的页岩层为主要有利目标层系。通过对页岩气储层的地化指标、含气量和脆性指数等参数进行论证，依据优质页岩划分标准，选定甜点区，开展工厂化作业井位部署。

县境属亚热带暖湿季风气候分区，受较特殊的地理位置和地形地貌影响，又分丘陵温暖季风气候分区和低山温凉季风气候分区。冬半年（11—4月份）主要受内陆高纬度地区冷雨干燥的冬季风影响，夏半年（5—10月）受来自低纬度地区的海洋暖湿夏季风影响。冬暖春温，夏热秋凉；冬干春旱，夏秋多雨；冬无严寒，夏少酷热；无霜期长，日照较少，四季分明。

威远河网密布，水系河流发达，清溪河、新场河、镇西河、越溪河纵贯威远。威远河全长 131km，流域面积 956km²，是威远工业生产、农业生产以及城镇居民生活主要用水来源。

作业区附近地形以丘陵为主，地面地质结构稳定，个别区域有小滑坡发生，但无大地质灾害现象。

一、精细层位标定与构造特征

在精确的井震标定基础上，将精细的地质小层标定到地震剖面上，确定出龙马溪组优质页岩层段内 5 个小层对应的地震反射特征——龙一 1⁴、龙一 1³、龙一 1²、龙一 1¹、五峰组，其中五峰组底界与宝塔组接触界面反射为一套连续性较好的正相位，龙一 1⁴ 小层为一套连续性较好的负相位反射，全区可以连续追踪（图 2-11）。

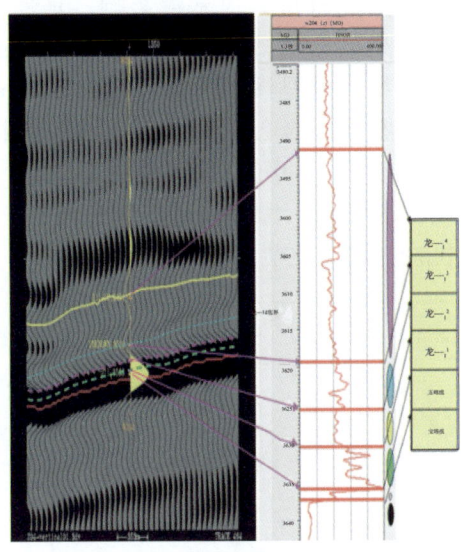

图 2-11　地震精细解释方案示意图

通过构造分析结果表明，工区构造为整体向西北方向抬升、向西南方向倾没的构造形态，是受北部隆起带上隆作用影响形成的正向单斜构造（图 2-12）。在作业区南部的龙马溪组地层厚度较北部大，具有古地形差异沉积的特征。作业区经历了多期构造运动，但龙马溪组构造相对稳定，大断层不发育，可见东西向和南北向少数几条小型断裂，在地层弯曲较大区域，局部发育较多中小尺度裂缝。

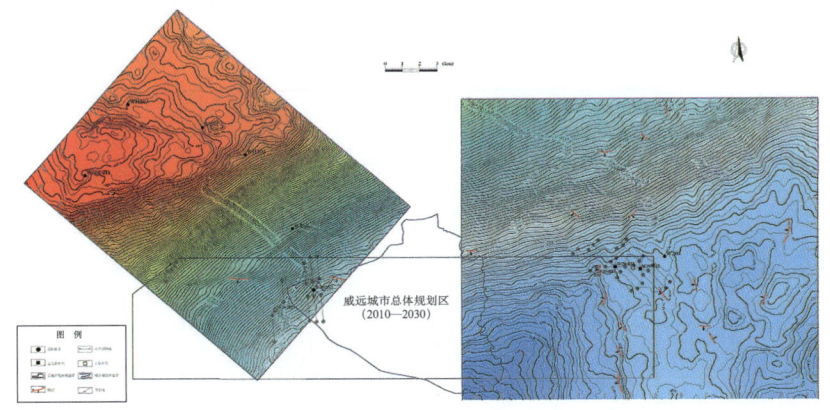

图 2-12　威远 202、威远 204 井区龙马溪组龙一 1¹ 小层顶界构造示意图

二、页岩沉积相特征

川中地区由陆到海依次发育滨岸—陆棚相沉积单元，威远页岩气田五峰组—龙马溪组一段主要为陆棚相沉积，依据其水动力条件、岩石类型及其组合关系、岩石颜色、沉积构

造、沉积环境、古生物组合、指相矿物等特征，又将五峰组—龙马溪组一段的陆棚相划分为内陆棚和外陆棚两种亚相环境沉积。内陆棚亚相水深较外陆棚相对较浅，为弱还原—还原环境，其内存在含碳含粉砂泥岩及含粉砂泥岩等两种微相沉积。外陆棚亚相环境位于风暴浪基面以下，其沉积水体较深，偶有特大风暴浪影响，是静水、缺氧、有利于有机质形成的还原环境，该亚相沉积的有机碳含量高，为优质页岩发育的有利相带。从区内目前钻探情况来看，威远页岩气田五峰组—龙马溪组一段页岩气层在外陆棚及内陆棚两个亚相内均有分布（图2—13）。通过薄片鉴定、岩心观察及其所含古生物特征，在威远页岩气田五峰组—龙马溪组一段进一步识别出了5种沉积微相（图2—14），分别是富有机质硅质泥棚、泥质粉砂棚微相、浅水粉砂质泥棚微相、深水粉砂质泥棚微相、富有机质粉砂质泥棚微相，其中后两个为页岩气层最有利的沉积相类型。

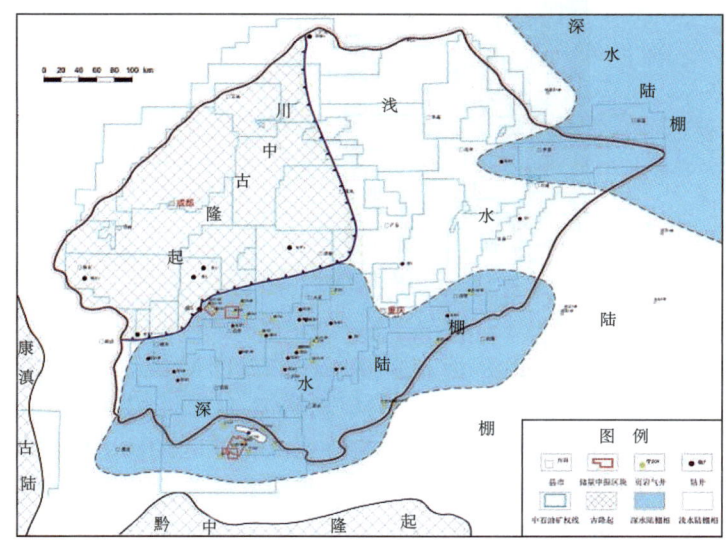

图2-13　四川盆地及周缘早志留世龙马溪期岩相古地理

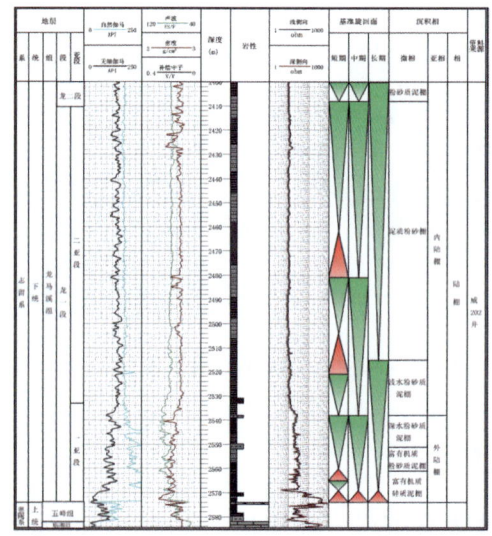

图2-14　威远页岩气田五峰组—龙马溪组沉积微相特征图

三、页岩地化特征

晚奥陶世—早志留世初期，威远页岩气田整体处于外陆棚沉积相带，沉积水体相对平静、缺氧，有利于优质烃源岩的形成。富有机质页岩（TOC≥1.0%）分布范围广、厚度较大，厚度一般在40～55m；优质烃源岩（TOC≥2%）主要位于五峰组—龙马溪组一段，厚度相对较大，一般在20～50m之间；干酪根类型以Ⅰ型为主，见少量的$Ⅱ_1$型；Ro值较大，介于1.7%～2.3%（图2-15），处于过成熟阶段，虽然主生烃期早已过去，但在后期良好的保存条件的条件下，有利于页岩气的富集。龙马溪组一段有机碳含量在0.4%～8.2%之间，平均值大于3%。

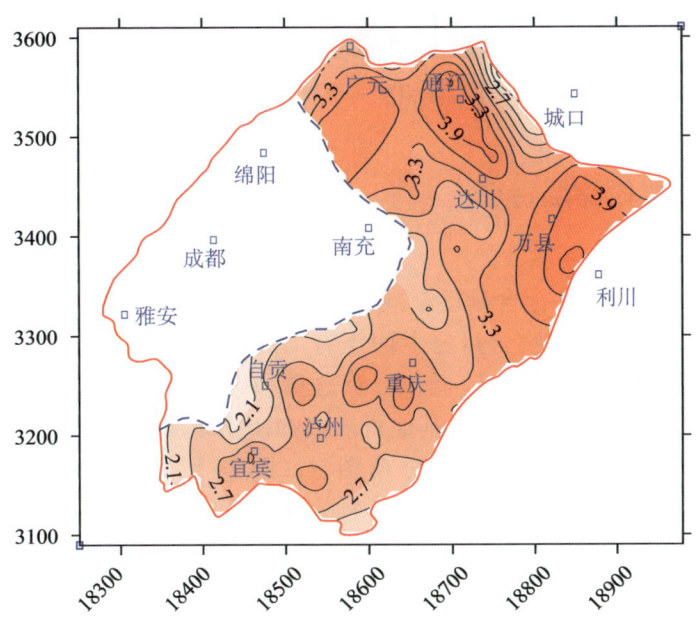

图2-15　四川盆地志留系烃源岩热演化趋势

1. 有机质丰度

依据长宁志留系及威远志留系、寒武系3个页岩气藏页岩的实测数据，有机质含量与页岩颜色、伽马曲线密切相关，TOC含量随页岩颜色加深而增加，且页岩中TOC富集段一般处于伽马曲线高值段。

从有机碳平面分布图来看（图2-16），威远202井区和威远204井区都处于有机碳含量相对较高的地区，有机碳含量大于2%，区域上从北东向南西逐渐增大，威远204井区南西方向最高，达3.3%。

2. 有机质类型和成熟度

根据威201井干酪根显微组分鉴定结果，龙马溪组干酪根类型以Ⅰ型为主，组分以腐泥组和沥青组为主，其中腐泥组含量为78%～90%，沥青组含量10%～22%，不含壳质组、镜质组和惰质组。威远204H2-6井元素录井资料表明：龙一段及下部地层有机质类型以Ⅰ、$Ⅱ_1$型为主；水平段以有机质类型以Ⅰ、$Ⅱ_1$为主，其中Ⅰ型的比例为63.58%。

通过测定威远1井龙马溪组泥页岩中的沥青的反射率为2.37%～2.86%[13]。经换算，镜质体反射率为1.93%～2.26%，处于过成熟阶段，以产干气为主。

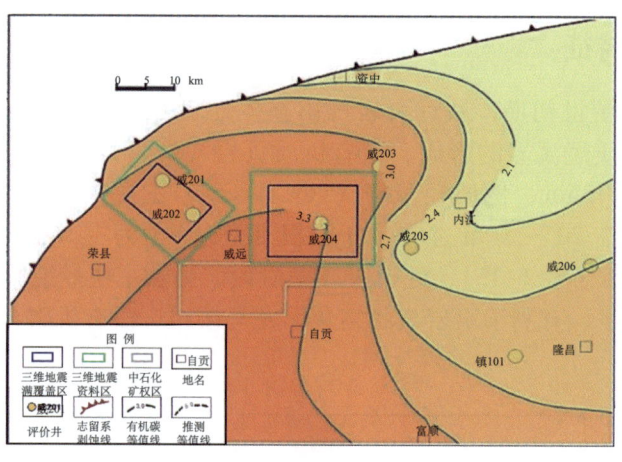

图 2-16　龙马溪组优质页岩有机碳含量等值图

四、优质页岩层段储层特征

1. 页岩岩矿特征

龙马溪组页岩自上而下黏土含量逐渐减少,在底部龙一¹亚段,黏土含量相对较低,脆性矿物以石英为主,而脆性矿物含量自上而下有增加的趋势。总体上具有"两低两高"的特征,即黏土总量和长石含量相对较低,石英含量和碳酸盐岩含量相对较高,且普遍含有黄铁矿。同时,龙一¹亚段和龙马溪组其他页岩段在矿物组成特征上具有明显差异。

从龙马溪组优质页岩硅质含量平面分布图看(图2-17),威204井区和威远井区处于硅质含量的高值区。作为页岩气评价中的一个重要参数,脆性指数是指岩石的抗压强度与岩石的抗拉强度之比。其评价方法主要有两种:岩石力学方法和矿物组分含量法。其中前者是从岩石力学的角度考虑,更能整体上反映地层的脆性,通过叠前弹性参数反演出的泊松比和杨氏模量转换为脆性指数剖面。一般而言,泊松比值越低,并且当杨氏模量值越大,岩石越脆。从作业区脆性指数预测结果可以看出(图2-18),龙马溪组脆性总体较好,脆性指数总体分布于57~63之间。

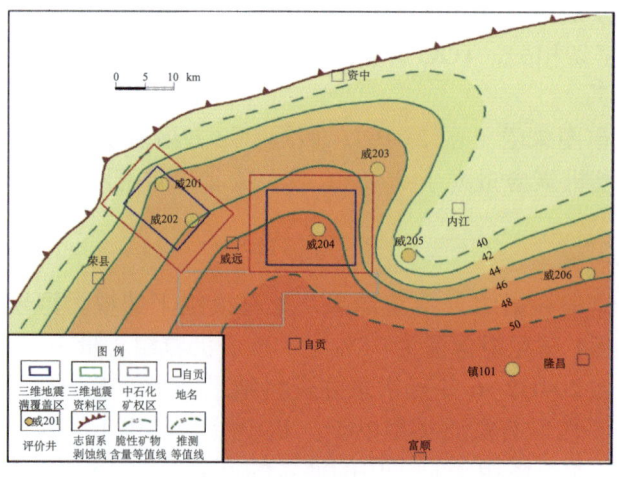

图 2-17　龙马溪组优质页岩硅质含量等值图

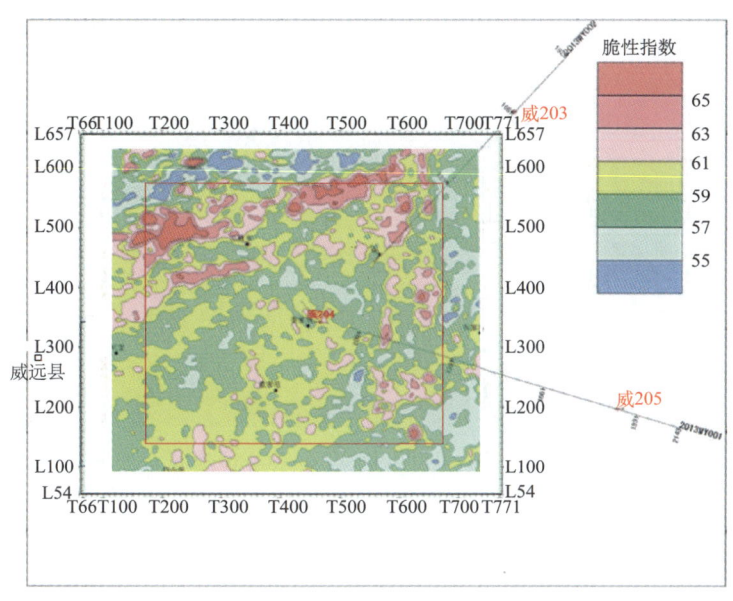

图 2-18 威 204 井区页岩脆性分布预测图

2. 页岩物性特征

威远页岩气藏具有自生自储的特点，五峰组—龙马溪组一段页岩层整体物性较好，以低孔、特低渗页岩层为主。通过取心井岩心物性分析得出：龙一^{1}段页岩密度均值为 2.42～2.61cm^3/g，孔隙度均值范围 5.28%～7.39%，大于 5%，含水饱和度均值 30.19%～45.82%，低于 46%，较高的孔隙度和较低的含水饱和度有利于游离气储集和开采。从孔隙度的等值线图可以看出（图 2-19），威远 204 井区孔隙度较高，威远井区孔隙度略差。从区块完钻井测井解释和扫描电镜镜下观察情况看，龙马溪组页岩气藏孔隙类型以基质孔隙为主，天然裂缝较为发育（图 2-20）。

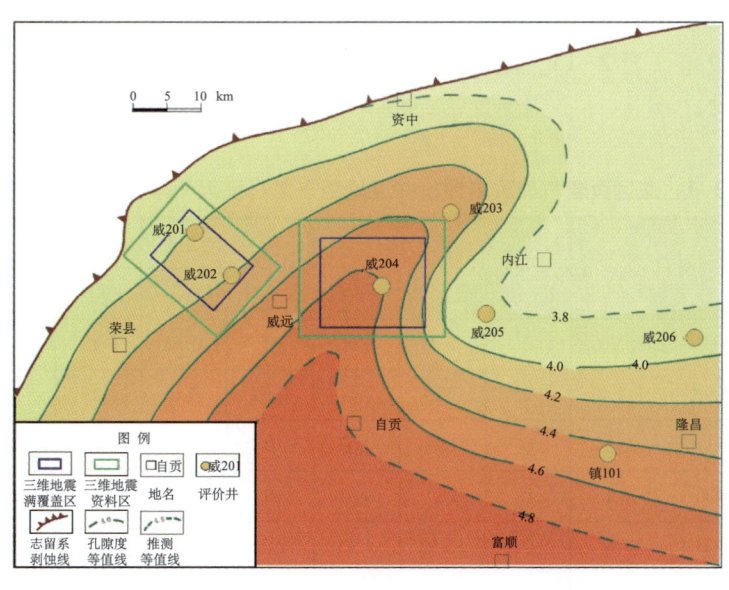

图 2-19 龙马溪组优质页岩孔隙度等值线图

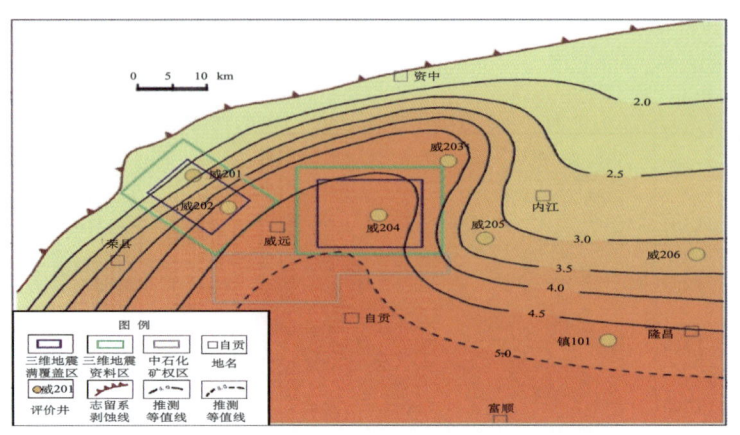

图 2-20　龙马溪组优质页岩含气量等值图

五、含气性特征

页岩含气量是页岩气评层、选区的重要指标，是页岩气资源量、储量计算的关键参数，是页岩气井产量和产气特征的重要影响因素，因此，页岩含气量的确定对页岩气勘探开发具有重要意义[14]。页岩含气量是指每吨页岩中所含天然气折算到标准温度和压力条件下的天然气总量。页岩含气量测定方法可以分为两类：一类是直接法，即解析法；另一类是间接法，分别计算游离气量和吸附气量，再求和而得。上述两种方法也可称为实验方法和测井解释方法。

根据威远页岩气田 5 口页岩气评价井测井资料显示，龙马溪组纵向上底部页岩含气量较高，向龙马溪组底部页岩含气量有增高的趋势，龙马溪组一段较龙马溪组二段含气性好，龙一^{1}亚段较龙一^{2}亚段含气性好，5 口页岩气评价井龙一^{1}亚段总含气量为 2.41～6.67m^3/t，平均为 4.51m^3/t，龙一^{2}亚段总含气量为 0.31～0.96m^3/t，平均为 0.69m^3/t；威远页岩气田厚度不稳定，威 203 井、威 204 和威 205 井显示五峰组厚度较薄，且分别为 2m、1.5m 和 0.5m，且含气性较差（表 2-1）。威远页岩气田龙马溪组一段含气较好，是目前该地区页岩气开发的主要层段。

表 2-1　威远页岩气田页岩评价井五峰组—龙马溪组一段页岩含气量情况

井号	层段	埋深（m）	总含气量（m³/t）			吸附含气量（m³/t）			游离气（m³/t）		
			最小值	最大值	平均值	最小值	最大值	平均值	最小值	最大值	平均值
威201	龙一²	1381～1505.96	0	2.3	0.96	0	0.72	0.12	0	1.95	0.84
	龙一¹	1505.96～1543.436	1.25	3.23	2.41	0.61	1.6	1.17	0	2.23	1.24
	五峰	1543.436～1559	0	2.93	0.67	0	1.6	0.18	0	1.34	0.49
威202	龙一²	2408～2538.1	0	4.21	0.31	0	1.13	0.13	0	3.189	0.185
	龙一¹	2538.1～2574	1.33	11.58	4.83	1.06	2.22	1.64	0	9.43	3.18
	五峰	2574～2582	0	5.07	1.72	0	2	0.66	0	3.69	1.06

续表

井号	层段	埋深（m）	总含气量（m³/t）			吸附含气量（m³/t）			游离气（m³/t）		
			最小值	最大值	平均值	最小值	最大值	平均值	最小值	最大值	平均值
威203	龙一²	3005～3137	0	5.6	0.87	0	0.96	0.36	0	4.78	0.51
	龙一¹	3137～3180	1.01	9.63	5.85	0.96	2.88	1.58	0	7.93	4.28
	五峰	3180～3182	0	2.42	0.3	0	1.69	0.26	0	0.73	0.04
威204	龙一²	3358.5～3491.5	0.35	4.99	0.79	0.35	1.22	0.63	0	4.13	0.16
	龙一1	3491.5～3536.0	1.72	13.43	6.67	1.07	7.59	2.14	0	11.32	4.53
	五峰	3536～3537.5	0.73	9.34	4.29	0.73	6.39	2.32	0	3.8	1.96
威205	龙一²	3470～3663.321	0.27	3.81	0.51	0.27	0.76	0.48	0	3.32	0.04
	龙一¹	3663.321～3709	0.62	6.38	2.79	0.62	2.8	1.07	0	4.41	1.72
	五峰	3709～3709.5	0.36	1.44	0.74	0.36	1.44	0.74	/	/	/

六、气藏特征

1. 地层压力与温度

从蜀南地区目前获得的页岩气井产量来看，压力系数较高的井产量相对较高，因此，压力系数较高的区块有可能获得更高的页岩气产量。从目前威远页岩气田的页岩气井数据来看，压力系数不仅仅与埋深有较高的相关关系（图2—21），与距离剥蚀边界的距离同样也有较好的相关关系，根据这两者关系拟合和压力系数与埋深、距剥蚀边界的公式，绘制了威远页岩气田压力系数分布等值线，建产区块威远4井区处于一个异常高压区，而威远2井区的部分区块压力系数也超过了1.2。

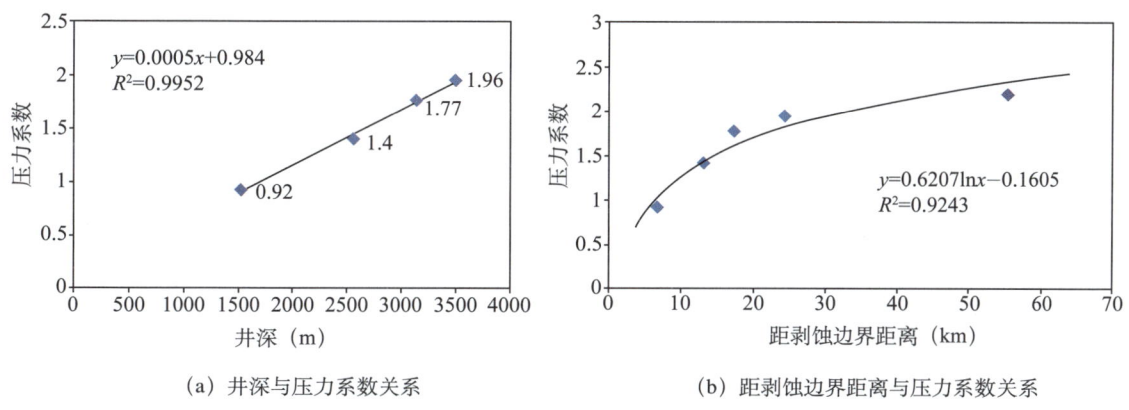

(a) 井深与压力系数关系　　(b) 距剥蚀边界距离与压力系数关系

图2—21 威远页岩气田页岩气井埋深、距剥蚀边界距离与压力系数关系图

从实测情况看，威202井区气藏原始地层压力13.79～35.13MPa，压力系数0.92～1.4，地层温度72.1～99.91℃，为异常高压的低压、中等压力气藏；威204井区气藏原始地层压力67.27MPa，压力系数1.96，地层温度114.18℃，为异常高压的超高压气藏。

2. 气藏流体性质

根据气体组分分析，作业区内威201、威201–H1、威202、威203、威204和威205井的页岩气烃类组成以甲烷为主（表2–2），未检测出丁烷及更重烃类组分。烃类组分中甲烷含量在97.65%～98.69%之间，重烃含量低，其中乙烷含量占0.41%～0.68%，丙烷含量占0.02%～0.03%，CO_2含量在0.22%～1.54%，含少量氦和氢，不含硫化氢，天然气成熟度高，干燥系数（C_1/C_2^+）为138.49～221.32。

表2–2 威远页岩气田页岩气组分数据表

井号	层位	井段（m）	天然气组成（%）								相对密度
			氦	氢	氮	二氧化碳	硫化氢	甲烷	乙烷	C_{3+}	
威201	龙马溪	1511.00～1535.00	0.06	0.01	0.52	0.24	0	98.69	0.46	0.02	0.5613
威201–H1	龙马溪	1460.00～2740.00	0.03	0	1.54	0.22	0	97.65	0.54	0.02	0.566
威202	龙马溪	2554.00～2573.00	0.03	0	0.22	0.7	0	98.33	0.68	0.03	0.566
威203	龙马溪	3137.00～3161.00	0.03	0	0.62	0.99	0	97.76	0.55	0.02	0.5698
威204	龙马溪	3625.00～4643.00	0.05	0	0.64	1.32	0	97.48	0.49	0.02	0.5727
威205	龙马溪	3820.00～4890.00	0.05	0	0.63	1.5	0	97.38	0.41	0.03	0.5739

3. 气藏类型

《页岩气资源/储量计算与评价技术规范》（DZ/T 0254—2014）将页岩气定义为赋存于富有机质的页岩层段中，以吸附气、游离气和溶解气状态储藏的天然气，主体上是自生自储成藏的连续性气藏；属于非常规天然气，可通过体积压裂改造获得商业气流。研究表明，威远五峰—龙马溪组一段天然气符合页岩气的定义，五峰组—龙马溪组一段天然气藏为自生自储连续性页岩气藏。

七、优质页岩划分标准

依据长宁地区宁203井取心段研究成果，结合威远地区储层条件，制定优质页岩划分标准。宁203井有机碳含量与孔隙度、含气量和脆性矿物含量之间有较好的相关关系，随着有机碳增加，孔隙度、含气量和硅质含量也在增加，当有机碳大于2%时，含气孔隙度、含气量和硅质含量增加明显。

威远区块也有类似特点，龙马溪组具有自下而上颜色逐渐变浅、伽马值变小、有机碳含量和脆性矿物含量逐渐降低的趋势。总体上，威远地区呈现出龙马溪组龙一^{1}下段、龙一^{1}上段、龙一^{2}和龙二段总有机碳含量、总含气量、孔隙度和脆性矿物等各项参数逐渐变差的特点。

综合分析表明，威202井区和威204井区（含五峰组）龙一^{1}亚段厚度39.7～50.6m，这套页岩有机碳含量高（2.3%～3.53%），成熟度高（1.93%～2.26%），孔隙度大（2.3%～4.6%），含气量高（2.34～4.79m³/t），硅质含量高（50%～62.4%）。参考Q/SY 1849—2015《页岩气地质评价技术规范》中所提到的地质评价参数及确定方法，确定将有机碳大于2%，孔隙度大于 3%，含气量大于 2m³/t，脆性矿物含量大于 45% 作为优质页岩的划分标准（表 2–3）。

表 2–3　页岩气储层分类参数表（Q/SY 1849—2015）

类别	有机碳含量（%）	有效孔隙度（%）	脆性矿物含量（%）	黏土矿物含量（%）	含气量（m³/t）
Ⅰ	≥ 3	> 4	≥ 50	< 30	> 3
Ⅱ	2 ~ 3	3 ~ 4	45 ~ 50		2 ~ 3
Ⅲ	1 ~ 2	2 ~ 3	40 ~ 45	30 ~ 40	1 ~ 2
Ⅳ	< 1	< 2	35 ~ 40		< 1

第三章　丛式井组平台位置优化

丛式井组平台位置优化需要考虑的因素很多，主要有地质、工程、道路、环境和成本等。为了选择最佳的丛式井组平台位置，通过综合以上因素建立丛式井组平台模型和求解方法，再结合各地区具体的地貌特征及外部条件等实际情况进行井场布置。如针对苏里格气田苏53作业区块发育致密砂岩气藏，通过对全区构造、沉积和储层，以及地应力研究，建立地质模型，优选山西组山1段和石盒子组盒8段为储层甜点区域，再综合地质、工程、道路等因素建立平台模型，通过求解最终采用不同方位大井丛组合平台模式，在 5.6km² 的区域上部署10口水平井、2口定向井、1口直井，动用地质储量 $18.5 \times 10^8 m^3$，初期日产气达到 $124 \times 10^4 m^3$。在四川威远地区，在对页岩气藏储集层的总有机碳、热成熟度、干酪根类型、含气量、有效厚度、孔隙度和矿物组成，以及地层应力分布等精细论证后，建立地质模型，优选页岩裂缝发育区、高压异常区，储层脆性矿物达到优质页岩标准的发育甜点区开展工厂化井位优化部署，规模化开发页岩气，取得了显著的开发效果，单井最高日产气量达 $28 \times 10^4 m^3$，平均单井日产气量达 $12 \times 10^4 m^3$，实现了预定目标和指标。

第一节　丛式井组平台模型建立与求解

随着水平井钻井技术的发展与完善，丛式水平井技术在页岩气和致密气等非常规油气藏开发中被广泛采用。在经过对目标区地质精细化研究，确定其丛式水平井开发方案，即地下水平井井网确定之后，如何在区域内优选出适合工厂化作业的平台位置便不仅仅是一个地质问题了，这涉及到设置多少个平台，确定每个平台的位置以及每口井的归属等诸多问题。它演变成了数学中的非线性规划问题，最终目标是以最少的油气田建设总投资获得最大的经济效益。

在陆上油气田的开发过程中，采用丛式井钻井技术对油气田的钻井布局、矿场建设及油气田开发等方面的技术和工程组织都有重大影响，随着定向井、丛式井钻井技术的不断发展，在环境条件受限制的地区用丛式钻井进行油气田开发可以取得明显的经济效益。对陆上油田用丛式井开发的经济评价，前苏联在西伯利亚油田的开发过程中已做了大量的工作，以单井的建井费用最低为目标对这一问题进行了研究。在研究过程中，将单井建设的费用和与1个丛式井平台井数有关的部分主要分成4大项：建井准备工作、钻井设备的安装及拆卸、钻井和完井试油以及油井矿场建设。通过对大量数据、资料、设计方案进行分析处理，分别求算出以上各项工程与丛式井井数之间的函数关系式，从而确定最优方案。

与此类问题相似，1972年 M.D.Devine 和 W.G.Llesso 首先对海上油田的开发进行了研究，对海洋钻井的平台容量、平台个数、平台位置以及已给出井网的每口井应属于哪个平台进行了优化设计，并将这一问题抽象为"仓库—选址"模型来进行研究。其后一些学者先后就这一问题做了进一步的研究，尽管考虑的因素和求解的方法有所不同，但基本模型没有改变。

丛式水平井技术具有投资少、见效快、便于集中管理等优点，是提高油气采收率的经济有效手段。采用丛式水平井技术面临的问题之一便是钻井平台的部署优化问题。目前我国对于陆上油田丛式定向井开发方式下的平台规划问题有过深入的探讨，而对于以丛式水平井开发方式为主的油田区块的平台优化问题研究得比较少。

当一个区块的地下水平井井网确定之后，通常所面临的主要问题是：部署多少个平台，每个平台钻多少口井，平台应建在什么位置等使得油田建设总投资最少。

影响丛式井开发方式的投资费用主要有两个方面[15]：一是涉及地面建设的各个项目，包括平台或井场和井场路的建设费用，钻机搬安费用，油气集输、计量管线及其设备的建设费用等；二是涉及地下油气井建造的项目，如钻完井、测试和压裂增产等费用。以钻井费用为例，一般区块内规划设置的平台数量越多，区块内地面建造费用就越高，但由于每个平台上钻井的井数少，单井进尺短，钻完井难度小，钻、完井费用就越少；反之，设置的平台数越少，区块内地面建造费用就越少。但由于每个平台上钻的井数多，水平位移大，单井进尺长，钻完井施工难度大，钻完井费用就要增高。它们之间存在一个最优的平台数量（包括它的大小和位置），与总投资费用（地面建造投资和地下钻完井投资费用之和）的最小值相对应（图3-1）。

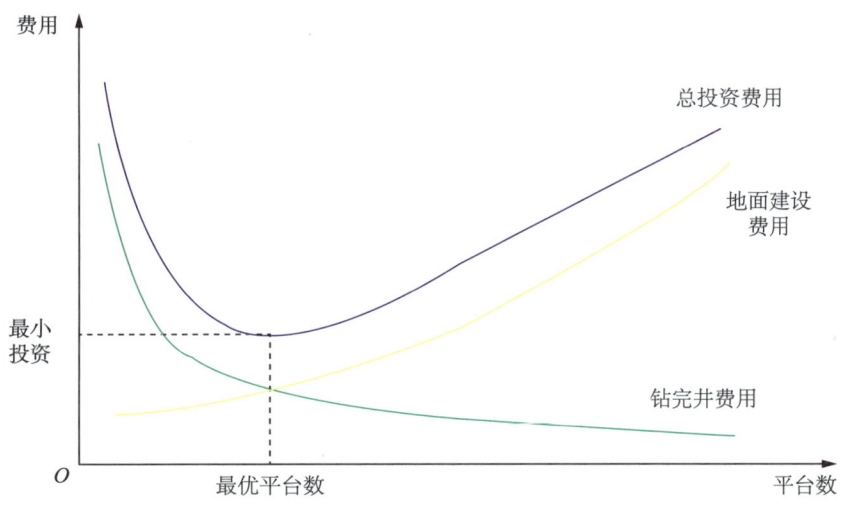

图3-1 地面建设费用、钻完井费用与平台设置数量的关系

一、地面建设费用模型的建立

平台的基础建设费用与区块内设置的平台数量和大小有关。设置的平台数量越少，每个平台上钻的井越多，单井平均占地越少，总平台建造费用将越少，反之亦然。设分配到 j 号平台上的井数为 n_j，则以单排井口布局的每个平台的建造费用为：

$$C_{\mathrm{p1}j} = u_{\mathrm{po}}\left[a_1 + b_1\left(n_j - 1\right)\right] \tag{3-1}$$

注：符号放节后统一解释。

当分配到某一平台内的地下井位位于平台的两侧时，一般将平台内井口分两排布局。以双排井口布局的每个平台的建造费用为：

$$C_{\mathrm{p1}j} = u_{\mathrm{po}}\left\{a_2 + b_2\left[\max\left(m_{1j} - n_{2j}\right) - 1\right]\right\} \tag{3-2}$$

1. 平台和井场道路建设费用

通向平台的井场道路的建设与区块内设置的平台数有关。平台数量越多，需要修建的井场道路越长。井场道路的优化可利用图论中求最小数原理求出最短井场道路路径方案，计算井场道路长度。设区块内井场道路长度与区块内所设置的平台数量 n_p 的函数关系为 $l(n_p)$，则井场道路的建设费用可表达为：

$$C_{p1j} = u_r l(n_p) \tag{3-3}$$

对于均布井网，井场道路长度和平台数量之间的函数关系为：

$$l(n_p) = \frac{n_w}{12 n_p} k(2n_p - n_{col}) + (l_h - k)(n_{col} - 2) \tag{3-4}$$

这样，区块内的总平台基础和道路建设总费用可表达为：

$$C_p = \sum_{j=1}^{n_p} C_{p1j} + C_{p2} \tag{3-5}$$

2. 钻机搬安费用

丛式井开发可大量节省钻机的搬迁和安装费用。区块内设置的平台数越少，钻机大搬的次数就越少，绝大部分井的搬迁、安装是在平台内整拖完成的，总钻机搬迁、安装费就会越少。钻机搬迁、安装费用可根据平台上井数和井口布局方式，先确定钻机的大搬、中搬和整拖的次数，然后根据次数和每次费用计算其总费用。

对于单排井平台：

$$C_{Mj} = C_{m1} + C_p(n_j - 1) \tag{3-6}$$

对于双排井平台：

$$C_{Mj} = C_{m1} + C_p(n_j - 2) + C_{m3} \tag{3-7}$$

区块内的总钻机搬迁、安装费用可表达为：

$$C_{Mj} = \sum_{j=1}^{n_p} C_{Mj} \tag{3-8}$$

3. 平台内油气集输系统建设费用

丛式井平台的设置可大大减少井与站管线和阀组的建设投资。集输系统中的联合计量站、增压泵站、集油主管线等的建设主要取决于区块的产能规模，与平台设置的多少无直接关系。为便于单井动态监测，目前多采用单井进站计量，联合站常建于平台上。平台内油气集输系统建设费用主要考虑各平台内设置的阀组、井口到阀组管线、阀组到联合站管线等3项费用。

（1）阀组费用：

平台内设置的阀组与该平台内集输的井数有关。平台内阀组的建设费用一般根据该平台上的井数，选择安装相匹配的阀组系列。集输井数越多，需要安装的阀组的头数越多，阀组费用越高。各个平台内的阀组费用可表达为：

$$C_{\text{g}1j} = f_{\text{g}}\left(n_j + n_j'\right) \tag{3-9}$$

（2）井口到阀组管线费用：

从井口到阀组的管线包括输油管线、掺稀管线，在热采方式下还应包括注热管线。为方便计算，取平台中心位置到阀组系统的距离作为平台上各井单独到阀组系统的长度的平均值。则每个平台井口到阀组系统的管线费用可简单表示为：

$$C_{\text{g}2j} = \left(n_j + n_j'\right)u_{\text{g}2}d_j \tag{3-10}$$

（3）阀组到联合站管线费用：

设区块内规划了 n_e 个联合站，其站址分别选在其中的几个平台上，设为 $(X_J' + Y_J')$ $(J=1, 2, \cdots, n_\text{c}; n_\text{c} \leqslant n_\text{p})$，则从阀组到联合站的管线费用可表达为：

$$C_{\text{g}3} = \sum_{J=1}^{n_\text{c}}\sum_{I=1}^{n_\text{p}} t_{I,J}' S_{I,J} u_{\text{g}3} \tag{3-11}$$

$$S_{I,J} = \sqrt{\left(X_J' - X_I\right)^2 + \left(Y_J' - Y_I\right)^2}/1000 \tag{3-12}$$

$t_{I,J}'$ 为（0，1）变量，若第 I 个平台被分配到第 J 个联合站上集输时，$t_{I,J}'=1$，否则，$t_{I,J}'=0$。并满足以下条件：

$\sum_{I=1}^{n_\text{p}} t_{I,J}' = 1\left(I=1,2,\cdots, n_\text{p}\right)$，即每个平台上的井仅分配给一个计量站。

$\sum_{I=1}^{n_\text{p}} t_{I,J}' = m_J\left(n_I + n_I'\right) \leqslant m_{\max}\left(J=1,2,\cdots, n_\text{c}\right)$，即每个计量站所分配到的井数不超过计量站的最大计量能力 $m_{\max}$。

将上述 3 项集输系统费用累计，可得到区块内各平台油气集输费用的表达式为：

$$C_{\text{g}} = \sum_{j=1}^{n_\text{p}} f_{\text{g}}\left(n_j + n_j'\right) + \left(n_j + n_j'\right)u_{\text{g}2}d_j + \sum_{J=1}^{n_\text{c}}\sum_{I=1}^{n_\text{p}} t_{I,J}' S_{I,J} u_{\text{g}3} \tag{3-13}$$

二、钻完井费用模型的建立

通常区块内设置的丛式井平台数量越少，需要从平台上钻达远距离目标的井就越多，井身长度加长，井身轨道形态复杂，钻井难度加大，钻完井费用就越大，反之亦然。

单井钻完井费用与井身结构、井眼轨道、钻井施工工序和采用的钻完井工艺技术密切相关，它取决于当地钻井施工技术服务日费和管材价格。当区块水平井钻完井工程施工方案确定后，影响钻完井费用的主要因素是井身轨道形态和井身长度。井身轨道形态和井身长度取决于该井井口相对于目的层设计水平段的位置、长度和垂深。因水平井目的层的水平段（A、B 两靶点的距离）及其垂深由油藏工程做井位部署时给出，是固定不变的已知数，唯有井口位置随平台的位置与井口布局方式而变，使得各井井口相对于地下目的层水平段的位置（即纵向靶前位移和横向靶前位移，图 3-2）也跟着变化，这样，各井的井身轨道的长度、形态以至钻完井的费用也就发生变化。为反映 1 口井单井钻完井费用随该井井口与水平段之间相对位置的这种变化关系，可将 1 口水平井的钻完井费用表示为：

$$C_\text{d} = f_\text{d}\left(h, \eta, \delta, l\right) \tag{3-14}$$

式中：h，η，σ，l 分别为水平井水平段目标靶点 A 的垂深、井口相对水平段的纵、横向靶前位移、水平井水平段长度。

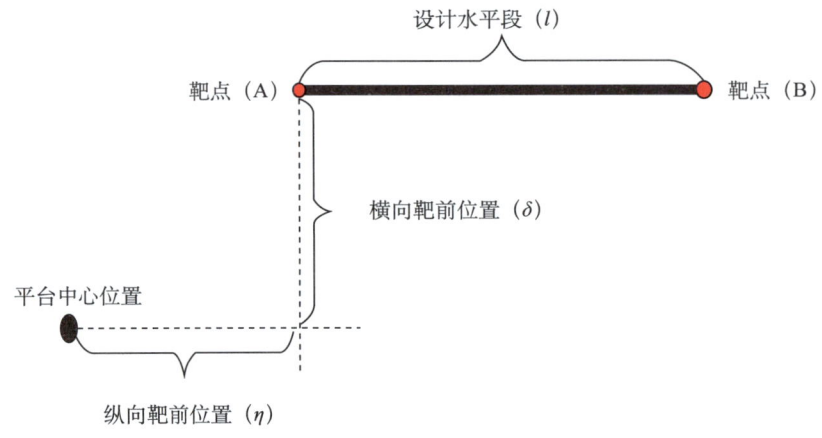

图 3-2 水平井靶区位置与其平台位置相对位置关系示意图

函数 f_d 主要取决于当地施工技术服务日费和管材价格，可由各种不同水平段目标参数的设计井的设计工序和进度预算出钻完井费用或由邻区已钻井的成本资料统计回归得到。这样，区块内某口井 i 在平台 j 上钻井，其钻完井费用为：

$$C_{d\,(i,\,j)} = f_d\,(h_i,\ \eta_{j,\,i},\ \delta_{j,\,i},\ l_i) \tag{3-15}$$

其中：

$$l_i = \sqrt{(x_{Bi} - x_{Ai})^2 + (y_{Bi} - y_{Ai})^2}$$

$$\eta_{j,i} = \left|(x_{Bi} - x_{Ai})Y_j - (y_{Bi} - y_{Ai})X_j + y_{Bi}x_{Ai} - x_{Bi}y_{Ai}\right| / l_i$$

$$\eta_{j,i} = \sqrt{(X_j - x_{Ai})^2 + (Y_j - y_{Ai})^2 - \delta_{j,i}^2}$$

区块内所有平台总的钻完井费用可表达为：

$$C_d = \sum_{j=1}^{n_p}\sum_{i=1}^{n_w} t_{i,j} C_{d(i,j)} = \sum_{j=1}^{n_p}\sum_{i=1}^{n_w} t_{i,j} f_d\left(h_i, \eta_{j,i}, \delta_{j,i}, l_i\right) \tag{3-16}$$

式（3-16）中，t_{ij} 为（0，1）分配变量，当第 i 口井分配到第 j 个平台上钻井时，此时，$t_{ij}=1$，否则，$t_{ij}=0$。(0，1) 分配变量必须满足：$\sum_{j=1}^{n_p} t_{i,j} = 1 (i=1,2,\cdots,n_w)$，即每口井都得到分配且仅分配给一个平台。$\sum_{i=1}^{n_w} t_{i,j} = n_j \leqslant n_{\max}(j=1,2,\cdots,n_p)$，即每个平台上所分配到的井数不超过平台的最大钻井能力。

三、丛式水平井钻井平台规划模型的建立

将地面建设投资费用和钻完井费用相加，便得到丛式井钻井平台的设置规划模型：

$$\min(Z) = C_p + C_M + C_g + C_d = A + B \tag{3-17}$$

其中：

$$A = \sum_{j=1}^{n_p} C_{p1j} + C_{p2} + \sum_{j=1}^{n_p} C_{Mj} + \sum_{j=1}^{n_p} \left[f_g\left(n_j + n_j'\right) + \left(n_j + n_j'\right) u_{g2} d_j \right]$$

$$B = \sum_{J=1}^{n_c} \sum_{I=1}^{n_p} t'_{I,J} S_{I,J} u_{g3} + \sum_{j=1}^{n_p} \sum_{i=1}^{n_w} t_{i,j} f_d\left(h_i, \eta_{j,i}, \delta_{j,i}, l_i\right)$$

约束条件：（1）地面平台位置的约束；（2）平台最大钻井数量的约束 $n_{\max}$；（3）计量站最大计量能力 $m_{\max}$。

地面条件约束主要根据当地的地形、地貌状况、交通状况、环保要求等确定平台不可修建的区域范围，确定平台位置可行域 R，则

$$(X_j,\ Y_j) \in R (j=1,2,\cdots,\ n_p) \tag{3-18}$$

在式（3–17）规划模型中，决策变量有：平台数量、平台位置坐标；（0，1）井位分配变量，联合计量站站址及平台在联合计量站上集输的（0，1）分配变量。

预先给定变量有：地下井网坐标、区块内位于平台内的已钻井数量、各项费用的单位费用和各费用预算模型等。

上述规划属于混合整型非线性规划问题。

符号说明：

n_j——分配到第 j 号平台上的井数；
C_p——平台与井场路建造费用，万元；
C_{p1}——总平台（井场）建造费用，万元；
a_1——单排井口布局时单井平台占地面积，m^2；
b_1——单排井口布局时每增加 1 口井需要增加的平台面积，m^2；
μ_{po}——单位面积平台建造费用，万元$/m^2$；
a_2——双排井口布局时，最初 2 口井的占地面积，m^2；
b_2——双排井口布局时，井数多的井组中，每增加 1 口井需要增加的平台面积，m^2；
n_1, n_2——双排井口布局时各排井数，口；
n_p——油田（区块）内设置的平台数量，座；
μ_r——单位长度井场路建设费用，万元/km；
$l(\ )$——井场路长度与平台设置数量的函数关系，km；
C_{p2}——总井场路建造费用，万元；
n_w——区块内钻井总井数，口；
k——地下井网井距，m；
l_h——均匀布井井网水平井水平段长度，m；
n_{col}——均匀布井井网列数，列；
C_M——总钻机搬迁、安装费，万元；

C_{m1}——钻机大搬一次的费用，万元；

C_{m2}——钻机整拖一次的费用，万元；

C_{m3}——钻机在平台内井排间搬迁一次的费用，万元；

C_{g1}——油气集输系统阀组费用，万元；

C_{g2}——油气集输系统井口到阀组管线费用，万元；

C_{g3}——油气集输系统阀组—联合站管线费用，万元；

$f_g(\ )$——阀组费用与阀组头数之间的函数关系，万元；

n——平台上分配到的待钻井井数，口；

n'——平台上已钻井井数，口；

d——平台中心位置到阀组系统的距离，km；

n_c——联合站数量，座；

X'，Y'——联合站站址坐标，m；

X，Y——平台位置坐标，m；

μ_{g2}——从井口到阀组所有管线单位长度费用，万元/km；

μ_{g3}——阀组—联合站所有管线单位长度费用，万元/km；

$S_{I,J}$——第 J 个联合站到第 I 个平台的距离，km；

h——水平井水平段目标靶点 A 的垂深，m；

l——水平井水平段长度，m；

(x_A, y_A)，(x_B, y_B)——水平井目标靶点 A 和 B 的坐标，m；

η，δ——井口相对水平段的纵、横向靶前位移，m；

C_d——单井钻、完井费用，万元；

f_d——单井钻、完井费用与井眼轨道参数 η，σ，h，l 之间的函数关系；

$\delta_{j,i}$，$\eta_{j,i}$——第 j 个平台相对于第 i 口水平井水平段的纵、横向靶前位移，m；

n_{max}——平台最大钻井井数，口；

m_{max}——计量站最大计量能力，口；

m——联合站分配到的平台数，口；

$i'_{I,J}$——计量站在平台上的分配变量；

$i'_{i,J}$——井位在平台上的分配变量。

下标：

j——第 j 个平台；

i——第 i 口井；

I，J——第 I 个平台、第 J 个联合计量站（计算阀组到联合站管线费用时）。

第二节　工厂化作业井场布置

在井场总体优化设计的基础上，对工厂化作业的钻井井场及钻前道路进行优化设计和施工，有利于保证钻井、压裂施工安全，便于油气井工厂化后续管理和维护作业，可以节约土地、降低成本。在进行工厂化地面井场设计时，应结合各地区的地貌特征及外部关系等实际情况，布置钻前工程工作。

一、井场布置原则

在井场位置和油井数量确定以后，就可以更好地进行工厂化井场的布局设计，布局的总体原则是：

（1）满足地质设计、钻井和采油工艺要求，有利于提高管理水平和经济效益；
（2）为满足钻机整体平移需要，钻机和钻井泵应采取分块布置；
（3）为满足后期完井压裂施工作业，压裂设备和钻井设备应分开布置；
（4）多部钻机同时在一个丛式井井场作业，供电、供水、供油、污水处理、废弃物回收处理等设施应综合布置；
（5）井场的设施布置应满足防喷、防爆、防火、防毒、防冻等安全要求；
（6）合理用地，方便施工，在特殊的地理环境，应有切实有效的防护设施。

二、工厂化作业井场布置技术要求

1. 井场位置

一般油、气井井场边缘距民房、铁路，高压输电线路、地下电缆及其他永久性设施的距离应按 SY 1552—2012 标准有关规定执行。安全距离如果不能满足 SY 1552—2012 规定的，应组织相关单位进行安全、环境评估，按其评估意见处理。

含硫油气田的工厂化作业井场应选在较空旷的位置，井场距民房的距离应按 SY/T 5087—2017 有关规定执行。

2. 井场地面井位的确定

井组间距离不小于 20m，井组内井间距离不小于 3m。

3. 场地及场内道路

（1）工厂化作业场地应平坦坚实，中部应稍高于四周，井组间应有排水沟；
（2）工厂化作业场地应满足钻井、压裂施工作业要求；
（3）在草原、苇塘、林区的工厂化作业井场，应增设防火设施；
（4）在河床、海滩、湖泊、盐田、水库、水产养殖场的工厂化作业井场，应增设防洪、防污染设施；
（5）在山区、丘陵的工厂化作业井场，应增设防坍塌设施；
（6）在沙漠的工厂化作业井场，应增设防风、固沙设施；
（7）在农田内的工厂化作业井场，应挖防护沟并围土堤，与毗邻的农田隔开，防止污染；
（8）工厂化作业井场内道路应坚实平整，保证井场内所有井在建井周期内车辆畅通，路宽不少于 10m。

4. 井场主要设备布置

（1）根据原钻机生产厂家提供的平面布置图、技术说明及钻丛式井所需钻机运移的工艺要求布置；
（2）含硫油气田的井，所有设备的安放位置应按有关规定执行；
（3）钻井设备、压裂设备、采油设备分别分区布置。

5. 净化系统布置

（1）净化系统布置总的原则应按相关规定执行。

（2）根据综合利用互不干扰的要求，特殊井工厂化作业井场布置时，可将净化系统反向安装，使两部钻机共用沉砂池。

根据美国页岩气井工厂化开采经验，在条件许可的情况下，井场尽量布置成长方形，根据井场具体地貌特征，也可以建成其他形状。根据工厂化作业所布局的井口数量及组数，井场面积在 10～30 英亩。工厂化作业井场大小，需要根据油气井开发计划决定。如果要求油气井尽快投产，而且该井场单独压裂，则需要预留出压裂施工设备所需的场地。如果计划实施工厂井集中钻井，并在钻井设备撤离后，再集中完井、压裂，集中投产，则可以不用预留压裂设备所需场地。另外，工厂化集中压裂时，压裂设备是放置在井场内进行压裂，还是放置在井场外实施远程压裂，这些都是必须考虑的因素。

三、钻前道路要求

公路一般分为主干路、支干路和井场路三个等级，其原则是每个井场都必须有公路相通。在设计过程中，除了要考虑已有的公路、村庄和河流等条件外，还须符合国家有关公路铺设的规范。为了能比较合理，采用图论中求最小数的 Kruskal 算法，先求出通向每个井场公路的总长度为最短的初步方案。在计算过程中，采用特殊的点、给边加不同权重的方法来处理已有的公路、河流、村庄以及地理环境限制等情况。在求得初步方案后，再根据通过某一段公路的运输繁忙程度及有关的公路铺设规范进一步确定主干路。一旦主干路确定，就可按上述方法进一步确定支干路和井场路。

工厂化开发模式下，除上述因素外，还应综合考虑整个区块内井场的布局，包括井场数量和位置、集输工厂的规模和数量、集输管线的走向等，尽量减少对环境的破坏，减少耕地的占用。基于此原则，修建井场道路时应注意：

（1）应避开易滑坡、坍塌、泥沼等不良地段，按照通行安全、经济实用的原则选择线路，充分利用原有道路。

（2）平坦地段修筑钻前道路，路基宽度应不小于 7m，有效路面不小于 6m。山区修筑钻前道路应因地制宜，路基宽度应不小于 6m，有效路面应不小于 5m。

（3）转弯处曲率半径不小于 18m，路面宽度不小于 8m。

（4）在多弯、相互不能通视处应设置会车道。一般每间隔 250～400m 修一处会车点，会车点路面宽 8m、长度大于 20m。

（5）道路纵坡坡度一般不大于 8°，局部复杂路段最大不超过 20°，确保各种施工车辆正常通行。

（6）在修筑钻前道路时，需要考虑是否沿途埋设集输管线，如果需要，尽量减少占地。对野生动物经常出没的地区，还应挖设野生动物逃生坡道。

第三节　苏 53 大井丛组合平台井场优化部署

在精细地质研究基础上，遵循下述优选原则，在地质落实、工艺可靠、经济可行的区域进行大组合平台优化部署[16]。

一、大组合平台井场优选原则

（1）储层分布较稳定，发育集中，厚度满足开发下限要求；
（2）若多层系开发，必须满足分层系开发条件；
（3）尽可能保持原开发井网，确保储量动用程度；
（4）平台井组井数需要考虑到土地利用和工程技术实现能力；
（5）邻井具有较好的生产能力；
（6）需满足提高工厂化作业速度、节约成本、减少污染、提高工作效率的要求。

二、优选依据和结果

苏53大井丛组合平台优化部署过程中，可以储层好坏、储量基础、邻井产能和经济评价等几个主要方面为优选依据开展工作[17]。

1. 储层特征

依据地质精细化研究成果，区块在平面上，盒8段4+5+6小层全区分布（图3-3），面积302.4km^2，储量为449.1×10^{8}m^3；山1段有效气层主要集中分布在西南部（图3-4），大于9m区域面积59.16km^2，储量为67.98×10^{8}m^3；具备较好的资源开发基础。工厂化作业平台位置处盒8+山1段，有效厚度大于20m，其中山1段有效厚度大于9m，4+5+6小层有效厚度大于12m。

从图3-5可以看出，纵向上山1段与盒8段储层可对比性较好。从图3-6可以看出，其间泥岩隔层发育稳定，且分布稳定，平均7.8m，可以分两套层系开发。

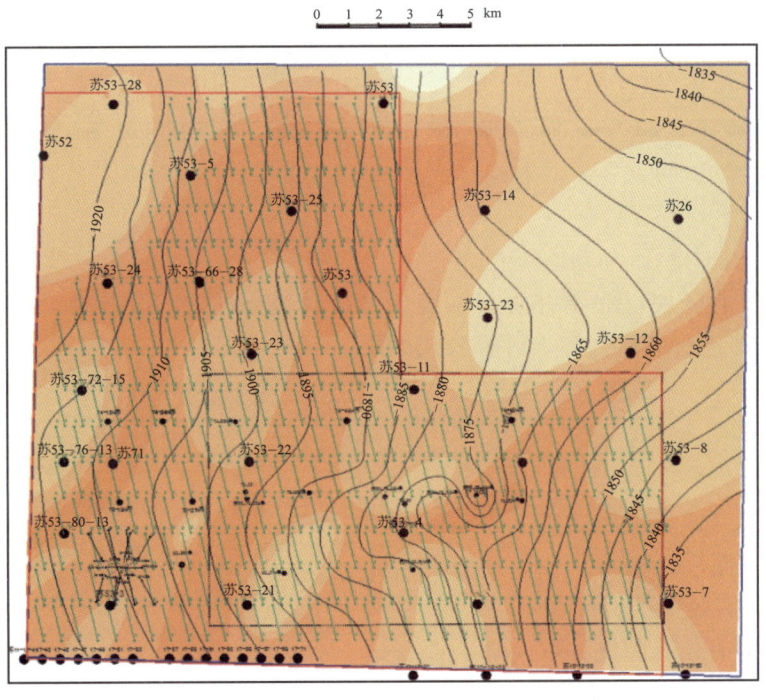

图3-3 盒8段4+5+6小层有效厚度等值图

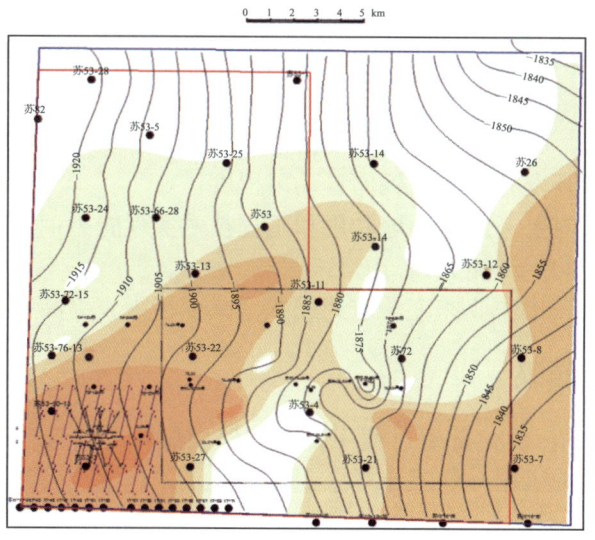

图 3-4 山 1 段有效厚度等值图

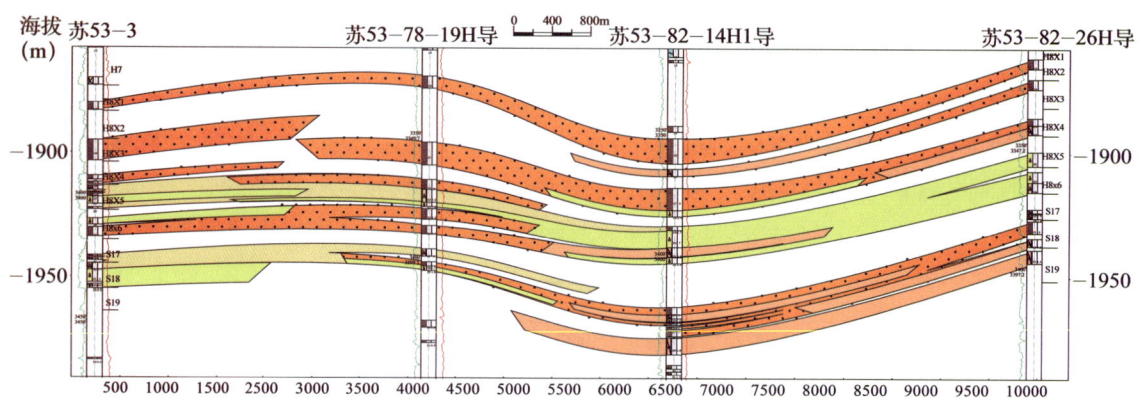

图 3-5 平台井气藏剖面图

2. 储量基础

应用苏 53 作业区块已完钻井资料（表 3-1），将建成区盒 8 段、山 1 段作为储量计算单元，采用容积法进行储量估算，计算公式如下：

$$G = 0.01 Ah\Phi S_{gi} \frac{p_i T_{sc}}{p_{sc} T Z_i} \tag{3-19}$$

式中 G——天然气原始地质储量，$10^8 m^3$；

A——含气面积，km^2；

h——平均有效厚度，m；

Φ——平均有效孔隙度；

S_{gi}——平均原始含气饱和度；

T——平均地层温度，K；

T_{sc}——地面标准温度,K;
p_i——平均原始地层压力,MPa;
p_{sc}——地面标准压力,MPa;
Z_i——原始气体偏差系数。

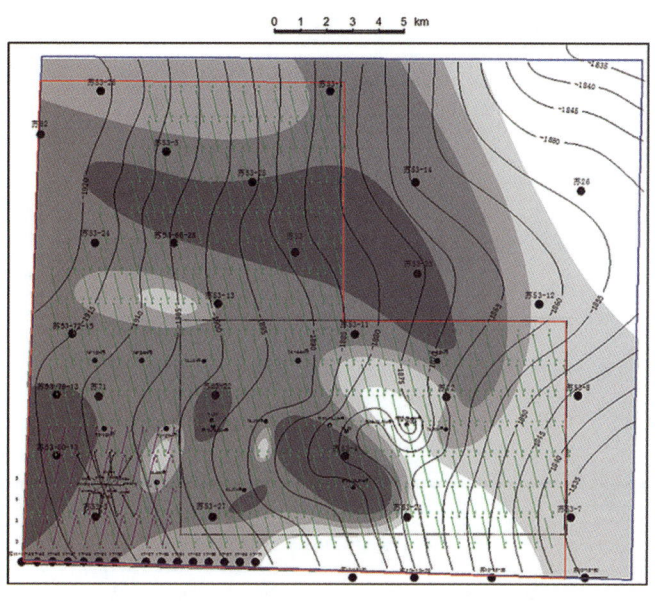

图 3-6 山 1 段与盒 8 段隔层厚度等值图

表 3-1 工厂化作业平台井控制储量参数表

区块	水平井区	
层位	盒 8	山 1
计算含气面积（km²）	5.6	3.9
有效厚度（m）	11.7	9.4
有效孔隙度（%）	12.3	11.6
含气饱和度（%）	66.7	63.3
原始地层压力（MPa）	28.41	28.82
地层温度（K）	377.45	379.27
地面标准压力（MPa）	0.1	0.1
地面标准温度（K）	293.15	293.15
原始气体偏差系数	0.964	0.964
天然气地质储量（10⁸m³）	12.35	6.22
单储系数 [10⁸m³/（km²·m）]	0.19	0.17
丰度（10⁸m³/km²）	2.21	1.59

3. 邻井产能

平台周边投产水平井 3 口（图 3-7），目的层山 1 段 1 口，盒 8 段 2 口。截至 2013 年 2 月底，平均生产 263.16d，初期井口压力平均 21.2MPa，初期日产 12.57×10⁴m³，目前平均压力 10.46MPa，目前平均日产 9.74×10⁴m³，平均累产 3224.38×10⁴m³；单井生产平稳（图 3-8，表 3-2），递减规律符合致密砂岩气藏产气规律；平台区域上下层系产能落实。

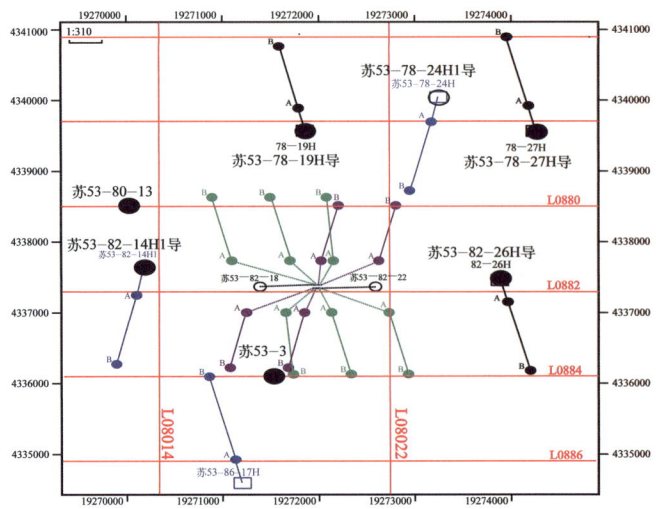

图 3-7 平台水平井部署区井位图

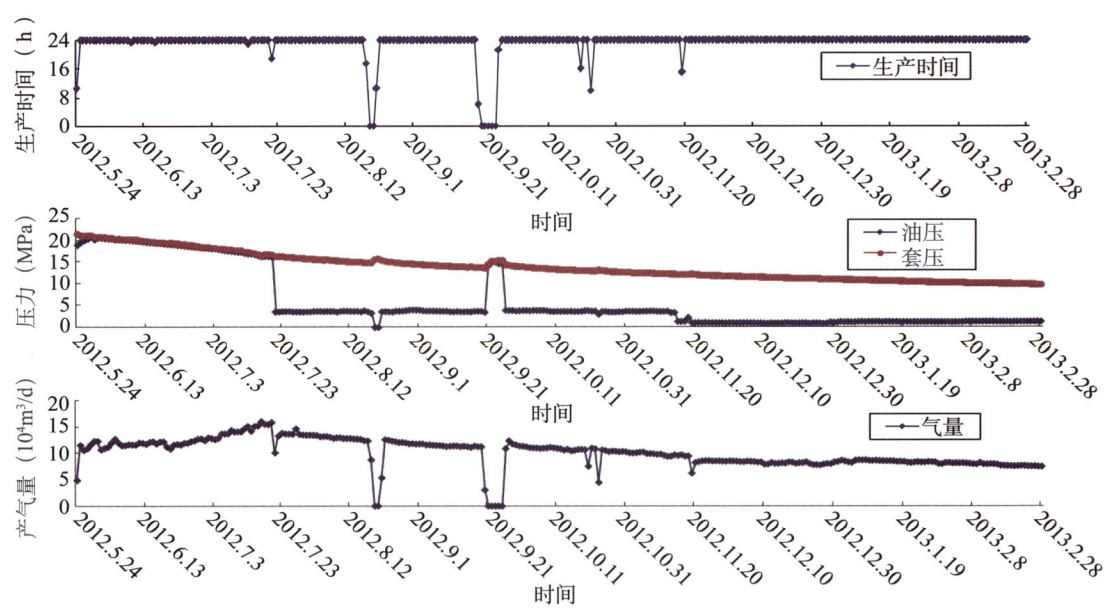

图 3-8 苏 53-82-26H 井生产曲线

表 3-2 工厂化作业部署区周边 3 口投产水平井生产情况统计

井号	投产日期	生产层位	生产时间(d)	初期压力(MPa)	初期产量($10^4m^3/d$)	目前压力(MPa)	目前产量($10^4m^3/d$)	平均日产气(10^4m^3)	累产气(10^4m^3)
S53-82-26H	2012.5.23	盒8	270.17	21.25	11.48	9.59	7.41	9.99	2700.03
S53-78-27H	2012.5.27	山1	268.38	22.55	14.9	15.13	13.86	17.21	4619.29
S53-78-19H	2012.6.15	盒8	250.92	19.8	11.32	6.65	7.94	9.38	2353.82

4. 经济评价

根据区块整体开发水平井开发效果统计结果，2010 年投产井单井累产 $1.17 \times 10^8 m^3$，2011 年投产井单井累产 $1.19 \times 10^8 m^3$。用产量递减法计算 2012 年投产Ⅰ类井（17 口）平均单井累计产量 $1.53 \times 10^8 m^3$，Ⅱ类井（4 口）平均单井累计产量 $0.85 \times 10^8 m^3$（均按废弃产量 $0.1 \times 10^4 m^3/d$ 计算），平均单井累产 $1.19 \times 10^8 m^3$（算术平均）。本次经济评价以单井累产 $1.19 \times 10^8 m^3$ 为依据，采用 3 种方法进行对比分析和经济评价。

1）投资回收期法

静态回收期法：在不考虑资金时间价值的情况下，对方案进行分析、计算和评价的方法，称静态分析法。这种方法的优点是概念明确、计算简单、工作量小，但只适用于方案的分析期不长，投资规模不大且能很快收回的情况。在等额的年收益情况下，设方案的投资为 K，方案实施后的年收益为 B，则方案的静态投资回收期为：

$$T = \frac{K}{B} \tag{3-20}$$

按Ⅰ类井回归曲线计算，平均单井投资为 2328 万元，投资回收期 $T=1.33a$；若单井投资为 2500 万元，$T=1.63a$；投资按 3000 万元计算，$T=1.83a$；

按Ⅱ类井回归曲线计算，平均单井投资为 2328 万元，投资回收期 $T=2.33a$；若单井投资为 2500 万元，$T=3.23a$；投资按 3000 万元计算，$T=3.83a$。

与行业默认标准 8 年比较，项目投资回收期短，水平井开发经济可行。

2）净现值法

工程项目的净现值（简写为 NPV）是指该项目在使用期内总收入和总支出的现值之差，即项目在整个寿命期内全部资金的收入与支出都折算为现值的代数和。

$$NPV = \sum_{t=0}^{n}(B_t - C_t - K_t) \times \left(\frac{P}{F}, i, t\right) \tag{3-21}$$

式中 B_t——方案在第 t 年的收益；

C_t——方案在第 t 年的运行费用；

K_t——方案在第 t 年的投资；

i——利率或贴现率；

n——方案的使用寿命，或经济使用年限；

$(P/F, i, t) = (1+i)^{-t}$——由将来值 F 求现在值 P 的贴现系数。

计算净现值是以方案使用寿命的起始年为基准进行的，利用净现值比较的方法称为净现值法，显然一个投资方案的净现值愈大，则其经济效益愈高。对于互斥投资方案比较，在满足其他可比条件下，则应推荐净现值最大的方案；对于一个独立投资方案进行经济评价时，若 $NPV \geq 0$，则认为该方案在经济上是可取的，反之则不可取。

贴现率 i 按 10% 计算，经济使用年限Ⅰ类井 $n=18$，Ⅱ类井 $n=13$，投资按 $K=3000$。

按Ⅰ类井计算，平均单井投资为 2327 万元，$NPV > 0$；投资为 2500 万元，$NPV > 0$；投资按 3000 万计算，$NPV > 0$；

按Ⅱ类井计算，平均单井投资为 2327 万元，$NPV > 0$；投资为 2500 万元，$NPV < 0$；

投资按 3000 万元计算，$NPV < 0$。

投资控制在 2327 万元，水平井经济可行。投资超 2327 万元，Ⅱ类井经济不可行。

3）内部收益率法（投资回收率法）

一个方案的净现值与所用的贴现率有密切的关系，而使方案净现值等于零的利率，被定义为该方案的内部收益率。若内部收益率用 i^*（IRR）来表示，可由下式计算求出：

$$\sum_{t=0}^{n}(B_t - C_t - K_t) \times \left(\frac{P}{F},\ i^*,\ t\right) = 0 \qquad (3-22)$$

式中　B_t——方案在第 t 年的收益；

　　　C_t——方案在第 t 年的运行费用；

　　　K_t——方案在第 t 年的投资；

　　　i^*——利率或贴现率；

　　　n——方案的使用寿命，或经济使用年限；

　　　$(P/F,\ i,\ t) = (1+i)^{-t}$——由将来值 F 求现在值 P 的贴现系数。

内部收益率法的缺点是计算量比较大，公式是一个非线性方程式，不宜直接计算，一般要采用迭代方法进行求解。经济使用年限Ⅰ类井 $n=18$，Ⅱ类井 $n=13$。

按Ⅰ类井计算，平均单井投资为 2327 万元，$IPR=64\%$；投资为 2500 万元，$IPR=57\%$；投资按 3000 万元计算，$NPV > IPR=44\%$。

按Ⅱ类井计算，平均单井投资为 2327 万元，$IPR=9.0\%$；投资为 2500 万元，$IPR=6.7\%$；投资按 3000 万元计算，$IPR=0\%$。

若内部收益率定在 5%～9%，水平井经济可行。若内部收益率定在 9% 以上，Ⅱ类井经济不可行。

从经济效益角度考虑：取单井累产气 $1.19 \times 10^8 m^3$，按生产时间 5 年算，考虑利率取 5%。$K=3000$ 万元，$P=2612$ 万元；$K=2500$ 万元，$P=3238$ 万元。$K=2500$ 万元，如要盈利，累产气量 $\geq 5402 \times 10^4 m^3$（$4322 \times 10^4 m^3$）；$K=3000$ 万元，如要盈利，累产气量 $\geq 6482 \times 10^4 m^3$（$5186 \times 10^4 m^3$）。

综合以上评价方法得出的分析结果表明，若内部收益率定在 5%～9%，工厂化开发经济可行。

第四节　威远丛式水平井平台井场优化部署

一、威远丛式水平井平台井场优化原则

（1）以三维地震资料为支撑；

（2）以龙马溪组龙一 11 小层优质页岩为目的层；

（3）综合考虑页岩厚度分布、脆性分布等因素；

（4）借鉴成熟开发区经验，按照 300～400m 靶前位移，遵循储量动用最大化的原则，对目标区进行丛式井组部署；

（5）便于水平井工厂化分段体积改造。

二、井位部署依据

1. 部署区构造落实,断层不发育

龙马溪组埋深较深(绝大部分 >3000m),构造较为平缓,断层不发育,北西向、北东向层间小断层零星分布,微裂缝发育,裂缝方向变化较大。如图3-9所示,断层规模小,层间断层不发育。

2. 部署区目的层分布稳定

威远地区龙马溪组优质页岩厚度一般在40～55m之间变化,厚度相对较稳定,厚度较大区主要发育于研究区西南部,研究区东部、东南部局部发育。

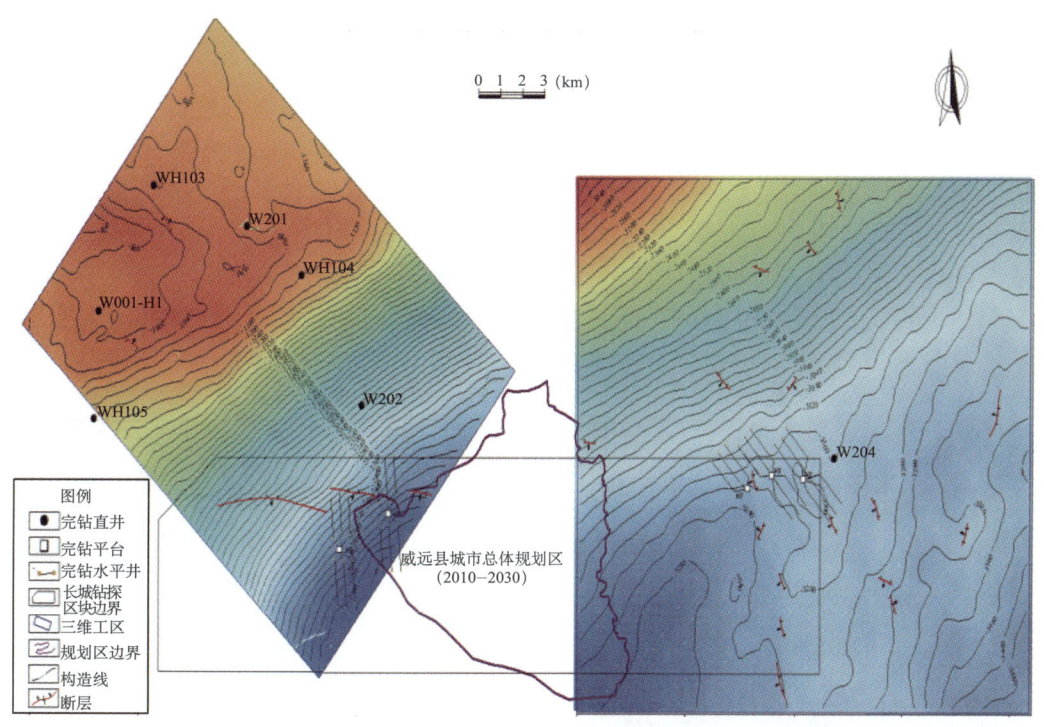

图3-9 威202、威204井区龙马溪组优质页岩顶界深度构造图

3. 部署区为优质页岩有利区

依据优质页岩标准,结合前期研究结果及地震解释资料,区内龙马溪组优质页岩分布有利区面积约130km²,主要分布于作业区西南部及东南部部分区域。

4. 部署区压力系数高

龙马组优质页岩压力系数预测为1.85～2.1(表3-5),储层保存条件好。

5. 气井试气效果

威202井区内5口井在龙马溪组试采均测试产气,其中威202H2-4测试获气 $25.8 \times 10^4 m^3/d$,威202H2-5测试获气 $20.08 \times 10^4 m^3/d$。由此表明了龙马溪组页岩具有良好的勘探开发前景。

6. 具有一定的单井控制储量

龙马溪组优质页岩厚度大,含气量大。如表3-3所示,威202井区单井控制储量

$3.48×10^8m^3$，威204井区单井控制储量$2.47×10^8m^3$。

表3–3 威202井区和威204井区控制储量

区块	压力系数	面积（km²）	储量（10^8m^3）	单井控制储量（10^8m^3）
威202井区	1.85～2.0	99.69	414.51	3.48
威204井区	1.9～2.1	77.63	586.15	2.47

三、井位部署参数

1. 水平段纵向位置优化

从长宁区块钻探情况来看，宁201井龙马溪组龙一1五峰组含气性高于龙马溪组龙一1段上部。其中宁201–H1井水平巷道距底界15m左右（图3–10），压裂10段，测试获产$15×10^4m^3/d$；长宁H3–2井水平巷道距底界35m左右，压裂12段，测试产量为$6×10^4m^3/d$，因此水平段越靠近优质页岩底界，获得的测试产量越高。

从邻区礁石坝及富顺—永川区块钻探情况看，焦页1井轨迹距优质页岩底界16m，测试获气$10.8×10^4～20.3×10^4m^3/d$；同时古202–H1井轨迹距优质页岩底界5m（图3–11），测试获气$16×10^4m^3/d$，表明优选底部优质页岩作为水平巷道是合理的。

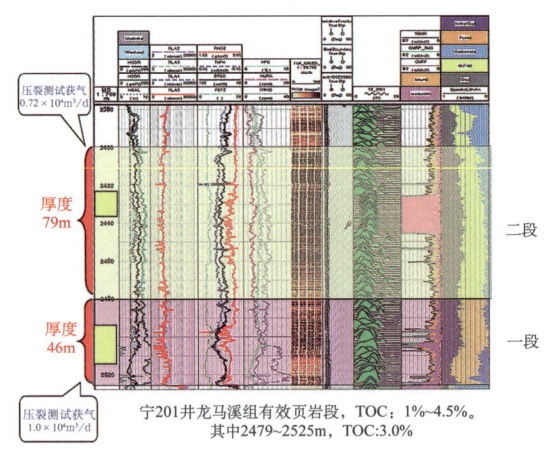
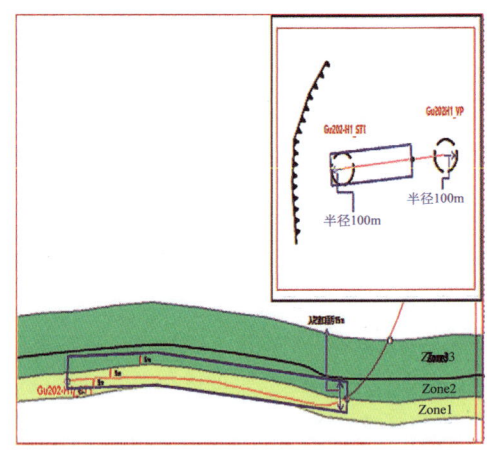

图3–10 宁201井优质页岩段测井成果图　　　　图3–11 古202–H1井水平段设计图

基于上述分析，确定威202井区纵向上选择符合水平巷道穿越标准的优质页岩段作为目标靶体，水平巷道应选在优质页岩下1/3处。

2. 水平段平面轨迹方位优化

根据成像测井分析结果，威202井区的最小水平主应力方向为北偏东40°左右，最大水平主应力为北偏东130°左右。区块前期微地震监测表明，天然裂缝带发育与最大水平主应力方向存在夹角，且显著影响压裂裂缝延伸方向，推荐井眼方位与最小主应力方向形成40°～45°夹角。

3. 水平段长度优化

依据北美 Woodford 和 Barnett 等页岩气藏开发经验,气井水平段长由 1000m 增加到 1500m 后,气井产量明显增加(图 3-12)[18]。而国内中石化在重庆焦石坝区块龙马溪组钻探的水平井水平段长度由 1000m 增加到 1500m 后,单井无阻流量也明显增加(表 3-4)[19]。数值模拟研究结果表明,随着水平段长度的增加,气井产量增大。综合该井区储层特征、工程参数和钻完井施工工艺,优选出的水平段长度为 1300~2000m。

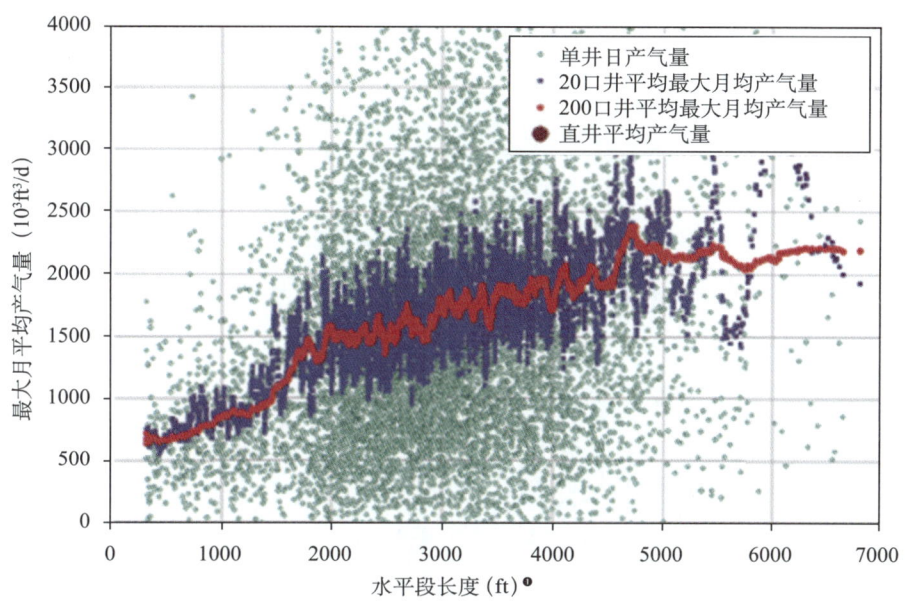

图 3-12 Barnett 气田水平段长度与产量关系

表 3-4 焦石坝区块部分水平井测试产量对比

井号	井深(m)	水平段长(m)	无阻流量($10^4m^3/d$)
焦页 1HF	3654	1007.9	16.7
焦页 1-3HF	3800	1001	21.2
焦页 6-2HF	4350	1500	81.9
焦页 7-2HF	4115	1500(约)	15.3
焦页 8-2HF	4152	1500	155.8
焦页 10-2HF	4390	1500(约)	34.4
焦页 12-3HF	4521	1531	82.6

❶ 1ft=0.3048m。

四、井位部署结果

根据对页岩气藏地质特征研究、各平台压裂评价和试采初步分析,在优质页岩分布的基础上,优选页岩分布有利区,即甜点区(其标准为优质页岩厚度≥40m,脆性指数≥59,裂缝较发育),开展工厂化作业井位部署。如图3-13,对威202井区规划部署33个平台148口水平井;如图3-14,威204井区部署14个平台75口水平井。

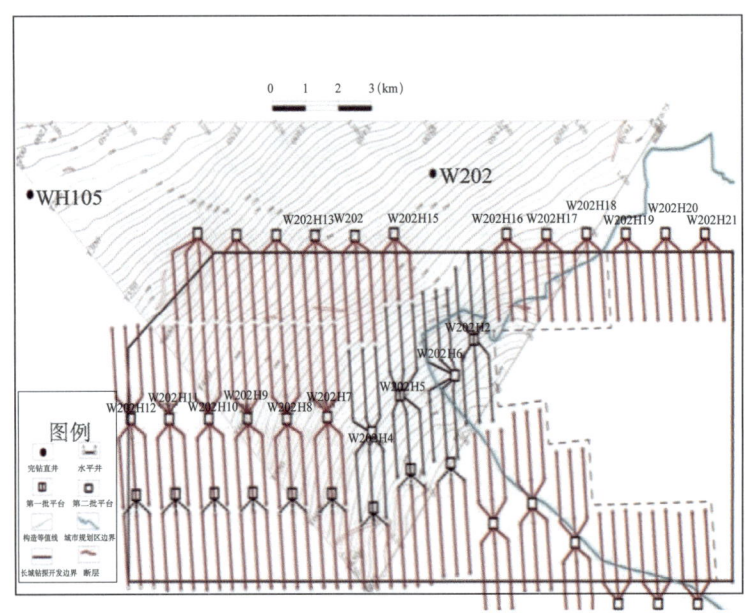

图3-13 威202井区井位规划部署图

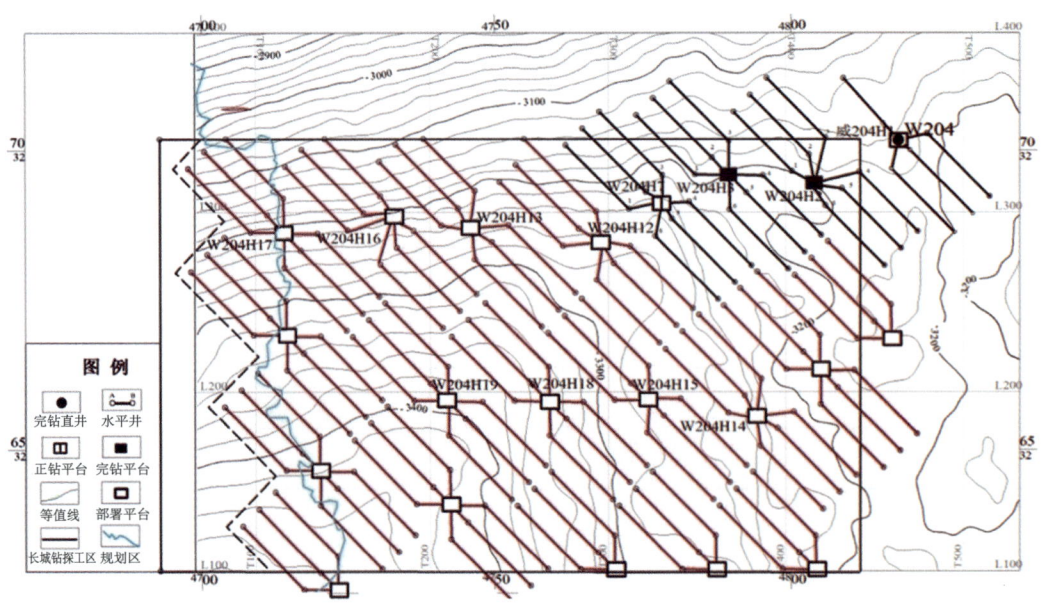

图3-14 威204井区井位规划部署图

第五节　苏里格南丛式定向井平台优化部署

鉴于苏里格南气田含气砂体小而分散、多层分布的地质特征，水平井的应用有一定局限性，宜采用丛式定向井组开发。

一、苏里格南丛式定向井平台优化设计

平台位置的选择主要依据油田的含油面积、构造特征、开发井网的布局和井数、目的层垂直深度、地面条件、油田开采对钻井工作的工艺技术要求和建井过程中每个阶段各项工程费用成本构成通过综合性经济技术论证，测算出每一个平台能够控制的含油面积和每一个丛式井平台的井数，然后对所有目标点优化组合，经反复修改和计算，直到选出最佳的平台位置，优化原则如下：

（1）工程技术易实现；
（2）避开死气区或井间干扰区，尽量减少绕障的施工难度，确保储量动用程度；
（3）地质认识相对清楚，井控程度相对较高，周边投产井产量较高的含气区；
（4）井位可根据实施过程中地质情况变化，灵活调整，确保开发效果。

基于储层物性的研究结果，综合比较地面建设、井场管理、钻井等费用，确定苏南合作区开发方式为 3km×3km 的 9 口井丛式井组。平台采用 255m×75m 井场，井场总面积 19125m²。第一口井距左侧始边距离 60m，第九口井距右侧边距离 60m，为满足井丛内防碰及双钻机同时施工安全要求，1～4 号井口间距为 15m，4～5 号井口间距为 30m，5～9 号各井口间距为 15m。钻井液池容积按丛式气井每增加 1 口井，钻井液池容积增加 300m³ 的标准进行优化布置。为不影响双钻机同时作业，按照钻机要求划分功能区进行井场布局，具体见图 3-15[20]。

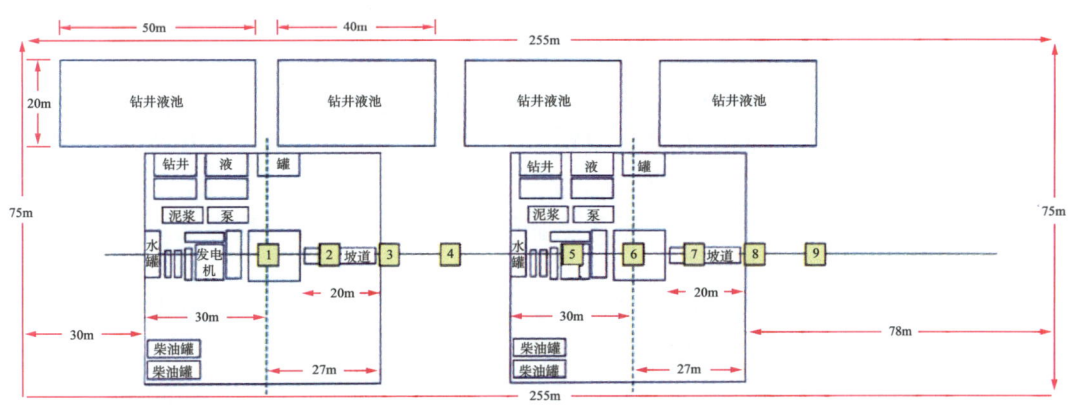

图 3-15　苏里格南合作区丛式定向井平台

二、井身结构选择及剖面优化

1. 井身结构选择

苏里格南合作区应用道达尔公司无油管完井（tubingless completion，使用油管作为油

层套管固井射孔完井，生产中不再下入油管）开发技术理念，即直接采用 ϕ88.9mm 油管完井并投产。该井身结构与常规 ϕ139.7mm 套管完井相比，少下一层套管，并节省了下油管时间，有利于降低施工成本。

图 3-16 为苏里格南合作区井身结构示意图。ϕ339.7mm 表层套管封堵上部易塌、易漏的疏松地层，一开使用 ϕ311.1mm 钻头钻穿洛河组，进入安定组（或稳定地层）10m 以上并在 800m 左右下入 ϕ244.5mm 套管保护水层；二开使用 ϕ215.9mm 钻头钻进至完钻井深，下入连有 TAP（treat and produce）阀的 ϕ88.9mm 油管固井完井。

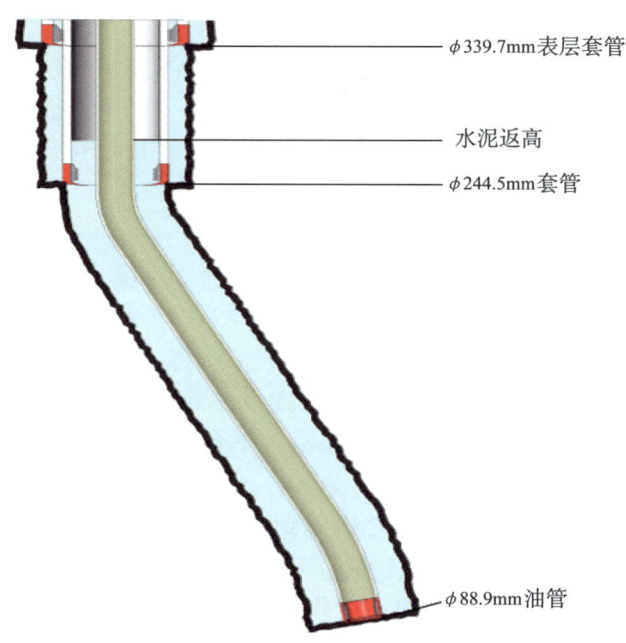

图 3-16　苏里格南合作区井身结构

2. 丛式定向井井身剖面设计

井身剖面优化是决定一口定向井安全快速施工的最主要因素，丛式定向井身剖面的选择涉及丛式井防碰、起下钻摩阻及钻进扭矩、工具能力、钻头使用效率及轨迹控制难易程度等方面。

丛式定向井井身剖面设计的基本原则是避免井眼交叉；利用地层自然造斜规律，减少人工造斜的工作量；井眼曲率合理。

苏里格南合作区定向井原采用的是直—增—稳剖面，经过钻井实践发现：这种剖面的缺点是若造斜点过高，尽管最大井斜角相对较小，但稳斜段长，方位漂移量大，导致频繁扭方位；若造斜点过低，尽管减少了斜井段，但直井段防碰工作量大，同时最大井斜角较大，不利于安全钻进，施工风险也较大。

针对上述情况，结合苏里格南合作区地层特点，优化出的井身剖面为直—缓增—稳—缓降—小井斜稳，中靶区域设计为 200m×120m 椭圆靶区，其优点在于：位于 ϕ215.9mm 井眼内上部 ϕ311.1mm 段不定向，避开了 ϕ311.1mm 大井眼定向速度慢的问题，定向效率较高；800～1000m 井段地层可钻性和稳定性都较好，在这些井段定向既可以提高定向速度，又可解决直井段钻进井眼易斜的问题；把增斜率定在（2°～3°）/30m，降斜率在

(1.5°～2.5°)/30m，井斜角在15°～30°，既有利于调整井斜方位，又顺利钻进、电测和固井；下部采用小井斜稳斜，有利于测井、完井和压裂采气施工；同时，由于剩余位移较小，进入靶区内允许的方位漂移较大，容易中靶；椭圆靶的作用在于降低施工难度，提高施工速度。

考虑后期改造作业工具及其他井下工具的下入顺利，确定储层段井斜控制在15°以内。为降低在钻进过程中的难度，确定水平位移1.4km以上的定向井造斜率和降斜率为2°/30m，最大井斜角小于35°。

图3-17是苏里格南合作区丛式定向井轨迹示意图，1号、4号、9号和6号为水平位移1km定向井，2号、3号、7号、8号为水平位移1.4km定向井，5号井为直井。

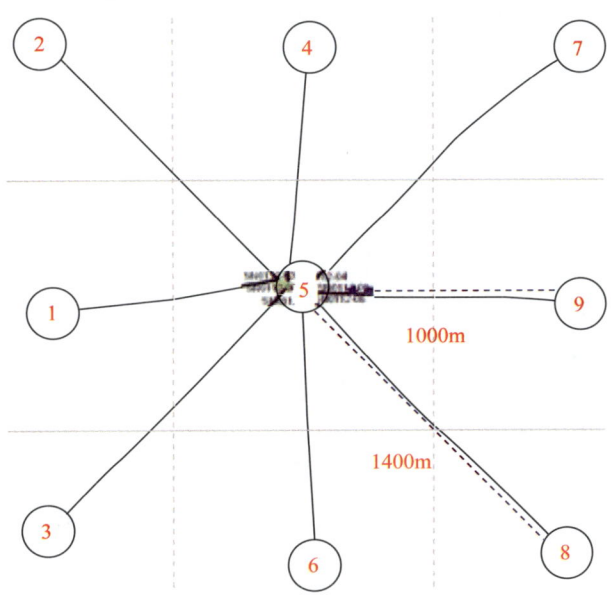

图3-17　苏里格南合作区丛式定向井轨迹示意图

第四章　工厂化钻井作业关键技术

工厂化钻井是通过批量施工、交叉作业、物资共享和集中管理等多种途径来降低钻井成本，提高钻井效率。关键技术包括平台井位优化设计技术、钻机平移技术及批量施工技术等。

第一节　平台井位优化设计技术

平台井位优化设计是工厂化钻井技术的前期和基础，也是工厂化钻井成功实施的关键。主要内容包括平台布井方式优选、平台布井设计、井口位置及靶点设计。

一、平台布井方式优选

平台位置的优化主要依据油田的含油面积、构造特征、开发井网的布局和井数、目的层垂直深度、地面条件、油田开采对钻井工艺技术的要求等，对建井过程中每个阶段各项工程费用成本构成进行综合性经济技术论证，测算出每一个平台能够控制的含油面积和每一个丛式井平台的井数，然后对所有目标点优化组合，经反复修改和计算，直到选出最佳的平台位置。平台位置优化应遵循以下原则：

（1）平台选址和修建时应满足油藏开发方案和油气集输的要求；
（2）充分利用自然环境、地理地形条件，尽量减少钻前（包括平台建造、修路）工作量；
（3）平台宜选在各井总位移之和最小或总井深最小的位置；
（4）考虑钻井能力和井眼轨迹控制能力；
（5）有利于降低定向施工和井眼轨迹控制的难度，当设计有多靶井或水平井时，平台宜选在多靶井和水平井的靶点延长线上；
（6）着重考虑水平井入靶前的方位调整工作量大小，当平台有多口多靶井或水平井时，要尽量减少绕障的施工难度；
（7）尽可能不存在死气区或过度井间干扰并保持开发井网，确保储量动用程度；
（8）地质认识相对清楚，井控程度相对较高，周边投产井产量较高；
（9）井位在实施过程中，根据地质情况变化，能够做到灵活调整，确保开发效果；
（10）以提高工作效率、提高气井产能贡献率、降低开发成本为最终工作目标。

二、平台布井设计

平台布井设计主要包括平台井口排列设计和平台面积计算。在实际工作中应根据现场的实际情况和设计要求，选择相应的井口排列方式，再根据所选的排列方式计算出平台的面积。

1. 井口排列设计

根据每一个平台上井的数量，选择井口的排列方式，井口排列方式应有利于简化搬迁工序，使总体钻完井的时间最短。井口的常用排列方式如下。

1)"一字形"单排排列

"一字形"排列方式适用于平台内井数少的陆地丛式井，有利于钻机及钻井设备移动，井距一般为 3～5m。图 4-1 是长城钻探公司在苏里格南天然气合作区部署的 9 口井工厂化钻井平台，9 口井呈单排布置，其中 4 号与 5 号井相距 30m，其余相距 15m，井场总面积 19125m²，配备一台 ZJ30 型钻机和 2 台 ZJ50 型钻机同时作业。

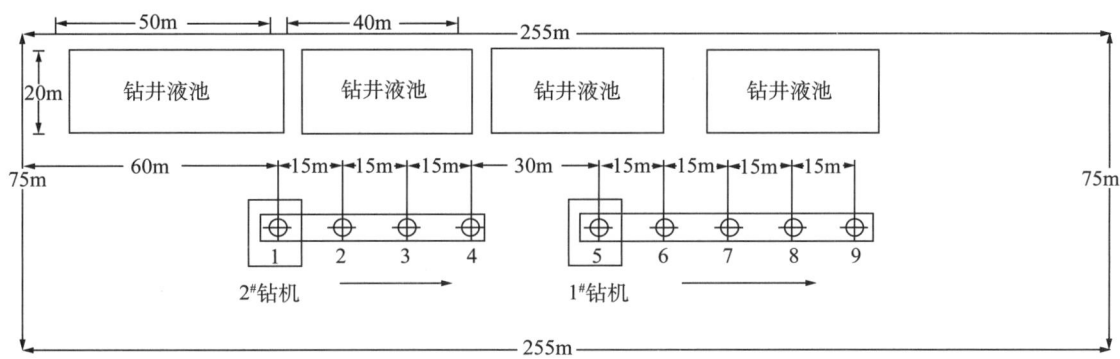

图 4-1 苏里格南区块井口一字排列示意图

2) 双排或多排排列

双排排列方式适用于一个丛式井平台上打多口井（图 4-2），为了加快建井速度和缩短投产时间，可同时动用多台钻机钻井，同一排里的井距一般为 3～5m，两排井之间的距离一般为 30～50m。

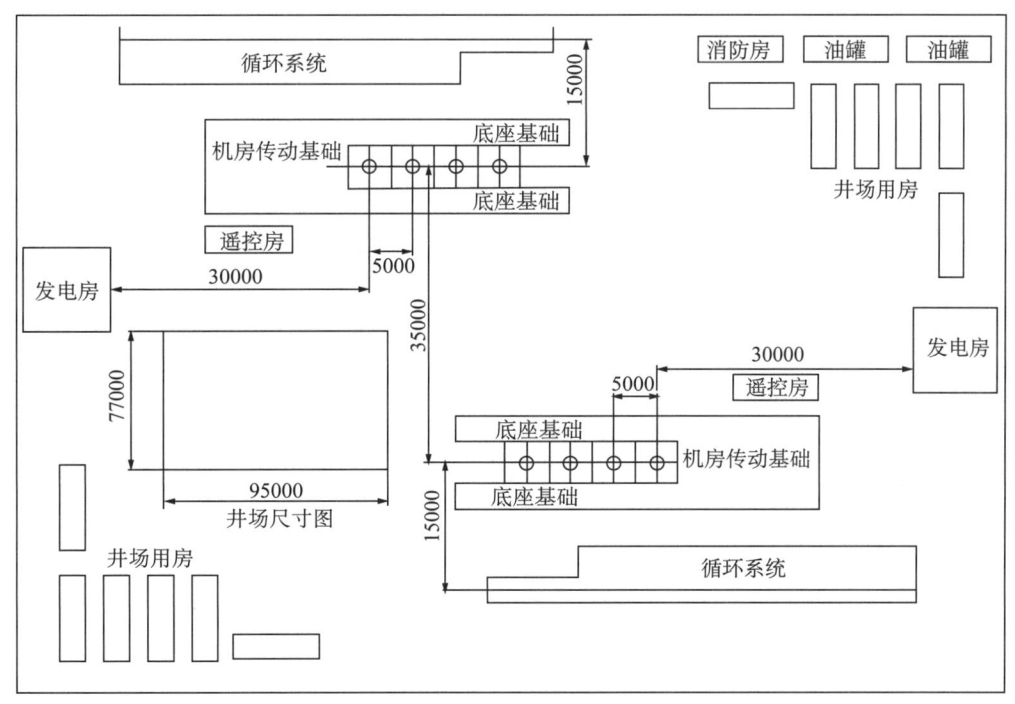

图 4-2 双排双钻机井场布置示意图

图 4-3 是长城钻探公司在威远页岩气自营区部署的威远 204 H3 丛式水平井钻井平台，每个平台分两排共部署 6 口水平井，排间距约 30m、井口间距 5m。

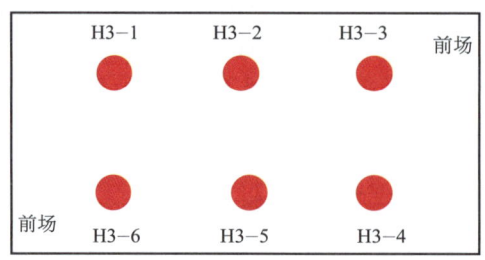

图 4-3　威远 204H3 井双排井口排列示意图

图 4-4 是胜利油田在大牛地区块部署的 DP43-H 平台，由 6 口双靶点水平井组成，分为 3 组，每组 2 口，井间距离 5m，井组之间相距 70m，配备 3 台 ZJ50 型钻机同时作业。

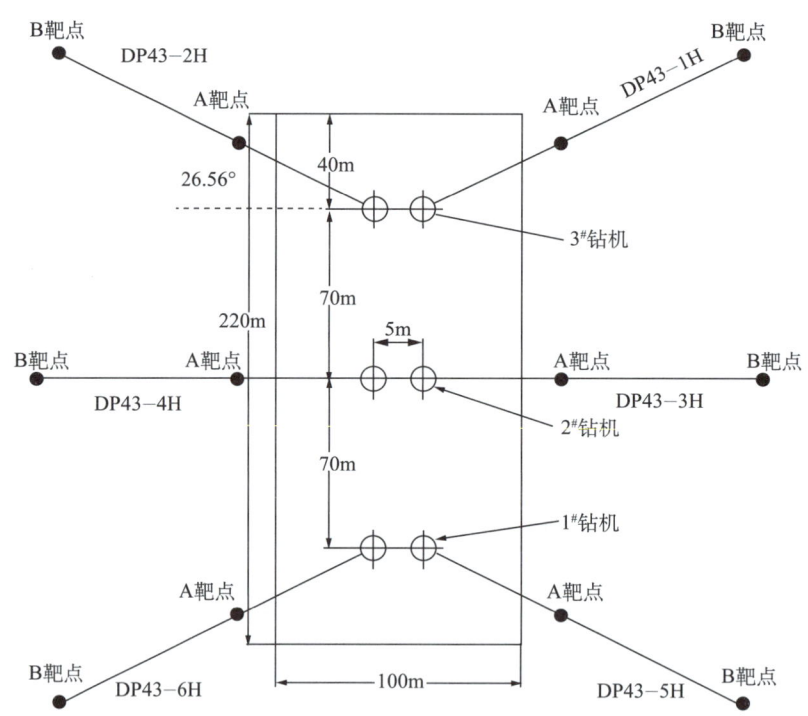

图 4-4　大牛地区块多排井口排列示意图

3）环状排列或方形排列

环状或方形的井口排列方式适用于在陆地或浅海人工岛上钻丛式井（图 4-5）。

4）网状密集排列

网状密集井口排列方式适用于海上丛式井平台，由于海上平台造价高，使用面积小，密集排列可以充分利用丛式井平台的有效面积，井距一般为 2～3m（图 4-6）。

2. 平台面积计算

平台面积受平台内井口分布和施工模式的影响，例如双排井，钻机同向施工和对向施工对平台面积要求不同。在实际计算时首先应根据最小相干距离确定合理排距，再根据每排井数的井距进行综合计算。目前最常用的方法是参照常规丛式井井场设计标准 SY/T 5505 进行具体的井场布置和井场面积计算，再根据现场实际选用的钻机类型进行调整。

图 4-5　浅海人工岛上丛式井平台

图 4-6　海上丛式井平台

1) 平台面积计算方法

平台的面积计算最简单的方法就是用井场的长度乘以井场的宽度，再根据钻机的类型进行微调，具体计算公式如下：

井场长度 = 第一口井距离始边 AB 的距离 + 最后一口井距离终边 CD 的距离 + 各井口距之和

井场宽度 = 井口距离侧边 AD 的距离 + 井口距离侧边 BC 的距离 + 排间距

平台面积 = 长度 × 宽度

在实际计算中要充分考虑井场布井方式、钻机类型和施工模式，具体方法如下：

(1) 单排丛式井组，井场最小尺寸为（长 × 宽）95m×45m，纵向每增加一口井，井场长度增加 5m；

(2) 双排丛式井组单机作业，井场最小尺寸为（长 × 宽）95m×55m，纵向每增加一口井，井场长度增加 5m；

(3) 双排丛式井组双机对向作业，井场最小尺寸为（长 × 宽）95m×77m，纵向每增加一口井，井场长度增加 5m；

（4）双排丛式井组双钻机同向作业，排间距不小于35m，相邻的两排井井口位置宜错开半个井间距。

计算出大概的平台面积后，还要根据所用钻机的类型进行微调，参照表4-1。

表4-1 不同钻机施工时井口距平台各边缘的距离

钻机类型	第一口井距始边距离	最后一口井距终边距离	井口距侧边AD距离	井口距侧边BC距离
ZJ20	≥40m	≥30m	≥30m	≥35m
ZJ30	≥40m	≥30m	≥35m	≥35m
ZJ40	≥45m	≥55m	≥40m	≥50m
ZJ50	≥45m	≥55m	≥40m	≥50m
ZJ50D	≥50m	≥50m	≥40m	≥60m
ZJ70	≥63m	≥57m	≥40m	≥60m

2）平台面积计算举例

因工厂化作业模式复杂繁多，本书仅以单排井一部钻机单向施工为典型示例进行平台面积计算，其余工厂化作业平台面积计算需根据实际情况进行调整。

图4-7是一个典型的单排5井平台，井口间距5m，用1部钻机自东向西单向施工。

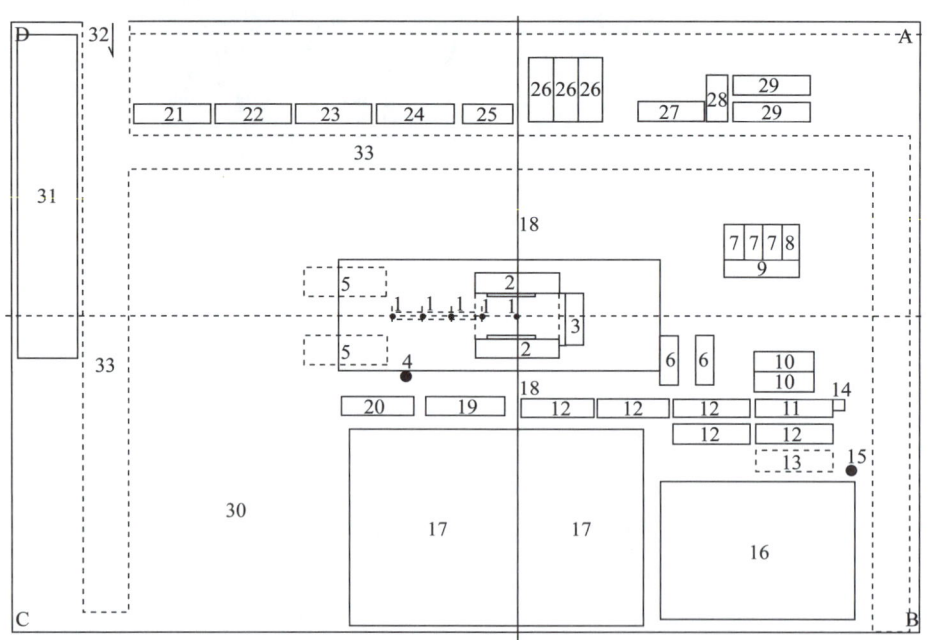

图4-7 ZJ50D钻机施工丛式井平台布置图（5口井）

1—井口；2—钻机底座及钻台；3—绞车及联动总成；4—液气分离器；5—钻杆摆放区域；6—钻井泵；7—发电房；8—辅助发电房；9—VFD房；10—水罐；11—配浆罐；12—钻井液罐；13—备用罐；14—混合漏斗；15—水井；16—钻井液料区；17—钻井液污水坑；18—放喷管线；19—录井房；20—钻井液值班房；21—钻井监督房；22—平台经理、队长房；23—值班房；24—技术员值班房；25—远控台；26—材料房；27—油品房；28—消防砂；29—油罐；30—固井、压裂等作业设备、工具临时摆放区；31—钻具储备区；32—井场入口；33—井场道路平台面积在符合常规钻井井场长度和宽度的基础上,根据部署井的排数和口数,进行加宽和加长,以图 4-7 单排 5 井排列为例,计算结果见表 4-2。

表 4-2 不同钻机施工所需平台面积

钻机类型	第一口井距始边距离(m)	最后一口井距终边距离(m)	井口距侧边 AD 距离(m)	井口距侧 BC 距离(m)	井场面积(m²)
ZJ20	40	30	30	35	4550
ZJ30			35		4900
ZJ40	45	55	40	50	9000
ZJ50				60	10000
ZJ50D	50	50			10000
ZJ70	63	57			12000

三、靶点优选与分配

1. 靶点分配的数学模型

在论证平台位置优选可行性后,首先进行井口与靶点的分配,确定钻井顺序,进行井身剖面设计,因此,井口与靶点的分配是整个工程的关键,也是综合统筹的安排。在进行钻井设计时,提供的地质信息只有井口和靶点坐标,要进行井口和靶点的对应选择,需已知相邻多口井或平台井口及靶点信息,并进行优选,给出较为合理的与井口对应的靶点。

优选时遵循的原则是,井口与靶点的连线在水平面上的投影不相交并使其水平位移平方和最小,即在多个井口及靶点组成的所有可能的连线中,选取在水平面上的投影互不相交并且水平位移平方和最小的井口与靶点的对应关系,即水平位移不相交最小距离法。[21]

首先,要判断平台两口井的井口—靶点连线在水平面上的投影是否相交,已知一口井的井口坐标为 (x_p, y_p),其对应的靶点为 (x_{pt}, y_{pt}),另一口井的井口坐标为 (x_i, y_i),其对应的靶点为 (x_{it}, y_{it}),若 $\dfrac{y_{pt}-y_p}{x_{pt}-x_p}=\dfrac{y_{it}-y_i}{x_{it}-x_i}$,则将结果保留为待优选的井口和靶点;若 $\dfrac{y_{pt}-y_p}{x_{pt}-x_p}\neq\dfrac{y_{it}-y_i}{x_{it}-x_i}$,则需进一步判断交点是否在两条投影上,设交点为 (x_0, y_0),约束条件为:

$$\begin{cases}(x_0-x_1)(x_0-x_2)\leqslant 0 \\ \vdots \\ (x_0-x_{n-1})(x_0-x_n)\leqslant 0 \\ (y_0-y_1)(y_0-y_2)\leqslant 0 \\ \vdots \\ (y_0-y_{n-1})(y_0-y_n)\leqslant 0\end{cases} \quad (4-1)$$

若满足式（4-1），则需换另一井口与靶点 1 连线组合重新计算，保留不满足式（4-1）的结果为待优选的井口和靶点。

再以井口和靶点连线水平投影平方和最小为优化指标，对以上保留的待优选井口和靶点建立如下约束优化模型，目标函数为：

$$\min \sum_{i=1}^{N} \left[(x_{it} - x_i)^2 + (y_{it} - y_i)^2 \right] \tag{4-2}$$

式中　N——待优选的井口和靶点组合数；

　　　(x_1, y_1)——井口坐标；

　　　(x_{it}, y_{it})——与井口对应的靶点坐标。

当井数量较多时，需要先将井口与靶点进行初始划分，将其划分为若干区域，使每一区域中的井口数量与对应的靶点数量（假设井口与靶点是一一对应的）在可应用全排列计算的范围之内，再进行井口—靶点划分。

2. 靶点优选与分配流程

1) 靶点分布划分

丛式井平台上井口多呈矩阵分布，如 3 排 4 列、5 排 10 列等，由于靶点分布具有复杂性和多样性，将井口与靶点进行初始划分的方法有 2 种：一种是直线划分，另一种是同心圆划分。

2) 直线划分

当井口分布为两排多列时，可用直线将井口划分为 2 部分，如图 4-8 所示（图中实心圆为井口，空心圆为靶点，同色即为初步待分配的井口和对应的靶点）。

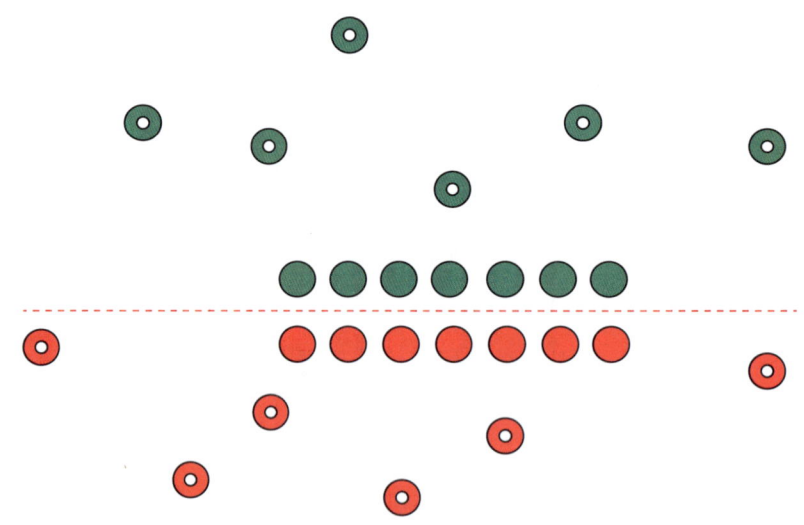

图 4-8　直线划分图（靶点均分）

多个靶点在钻井平台周围大致呈均匀分布，但很难保证直线两侧的井口数量与靶点数量一定相等，可能会相差几个靶点。此时，需将直线两端向靶点较多的一侧弯折，将多出的靶点划分给另一侧。由于要使井口与靶点连线在水平面上的投影不相交，且成放射状分布，故只需将直线附近多余的靶点划分到另一侧即可，如图 4-9 所示（图中实心圆为井口，空心圆为靶点,同色即为初步待分配的井口和对应的靶点)。

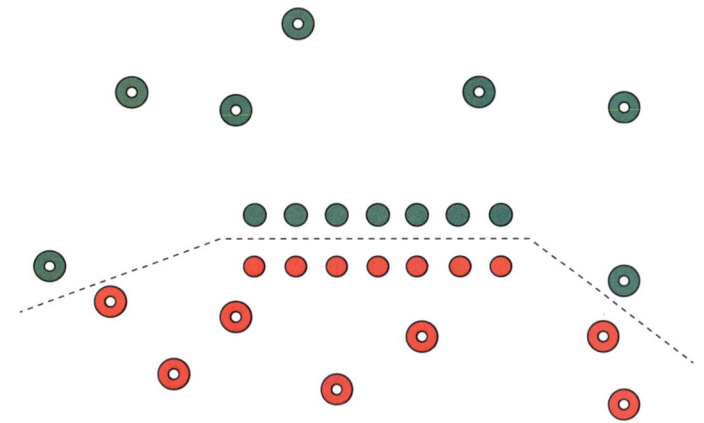

图 4-9 直线划分图(靶点不均分)

3)同心圆划分

当井口分布为多排多列时,可将井口由外向里划分为若干环,靶点则按以平台中心为圆心的若干个同心圆划分,不断调整同心圆的半径,使两个同心圆之间的圆环所包含的靶点数量与对应井口环的井口数量相等,如图 4-10 所示(图中实心圆为井口,空心圆为靶点,同色即为初步待分配的井口和对应的靶点)。

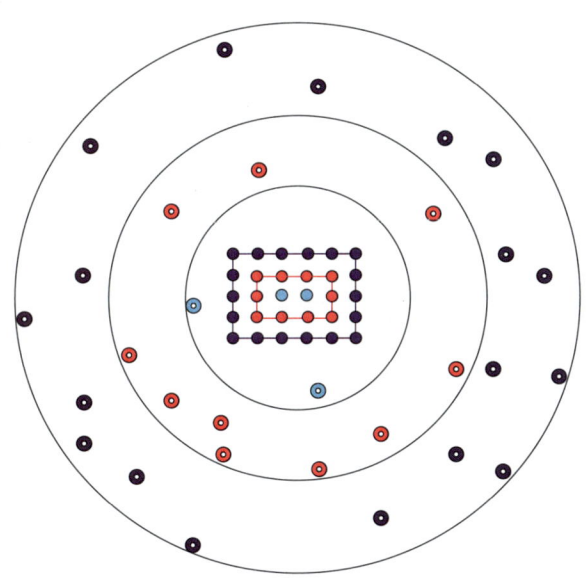

图 4-10 同心圆划分

由于最外围的井口数量较多,需要进一步用直线划分,划分时保证井口与靶点为同一方向,用一条直线将井口与靶点同时划分。若一次划分不能满足要求,可进行多次划分,直到井口数量与靶点数量可应用全排列进行井口分配为止。具体划分如图 4-11 所示(图中实心圆为井口,空心圆为靶点,同色即为初步待分配的井口和对应的靶点)。

值得注意的是,靶点分布的实际情况很复杂,划分时不可避免地会出现个别特殊的现象，此时划分要灵活一些。例如，划分一般是由外向内进行，最外层井口与靶点的数量较多，但要保证井口数量与靶点数量相同，可能会存在个别井非最优方案，当划分较内层井口与靶点时，不一定要保证井口和靶点数量相同，以留有调整的余地。另外，考虑到井口分配从钻井平台中心向外辐射，若某靶点外围再无其他靶点，即使该靶点距离钻井平台很近，也可考虑划分为最外层。

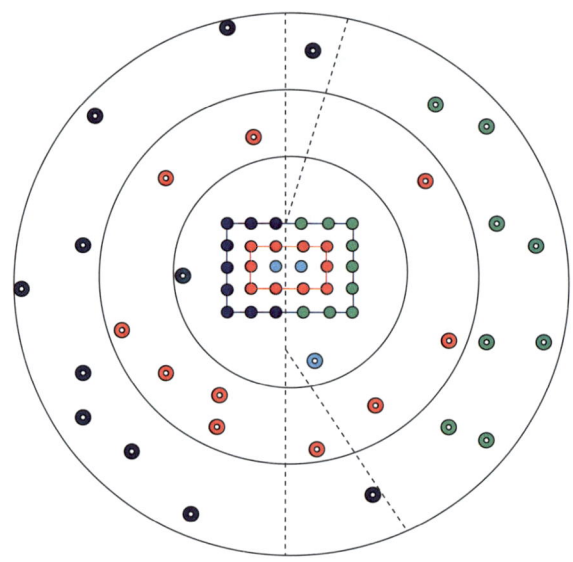

图 4—11　同心圆与直线划分

3. 井口与靶点优选分析

以 2 口井及 2 个靶点为例，介绍井口与靶点分配的计算分析过程。

已知井口 1 坐标 A (x_1, y_1)，靶点 1 坐标 B (x_2, y_2)，井口 2 坐标 C (x_3, y_3)，靶点 2 坐标 D (x_4, y_4)，并先选取井口 1 对应靶点 1 连线在水平面上的投影为 AB，井口 2 对应靶点 2 连线在水平面上的投影为 CD。

根据井口分配遵循的原则即水平位移不相交最小距离法，不相交可分为 2 种情况：

(1) AB、CD 平行，见图 4—12 (a)；

(2) AB、CD 不平行，但交点不在井口和靶点连线水平面投影上，见图 4—12 (b)。

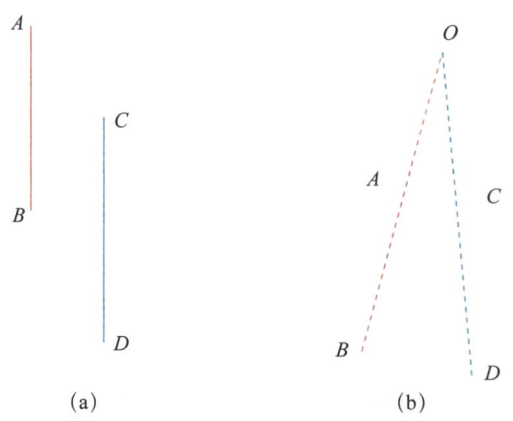

图 4—12　水平面上投影不相交的 2 种情况

判断模型为：

$$d = (y_2-y_1)(x_4-x_3) - (y_4-y_3)(x_2-x_1) \quad (4-3)$$

式（4-3）中：

(1) 若 $d=0$，则投影 AB 和投影 CD 平行或重合；

(2) 若 $d=0$，则投影 AB 和投影 CD 有交点或延长线有交点，假设交点为 (x_0, y_0)。则：

$$\begin{cases} x_0 = [(x_2-x_1)(x_4-x_3)(y_3-y_1)+(y_2-y_1)(x_4-x_3)x_1-(y_4-y_3)(x_2-x_1)x_3]/d \\ y_0 = [(y_2-y_1)(y_4-y_3)(x_3-x_1)+(x_2-x_1)(y_4-y_3)y_1-(x_4-x_3)(y_2-y_1)y_3]/(-d) \end{cases} \quad (4-4)$$

如需进一步判断交点是否在井口与靶点连线水平面投影上，约束条件为：

$$\begin{cases} (x_0-x_1)(x_0-x_2) \leqslant 0 \\ (x_0-x_3)(x_0-x_4) \leqslant 0 \\ (y_0-y_1)(y_0-y_2) \leqslant 0 \\ (y_0-y_3)(y_0-y_4) \leqslant 0 \end{cases} \quad (4-5)$$

只有式（4-5）中的 4 个不等式都成立才可以判断 (x_0, y_0) 是投影 AB 和投影 CD 的交点，如果有交点，则取井口 1 和靶点 2、井口 2 和靶点 1 进行连线再次进行计算。如果这两组组合都没有交点，则取这两组组合中连线组合的最短距离。

$$L_1 = \sqrt{(y_2-y_1)^2+(x_2-x_1)^2}+\sqrt{(y_4-y_3)^2+(x_4-x_3)^2} \quad (4-6)$$

$$L_2 = \sqrt{(y_4-y_1)^2+(x_4-x_1)^2}+\sqrt{(y_2-y_3)^2+(x_2-x_3)^2} \quad (4-7)$$

则最短距离为：

$$L = \min(L_1, L_2) \quad (4-8)$$

所以最优组合为满足以上条件的井口靶点组合。

针对多口井多靶点的现场实际情况，经过直线或同心圆划分之后，即可依次循环以上分析计算过程。

4. 实例分析

根据以上计算模型编制了平台井口和靶点优选计算软件。将靶点坐标、井口坐标和相应的数据输入计算软件，软件首先判断井口与靶点连线在水平面上的投影是否相交。在不相交的基础上，选择连线水平投影的最小距离，即可完成平台井口与靶点的优选与分配。以国内某丛式井组为例进行计算。

已知 5 口井的井口坐标：1 (0m, 0m)，2 (4.66m, -1.81m)，3 (9.32m, -3.62m)，4 (13.98m, -3.62m)，5 (3.94m, 6.20m)，6 (8.46m, 4.41m)，7 (13.11m, 2.57m)。

已知靶点坐标：a (-135.09m, -178.42m)，b (-44.09m, -264.42m)，c (81.91m,

−188.42m），d（181.91m，−105.42m），e（−201.09m，−22.42m），f（−24.09m，−126.42m），g（80.91m，−28.42m）。

将井口与靶点坐标输入计算软件，即可计算出优选结果，结果如图 4-13 所示。

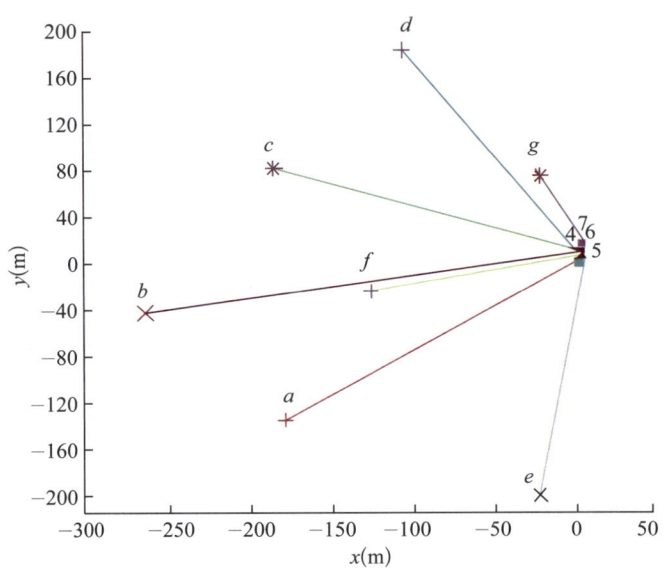

图 4-13　靶点优选结果

第二节　钻机平移技术

钻机平移技术是工厂化钻井作业的核心技术之一，钻机平移可减少甩钻具、钻机拆卸、搬运、安装等多套工序，进而可缩短施工周期，节约施工成本[22]。目前，国内外较先进的丛式井石油钻机移动装置包括步进式钻机平移装置、导轨式钻机移动装置、轮式钻机平移装置 3 种模式。

一、步进式钻机平移装置

步进式钻机平移装置可实现钻机在工作状态下的整体纵向或横向平移，具有结构紧凑、安装简便、动作平稳、移位准确等特点，特别适用于工厂化钻井模式下，在平台较小区域内多口井连续钻井施工。步进式钻机主要有两种：液压步进式钻机和棘爪步进式钻机。

1. 液压步进式钻机

液缸步进式钻机平移装置是在钻机底座上安装支承座，以滑车、导轨为移动工具，用液压系统提供动力及控制，利用顶升液缸将钻机顶升至离地一定距离，然后利用平移液缸推拉进行步进式平移，可实现钻机在工作状态下（井架和底座不下放）的整体直线（或横向）平移，安装位置和结构如图 4-14 所示。

该钻机平移装置是在钻机底座上安装支承座，以滑车、导轨为移动工具，利用液压系统为动力源和控制机构，实现钻机在直立状态下（井架、底座不下放）的整体直线纵向平移。同时在钻机平移时,钻具在钻台面上随之平移,无需甩钻具,进而可提高钻井工作效率;装置总体结构紧凑,安装简便,动作平稳,移位准确。

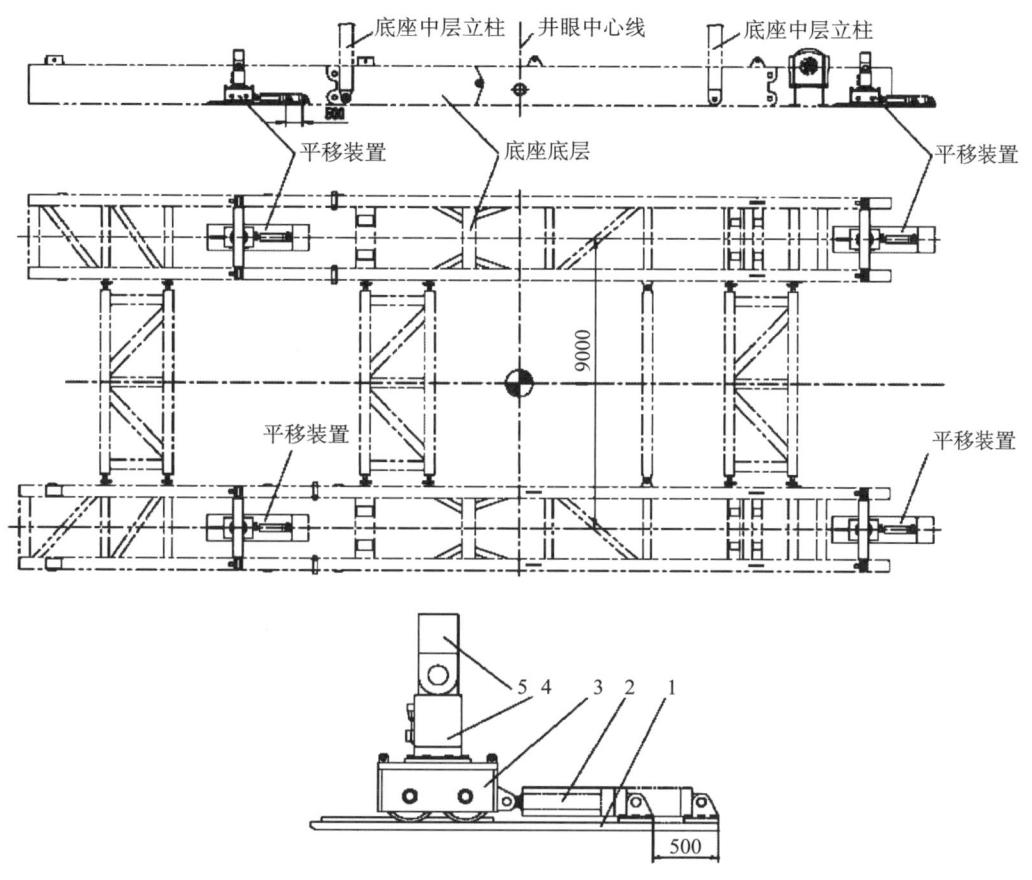

图4-14 液压步进式钻机平移装置安装位置及结构
1—导轨总成;2—平移液缸;3—滑车总成;4—顶升液缸;5—支承座

2. 棘爪步进式钻机

棘爪步进式钻机主要由液压动力源、操作箱、棘轮式棘爪总成、导轨总成、管路总成组成。其中液压动力源由电机泵总成、油箱总成、电控箱总成等组成;操作箱由手动多路换向阀、同步阀、耐震压力表、箱体、操作面板、管线、接头等组成;棘爪总成由可回转的双刃棘爪、棘爪架、移动液压缸、液压缸支座、销轴、导向机构、连接螺栓、管线、接头等组成;导轨总成由纵、横导轨或主、辅导轨组成(图4-15)。

液压动力源为系统提供液压动力,通过管路总成给操纵箱供油,操纵换向阀,使移动液压油缸动作。液压油缸一端铰接在棘爪装置上,另一端与钻机模块铰接。棘爪装置棘爪刃可插入并锁定在移动导轨孔中,随着移动液压缸活塞杆的伸出(或缩回),克服钻机模块与滑移导轨的摩擦力,实现对钻机的推(拉)移动。移动液压缸活塞杆的反向运行可使棘爪从导轨孔中自动抬起并重新落到下一个导轨孔中并再次锁定,如此反复,完成钻机的整体移动。

图4-16是钻机整体平移轨道示意图,图4-17是钻机平移轨道设计实物图,图4-18

是增长高压地面管线替代移动钻井泵实物图。

棘爪步进式钻机目前已在塔里木、长庆、四川、中原、吐哈、大港、华北等油田陆续使用，并进入国外钻井市场，并经壳牌公司严格审验合格后，在苏里格南进行工厂化反承包井的作业。

现场使用表明，实施工厂化作业后，钻机平均搬迁安装时间可节约 4～5d，运输车辆减少 3/4 左右，搬迁费用一次节约近 6 万美元，提效率降本效果显著。

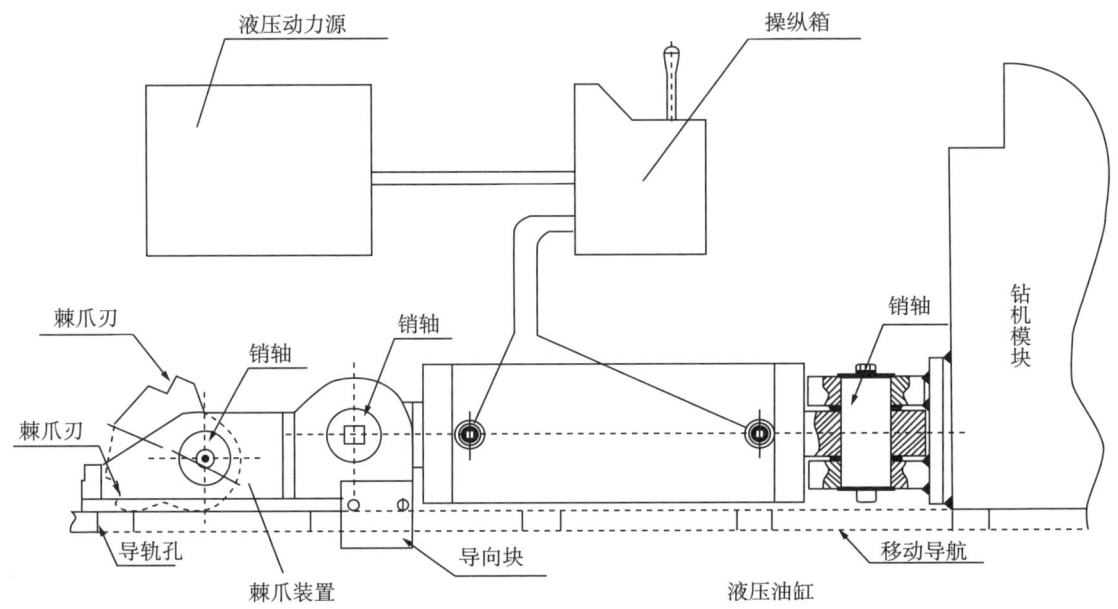

图 4-15　棘爪步进式钻机移动装置

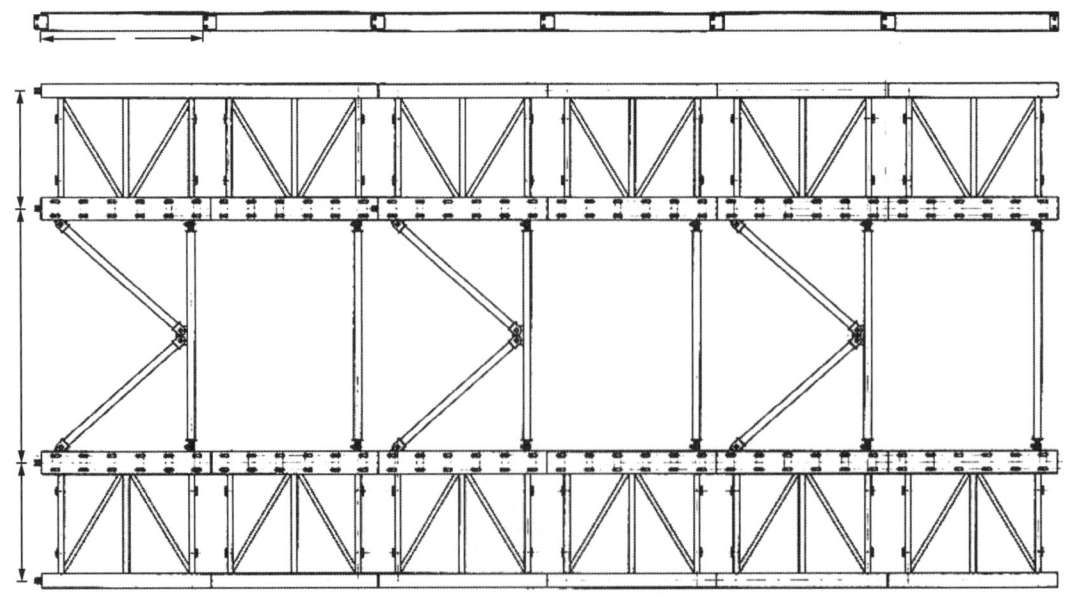

图 4-16　钻机平移轨道示意图

图 4-17 钻机平移轨道实物图

图 4-18 钻井泵平移轨道实物图

二、导轨式钻机移动装置

导轨式钻机整体移运系统在钻机的所有设备底部安装车轮,并布置在一副轨道上,实现了钻机移运的轮轨化,移运时需要克服的主要阻力是滚动摩擦力,在相同的载重情况下,滚动摩擦力比滑动摩擦力小很多。因此,导轨式钻机整体移运系统不仅能实现井架底座模块的整体移运,而且将钻机的所有配套设备均安装在移运系统上,实现了整套钻机的一体化整体搬迁。

导轨式钻机整体移运系统结构如图 4-19 所示。系统主要由轨道系统、液压系统、车轮和移运小车等组成。

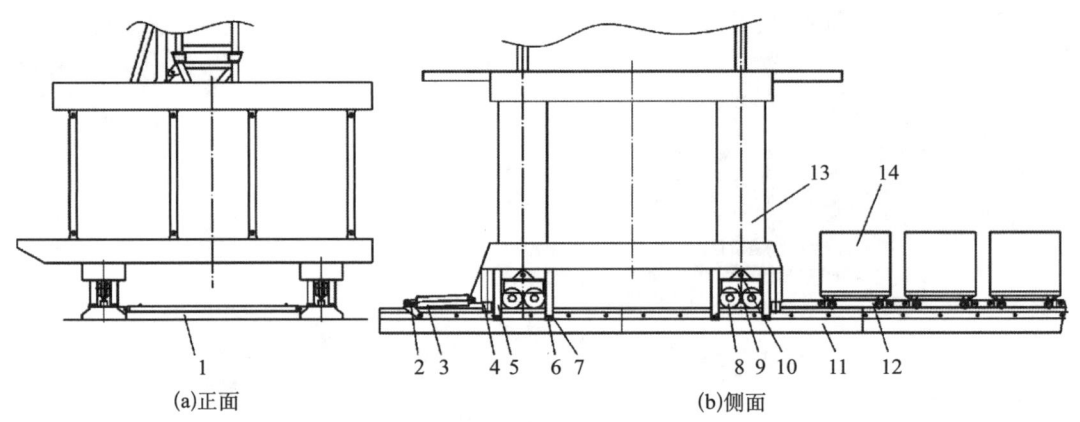

图 4-19 导轨式钻机整体移运系统结构示意图
1—撑杆；2—油缸支座；3—移动液缸；4—举升液缸；5—支撑架；6—锁紧装置；7—垫片；8—车轮；9—平衡梁；
10—平衡销；11—轨道；12—移运小车；13—井架底座；14—配套设备

轨道系统由若干根标准长度的导轨连接成2条平行轨道，2条轨道之间采用撑杆定位，保证2轨道平行。每根导轨均为3层结构（图4-20），底层较宽，主要用于增大地面接触面积，中层用于安装移动油缸的步进孔，顶层为供车轮行走的重载钢轨，导轨结构具有足够的刚性和强度，钢轨表面具有较高的接触强度和疲劳强度。所有导轨标准节均使用同一套工装进行焊接，统一安装接口，以方便任意2根轨道的对接。

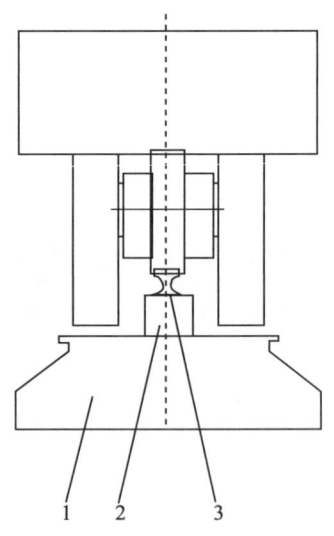

图 4-20 车轮与导轨的安装示意图
1—底层；2—中层；3—顶层

导轨式钻机整体移运系统可以处理移运过程中可能出现的多种工况，当地基下陷引起轨道面不平时，利用举升油缸和垫片对底座的4个角进行微调，确保底座的上平面水平；当钻机需要向相反方向移动时，只需将油缸支座旋转180°安装，移动油缸做收缩运动，就可以实现整套钻机向相反方向移动。在钻机移动过程中，将尾部的导轨标准节拆下，铺设到轨道的前部，实现导轨配置数量最少，成本最低。通过在钻机的所有模块下安装车轮，实现了车轮在轨道面上滚动，钻机移动所需克服的阻力主要是滚动摩擦力，根据相同载重下，滚动摩擦力比滑动摩擦力小很多的原理，使用较低的动力，就可实现整套钻机的一体化整体移运。

2009年，中国石化第四石油机械厂出口到俄罗斯的8套钻机，在西伯利亚油田进行了100多口井的钻井作业，钻机在丛式井井口之间的平均搬迁时间不超过4h，钻机移运时只需开启37kW的组合液压站，不需要动用任何机械设备，只需4人操作即可。

三、轮式钻机平移装置

轮式钻机平移技术是将钻机底座作为车架，在底座上安装几组轮轴总成，像拖车一样利用牵引车动力移运。轮式移运有半拖挂式和车载式两种型式，半拖挂式钻机没有自主动力，靠牵引车拖动，车载式钻机可以利用自身动力行驶。

轮式移运技术适合搬家距离相对较长，地势平坦，地面条件允许的地区，如沙漠、戈壁等地区。国内苏里格工厂化钻井作业时，通常用一部ZJ30车载式钻机钻完全部一开，然后换2部ZJ50L平移钻机进行二开和三开钻井作业。

轮式平移钻机多为ZJ30D以下的小型车载钻机，实际应用中会受到一定限制，在井工厂化钻井作业中主要用于表层施工。

步进式和轨道式平移钻机是目前国内主要钻机平移方式，其平移过程中不倒钻具，能够实现钻机在24h内开钻需要。表4-3给出了四川页岩气平台工厂化钻井作业轮式平移钻机应用。

表4-3 轮式平移钻机在工厂化钻井作业的应用

井号	钻机型号	平移方式	平移准备时间(h)	平移时间(h)	恢复钻进时间(h)	总计时间(h)
W202H1-6 → W202H1-5	ZJ50L	轨道式	9.10	1.00	13.00	23.10
W202H6-3 → W202H6-2	ZJ50DB	步进式	9.00	2.00	7.00	18.00
W202H6-2 → W202H6-1	ZJ50DB	步进式	5.00	1.50	5.50	12.00
W202H4-4 → W202H4-5	ZJ70DB	步进式	8.00	2.00	9.00	19.00
W202H4-5 → W202H4-6	ZJ70DB	步进式	9.00	1.80	8.70	19.50
W202H1-3 → W202H1-2	ZJ50L	轨道式	7.30	0.40	15.20	23.30
W202H1-5 → W202H1-4	ZJ50L	轨道式	10.30	1.00	12.00	23.30

第三节 批量钻井技术

批量钻井作业提高作业效率，主要体现在以下几个方面：一是采用的钻机具有多向运移特性，大幅加快了钻机搬迁、恢复钻井的进度。二是采用离线作业提高工程作业效率。

当一口井下套管结束后，钻机就可以平移到下一个井口施工，减少固井、候凝、质量检查等钻机占用时间，提高工程作业效率。三是平台上各井相同的井段共享钻井液体系和钻具组合，节约钻井成本。

一、批量化钻井施工作业工序设计原则

页岩气、致密气等非常规油气井工厂化作业的主要目的就是为了节约施工成本，一般包括钻前准备、钻井和完井等过程。

钻前费用，包括钻前准备、征地、道路、井场、集输管网、配电设施等建设费用。

钻井费用，包括钻井设备的租金、钻井材料、管材、钻井液、固井、测井等一切与钻井相关的费用。

完井作业费用，包括完井设备租赁费用、材料费用、储层改造费等。

钻井成本的高低几乎完全取决于钻井时间的长短，因此缩短油气井钻井时间至关重要，工厂化开发模式的目的正是在此。工厂化开发模式利用工厂流水线作业方式，缩短设备非生产时间，减少钻井施工过程中材料的浪费，利用先进的钻井工具和技术提高机械钻速，最终实现提高效率、降低成本的目的。

基于上述原因，在安排工厂化钻井施工作业时，应尽量遵循以下原则：

（1）集中使用租金高的设备，尽量缩短其运营时间；
（2）相同或相似的工序集中安排；
（3）在相同或相似工序施工过程中，能够重复利用的材料尽量重复利用，减少浪费。

二、批量化钻井施工作业顺序

根据上述钻机施工作业工序安排原则，工厂化钻井施工作业工序大致如下：

（1）第一口井直井段钻井；
（2）第一口井下套管；
（3）钻机移到第二口井钻第二口井直井段，第一口井注水泥、候凝、测井；
（4）第二口井下套管；
（5）钻机移到第三口井钻第三井直井段，第二口井注水泥、候凝、测井；
（6）第三口井下套管；
……

如此循环，直到最后一口井下完套管。

根据所用钻机类型，决定一开所用钻机是否撤离井场。有的钻井公司在钻进一开井段时，使用小钻机或套管钻机。井场内所有井，一开钻机施工作业完成后便撤离井场，去到下一个井场施工。有的钻井公司则用相同的钻机完成各个井段的钻井任务。

若是第一种情况，在不影响一开钻机施工的情况下，则二开钻机可在一开第一口井测井完成后进行二开钻井施工作业。二开钻机的钻井施工作业顺序和一开相同。

若是第二种情况，即所有井段用相同的钻机来完成施工任务。则在一开阶段最后一口井下完套管后，再按相反的顺序，进行二开钻井施工，造斜稳斜至水平段。同时一开最后一口井固井、测井。

上述施工顺序，可将每口井的每个井段集中安排钻井，这样相同井段所用的钻井液体系相同，可以重复利用，可大幅减少钻井液的用量。同时由于集中安排每口井每个井段的

钻井，钻机非生产时间大幅减少。而且相同井段钻井过程中所积累的经验，可以用到下一口井的施工作业中，可大幅提高后面各口井的各种（钻井、固井和测井）工程施工进度。钻井、固井、测井设备无停待。

三、批量化钻井施工流程

具体施工流程为一开快速钻、固表层，然后移钻井平台至第二口井继续一开钻、固表层，接着移钻井平台至下一口井，如此顺次一开钻、固完所有的井后再移钻井平台回到第一口井开始二开的钻、固工作，重复以上操作直到二开钻、固完所有的井，再次移钻井平台回到第一口井开始三开，依次类推钻完所有的井。对于一开井深不长的情况，可以先一开钻、固表层后继续二开钻井及下套管固井后再移钻井平台至下一口井开钻。

以威 202 作业区 6 口丛式水平井平台 2 台钻机同时施工为例（图 4-21），1 号钻机从 1 号井开始向右进行一开和二开钻、固施工，依次完成 1、2、3 号井施工，此时钻机位于 3 号井位；2 号钻机从 4 号井开始向左进行一开和二开钻、固施工，依次完成 4、5、6 号井施工，此时钻机位于 6 号井位。然后 1 号钻机从 3 号井开始进行三开钻、固施工作业，依次完成 3、2、1 号井施工，2 号钻机从 6 号井开始进行三开钻、固施工作业，依次完成 6、5、4 号井施工，直至完成全部井的施工。

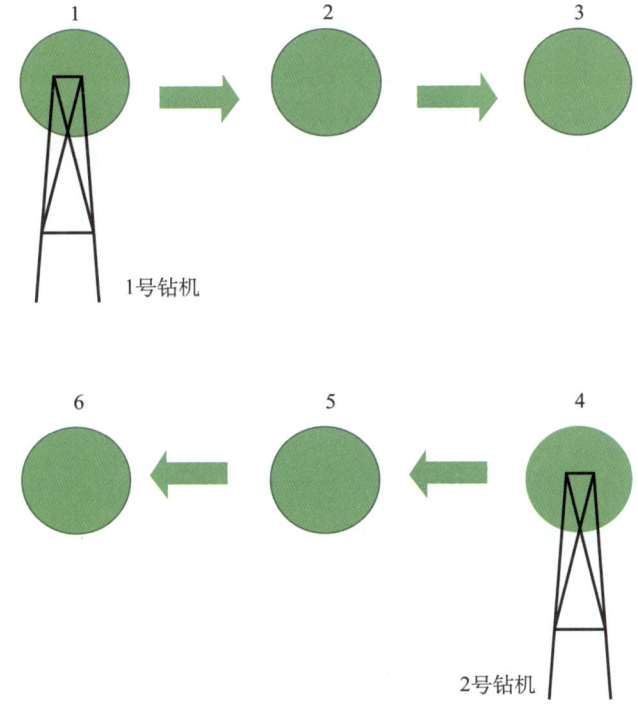

图 4-21　大平台批量钻井施工流程图

四、批量化施工管理

国内外大量实例证明，用重复操作积累的经验曲线来优化钻进作业提高效率是可行的。批量化钻井遵循的是学习曲线（又叫经验曲线）法则，学习曲线法则是指在一个合理的时间段内，连续进行有固定模式的重复工作，工作效率会按照一定的比率递增，从而使单位任务量耗时呈现一条向下的曲线。学习曲线法说明应尽量集中处理性质相同的事务性工作，如一次性处理具有相同性质的所有文件、一次性打完所有的沟通电话等，这样既有利于提高工作的熟练程度，又能通过批量作业减少准备工作和中间环节占用的时间，从而达到节约时间、提高效率的目的。

在苏53大井丛组合平台施工初期，发现在工具组织及生产安排方面有很多不足，通过制定一系列操作规程、实行现场奖励和完善措施提高了搬安的时效。又如在下一井施工前，就详细分析施工作业难度和计划作业时间，找到可能与钻井在时间、场地和交叉作业等诸多问题上的冲突，从而指导监督协调工作，结果没有因任何原因而耽误生产。

批量钻井技术是以先进的科学技术为基础，以加强组织管理为切入点，在技术不断创新、管理不断优化的过程中，瞄准一流水平，敢于创造新的纪录，不断挑战已取得成绩所发展起来的技术。首先要协调好各项作业，每道工序、每个施工单位介入施工都在24h前通知、8h前核定到井时间，现场提前为下道工序和参与施工单位准备好场地，包括安排好施工人员的食宿等；工厂化钻井需要大量的钻井、完井材料，这就要求后勤保障到位，所有的工程服务参与者包括固井队、钻井队、测井公司和钻井液承包商等都必须了解当前的作业情况、后勤保障措施；大的工序采取协调会的形式与施工单位领导进行沟通，共同解决施工过程中可能存在的问题。总之，只有不断创新技术、创新管理、创新机制，才能不断前进。

批量化钻井技术对于工程服务方来讲，由于提高了钻机和人工利用率，平均单井建井周期大幅缩短，加之材料、运输成本及排放的减少，必然能够获得很大的收益。与其他钻井技术一样，工厂化钻井技术也有其自身的局限性，对于油公司来说，批量钻井技术能否一定适合某一油气藏的效益开发，主要取决于油气藏地质储层性质、预测、跟踪是否准确可靠；如果油气藏地质储层多变，不能有效实施预测和跟踪，则不宜实施批量钻井作业。

在紧邻委内瑞拉外海的特立尼达岛和多巴哥岛的多个批量钻井项目的实践表明，批量钻井不一定能带来经济效益。该地区在20世纪70年代是效益很高的生产油气田，到21世纪初进入衰竭期（成熟期），需要采用更经济的开发技术开采剩余储量。于是，在该油田采用一个了3口丛式井平台，在ϕ445mm井段采用批量钻井技术，然后固井。3口井完钻后均由于主产层发育不好，下部井眼回填后，在上部产层进行了完井，这样该批井虽然节约了作业费用但由于储层不好，井眼回填后上部产层也不足以提供整个建井成本的回报。而常规单独钻井有可能只钻1或2口井就停止该项目，因此投资开发效益并不明显；但如果3口井产层均能贡献油气，那么批量钻井技术就会显示出好的投资回报。

五、批量钻井施工实例

1. 苏53大井丛组合平台批量钻井施工

苏53大井丛组合平台工厂化钻井所选用的钻机为两部ZJ50钻机和一部ZJ750型车载钻机。井场尺寸为300m×200m，井场布局分A、B两排，排距50m，井距15m。该平台批量钻井施工具体流程（图4-22）及钻井程序如下：

1）钻井程序

一开使用车载ZJ750型钻机施工表层（1号、10号井除外），使用两部ZJ50钻机按轮次依次钻完分区所有二开井段至A点，再使用两部ZJ50钻机按轮次依次钻完分区三开水平段。

2）施工流程

表层车载钻机施工顺序：先施工2号、3号井，再施工9号、8号、7号井，最后施工4号、5号、6号、11号、12号、13号井。

二开、三开两部ZJ50钻机钻井施工顺序：

A排第一轮：先施工1号定向井，再正拖分别施工2、3号井二开至下完技术套管，施工完3号井再回拖施工2号井水平段完井。

A排第二轮：先施工4号、5号、6号井二开至下完技术套管，施工完6号井在回拖施工5号、4号井水平段完井。

B排第一轮：先施工10号直井，再正拖施工9号、8号、7号井二开下完技术套管整拖，施工完7号井后回拖施工8号、9号井水平段完井。

B排第二轮：按照顺序施工11号、12号、13号二开下完技术套管施工完13号定向井，回拖施工12号、11号井水平段完井。

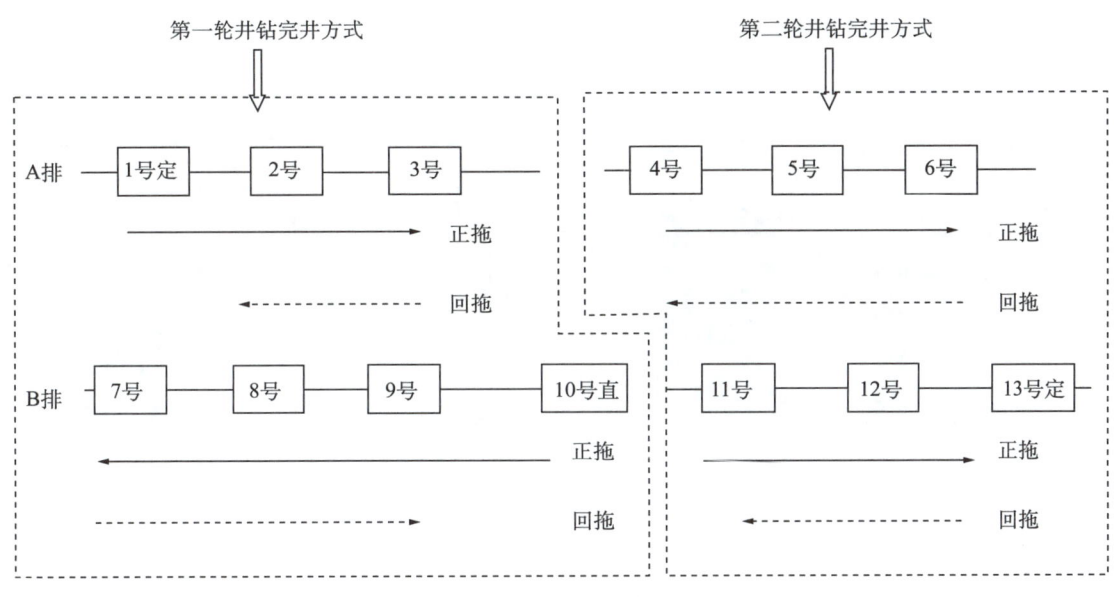

图4-22 苏53作业区块批量钻井示意图

批量钻井施工完成的大平台10口水平井钻井数据统计见表4-4，平均机械钻速11.5m/h，平均钻井周期29.1d，平均建井周期34.58d。在井深和水平段长基本相当的情况下，与2012年同区块水平井相比（图4-23），平均机械钻速由8.74m/h提高到11.5m/h，平均建井周期由62.4d缩短到34.6d。其中，S53-82-20H井钻井周期仅为22.21d。

表4-4 S53井工厂化批量钻井数据统计

序号	井号	完钻井深（m）	钻井周期（d）	建井周期（d）	机械钻速（m/h）	钻机月速（m/台·月）	水平段长（m）
1	S53-82-18H1	4753	36.29	42.21	9.93	3370.92	998
2	S53-82-18H	4543	31.25	36.42	9.13	3742.17	888

续表

序号	井号	完钻井深 (m)	钻井周期 (d)	建井周期 (d)	机械钻速 (m/h)	钻机月速 (m/台·月)	水平段长 (m)
3	S53-82-20H1	4467	22.7	28.07	12.15	4774.14	818
4	S53-82-20H	4542	22.21	26.96	11.63	5054.15	958
5	S53-82-22H1	4698	26.79	32.62	12.65	4320.66	998
6	S53-82-19H1	4639	32.88	38.75	13.06	3681.75	988
7	S53-82-19H	4567	31.02	35.29	11.85	3870.34	918
8	S53-82-17H	4607	34.37	39.33	9.94	3516.79	918
9	S53-82-21H1	4549	27.87	35.28	12.61	3868.2	898
10	S53-82-21H	4477	25.66	30.82	12	4357.88	938
平均		4584.2	29.1	34.58	11.50	4055.7	932

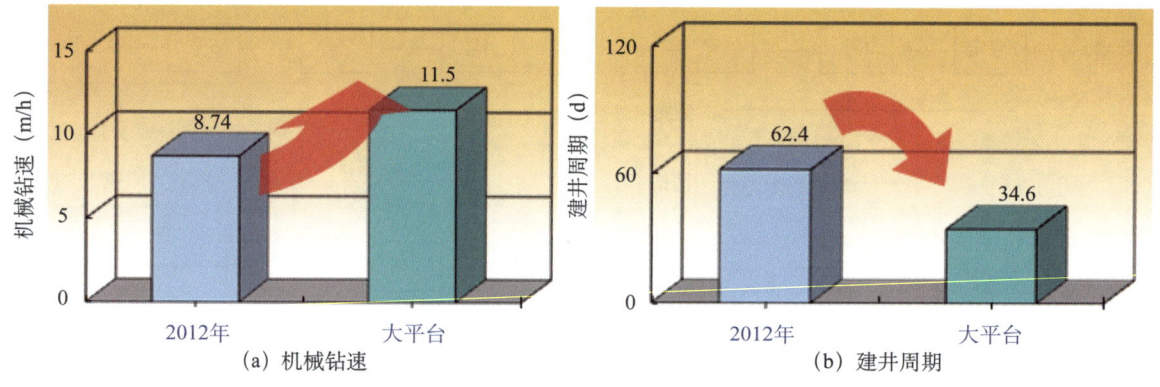

图 4-23 苏 53 大井丛组合平台井机械钻速、建井周期对比图

2. 威远 204 区平台井批量钻井施工

以威远 204 区块 6 口井平台施工为例，配备 2 部 ZJ70D 平移钻机，以水基、油基钻井液为批量钻井分界面，双排 6 口井，井距 5m，排距 30m。平台批量施工具体流程如图 4-24 所示。

（1）安装钻井设备后从第一口井开始施工，依次完成打导眼、下导管、安装封隔器、钻一开、电测、下一开套管、固井、安装封隔器、钻二开、电测、下二开套管、固井；

（2）完成第一口井一开、二开钻进后，依次平移井架至第二口井和第三口井，完成上述一开、二开钻井施工工序，此时井架位于第三口井；

（3）中完后，更换水基钻井液为油基钻井液，从第三口井开始进行三开钻井施工，依次完成电测、下套管、固井、完井施工工序；

（4）完成第三口井三开施工后，依次平移井架至第二口井、第一口井，完成上述三开钻井施工工序，最终井架平移回到第一口井。

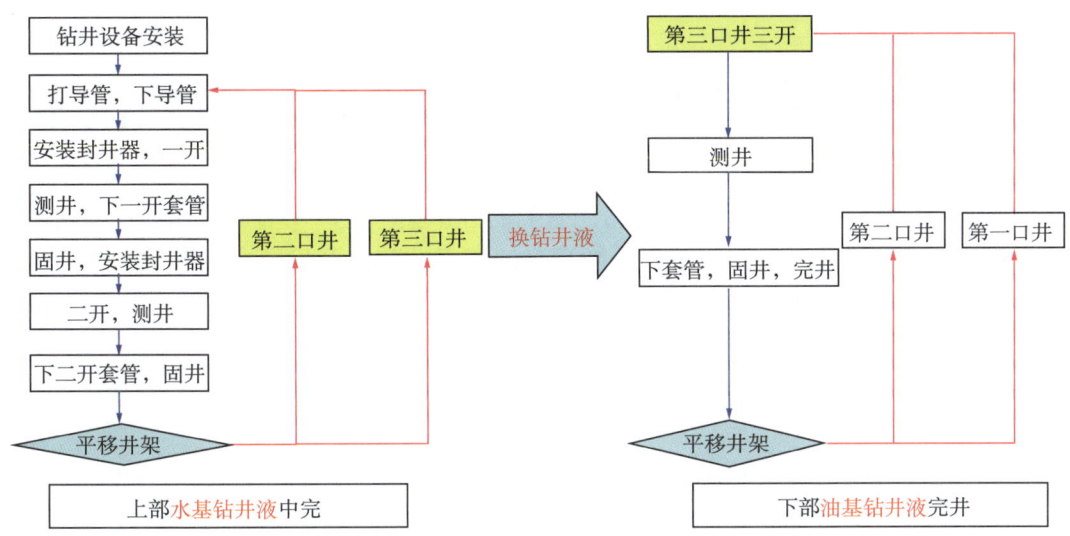

图 4-24 批量钻井流程图

目前，在威远地区共完成 22 个页岩气平台 85 口水平井，平均井深 4867m、水平段长 1591m，平台建井周期由 343 天缩减到 176 天，同比缩短 49%。其中，威 202H55-3 井完钻井深 4668m，水平段 1506m，钻井周期较 2018 年平均钻井周期缩短了 62.13%，完井周期缩短了 60.97%，机械钻速提高了 79.24%，创区块最短完井周期纪录（图 4-25～图 4-27）。

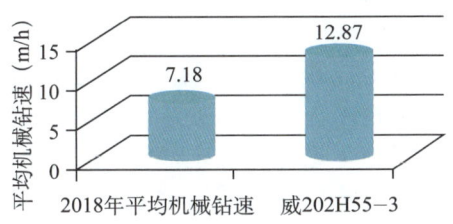

图 4-25 威 202H55-3 井与平均机械钻速对比

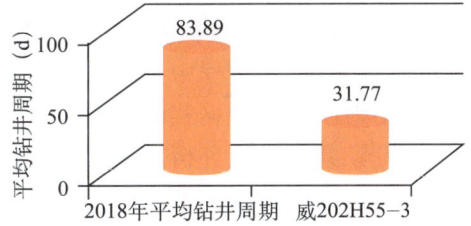

图 4-26 威 202H55-3 井与平均钻井周期对比

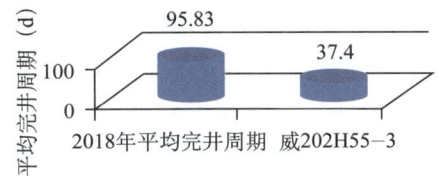

图 4-27 威 202H55-3 井与平均完井周期对比

第五章 丛式水平井（定向井）钻井技术

所谓丛式井指一组定向井（水平井），它们的井口集中在一个有限范围内，与钻单个定向井相比较，可大幅降低钻井成本，并能满足油气田的整体开发要求，因此，广泛应用于页岩气、致密气等非常规油气工厂化开发。

第一节 地质工程一体化导向技术

地质工程一体化，是在非常规油气藏开发过程中逐步形成的开发理念，强调多学科融合、多专业协同，针对不同的开发阶段，具体的开发环节，工程与地质相结合，提产增效，规避复杂风险。

地质工程一体化，是一个贯穿油气藏生命周期的课题，是一个动态的理念与方法，强调"针对性"、"适用性"和"实用性"，是一个需要被不断发展、不断完善和不断探索的领域。

一、地质工程一体化导向理论

地质工程一体化理念是以三维地质模型为核心，以地质储层综合评价与研究为基础，针对不同开发阶段遇到的难点问题，动态实时的调整和完善钻井、压裂等工程技术、施工方案，以实现最优化、最低风险的导向模式。

在一口井的钻井过程中，随钻地质和工程资料是不可或缺的信息源，现场地质师通过网络把现场地质工程数据实时传输回基地研究中心，由技术人员提供初步的判断意见，基地各领域专家共同讨论分析，充分考虑地质难度、工程施工难点，确定最优化方案来指导现场作业。过程中的任何一个环节都息息相关，密不可分。质量控制、地质分析研究、地质再认识、施工方案再优化贯穿整个地质跟踪导向过程，形成明确的责任分工、各司其职、相互配合的工作流程。

水平井地质导向通常分为入靶导向和水平段导向两个阶段[23]。在入靶导向阶段坚持"标志层多级控制、关键点提前预判、变化点及时调整"的原则；在水平段导向阶段则坚持单砂体、沉积微相及微幅度构造分析相结合的原则，通过工程与地质相结合形成"两阶段、三结合、四对比"的工程与地质一体化导向技术：两阶段指水平井入靶阶段和水平段随钻跟踪阶段；三结合是指地质、录井、工程三个方面的工作相结合，随时对随钻跟踪情况做出调整；四对比是通过深度校正对比、岩性对比、随钻录井对比以及气层归属对比四种方法，强化水平井随钻跟踪分析，优化轨迹控制，确保有效储层钻遇率。

1. **地质导向主要应对问题**

（1）如果设计靶点低于实际目标层，在有效地层厚度范围内井斜角达不到工程入靶技术要求，则存在钻穿目标层、填井重钻风险。

（2）入靶深度较浅，井眼轨迹易从储层顶部穿出；入靶前井斜角偏大，会增加无效靶前距。在邻井地层厚度、海拔深度、地层岩性特征存在较大差异时，准确判断目标层困难，容易入错靶或入错层，甚至钻穿目标层。

（3）不同岩性则代表不同沉积特征，相似岩性或夹层岩电特征易于混淆，导致水平段岩性判断错误，误导地质导向决策。

（4）苏里格地区常见的几种情况：水平段与河道走向垂直或斜交，钻遇河道间；水平段偏离主河道，钻遇河道边部；水平段与主河道一致；水平段穿越多条河道汇集区；纵向穿越多个砂体等。

（5）威远页岩气区存在的特殊情况：目的层埋藏深，一般3000～4000m，不同深度测量系统误差大；井控程度低，构造落实难；地层视厚度变化大，靶点预测困难；地层倾角大，且甜点变化快，导致水平井造斜段需要不断地扭转方位，地层垂直厚度随井斜方位、井斜角、地层倾角发生复杂变化，靶点深度预测困难。大型水力压裂工艺对井眼轨迹要求高，水平段狗腿度不能超过3°，调整幅度小。

2. 水平井入靶

水平井入靶导向重点是靶点预测和井斜控制。通过邻井对比在选取多个稳定标志层的基础上，提前预测目的层垂深，在进入显示段后进行实时跟踪、小层对比，逐层验证地层变化情况，并预测下一层的垂深，保证准确入靶[24]。

1）标志层的选取

苏里格项目对水平井入靶地质导向起指导作用的标志层主要有：

（1）石千峰组底界（距目标层约250m）：二叠系石千峰组底部为灰绿、紫褐色粉砂岩或黄绿色粗砂岩。石盒子组顶部为黄绿与紫褐色砂泥岩互层。二者岩性差异大，伽马曲线响应明显，可作为水平井入靶调整的第一个标志层。

（2）盒4砂岩底界（距目标层约130m）：苏里格气田大部分区域盒4段发育一套相对稳定的砂岩，其上下多为大段泥岩，在岩屑录井资料上反映明显，可将该套砂岩底界作为标志，引导水平井入靶。由于构造复杂，临近目标层时指导入靶的标志层很少，通过借助岩性组合及旋回可以准确预测目标层顶部位置，或者通过精细邻井对比选择砂泥岩组合、薄层砂岩、纯泥岩等作为标志层。

威远地区水平井入靶导向起指导作用的标志层主要有：

（1）梁山组（距目标层约260m）：岩性主要为灰黑色、黑灰色页岩。岩屑以浅灰色粉砂岩与下伏龙马溪组绿灰色页岩呈假整合接触。伽马曲线呈锯齿状中高值，变化幅度大，电阻曲线呈锯齿状低值，声波时差曲线呈锯齿状中值。

（2）龙一^{2}段底界（距目标层约40m）：威远合作区龙马溪组上部沉积环境为陆源硅质泥棚，进入龙马溪组下部后有机质含量明显增加，岩性由灰色页岩变为黑色页岩。进入优质页岩段后伽马值和气测值明显增大，以此变化能够准确判断优质页岩顶部垂深，进而可以对入靶点深度进行精确调整。

2）水平井目标层判断

入靶是水平井施工中难度最大、技术要求最高的重要环节，在目前水平井不实施斜导眼井的情况下难度更大。因此入靶前必须详细对比邻井资料，利用多种方法综合判断、反复验证并准确定位目标层。

苏里格气田构造形体为宽缓的西倾单斜，平均坡降3～5m/km，局部存在近北东—南西向小幅度鼻状隆起，相邻井（井距600m×800m）同一目标层顶部海拔相差不大。岩性组合特征在相邻井具有一定相似性，通过选取靠近目标层附近岩性组合可以减少对比误差。在水平井斜井段进入目标层前，常常会钻遇特殊岩性，这种特殊岩性一般分布较为稳定，横向上具有一定的延续性，可作为地层对比标志层，如局部纯泥岩夹层、异常高伽马特殊岩性等。

多数情况下，目标层上部会出现多套薄砂层，一般可参照邻井在钻遇该段砂岩含气显示判断。如果邻井在钻遇该段地层时砂体出现含气显示，表明上部砂体含气，应放弃该层继续追踪下部目标层。同时，需借助岩性组合形态特征综合判断是否与邻井相应井段岩性组合特征一致。通过邻井含气显示情况判断可有效防止在上部薄砂层中入靶。

威远地区下志留统龙马溪组岩性比较稳定，下部为黑、灰黑色砂质页岩、页岩，粒度小、颜色深，生物化石丰富，水平层理发育，底部GR值大于200API；中上部为灰绿、黄绿色页岩及砂质页岩，局部夹粉砂岩或泥质灰岩，含碳质及黄铁矿，粒度大、颜色浅，多为粉砂岩，斜层理发育，GR值为150API。富含笔石，下部含量最多。龙马溪组地层厚0~574m，自上而下颜色逐渐变深，有机质含量也随之增加。在龙一^{1}段底部发育一套富有机质陆源硅质泥硼沉积和富有机质生物硅质泥棚沉积的页岩，厚度40~50m。测井解释成果表明，该套页岩各项指标较好，是目前开发的有利目的层。

在入靶阶段，加强随钻对比，寻找GR标志界面，根据随钻GR曲线特征变化，逐一识别出各个标志（图5-1）。利用标志点深度和标志点间地层厚度变化进行预测地层倾向、地层视倾角及入靶点垂深。通过水平井工程设计和早期钻井实践，目标区水平井造斜点位于龙马溪组顶界附近，靶点预测工作从龙马溪组顶界开始，在龙马溪组内对比分析，该区域根据GR值高低变化形成的大小台阶，选取标志界面。

具体位置需结合地层倾角发育情况，并通过地层视倾角估算，确定入靶点深度预测（图5-2），上倾方向设计在下箱体上部入靶，逐步进入下箱体；下倾方向设计直接在下箱体入靶。当地层倾角小时，靶点垂深等于标志点垂深加上对比井标志点到靶点垂厚；当地层倾角大时，靶点垂深则需要通过计算得出。

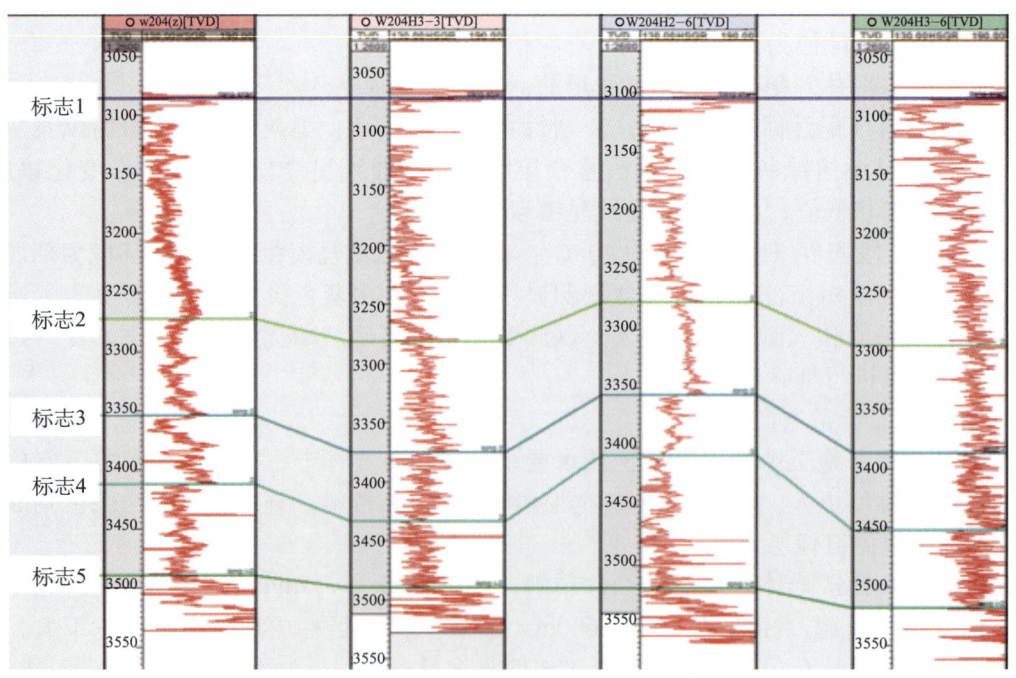

图5-1 连井对比剖面图

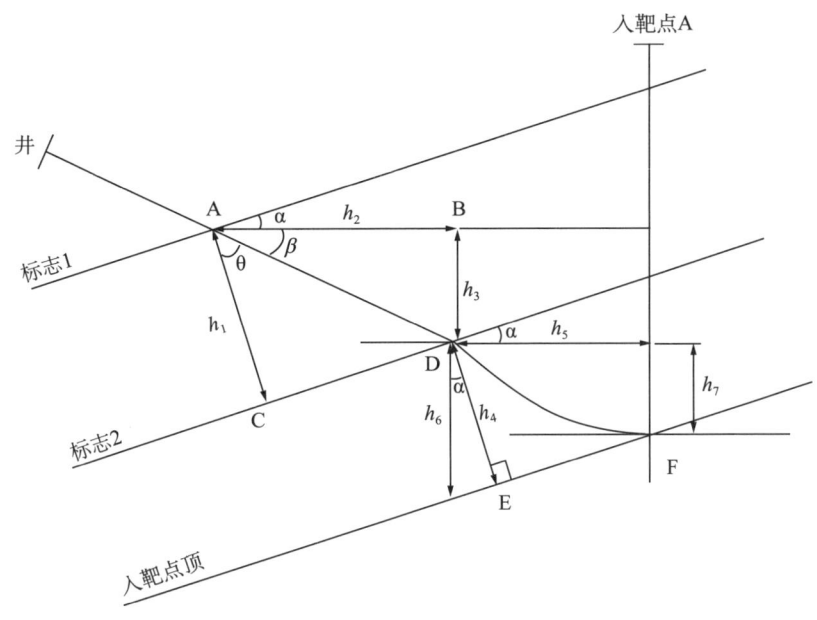

图 5-2 入靶点垂深估算示意图

在现场实施过程中，地质导向师主要依据水平井进入龙一 1 段优质页岩后伽马和气测值明显增大，优质页岩顶部存在两个伽马值为 250API 的高伽马值，呈"M"型等特征，判断入靶点位置。当轨迹穿过优质页岩中下部伽马值超过 500API 时，说明轨迹已经进入设计目标层。

3）井斜的有效控制

为防止目标层提前或推后出现，根据最后一次目标层预测结果，提前 1～3m 垂深使井斜达 83°～84°探顶，为入靶作准备。在稳斜下探储层过程中，钻时明显减小时，循环等待气测和岩屑，判断是否钻遇目标层，确认后，井斜增至设计要求，垂向钻进 2～4m 入靶。

理论和实践表明，钻头位置在预计目标层顶部时井斜应控制在 84°上下，因为当增斜至 90°入靶，入靶深度也仅 4m；当井斜超过 84°后，垂深下降随井斜增大而减慢，因此，入靶前探砂顶井斜角 84°最佳。如果预测目标层厚度大，要求入靶深度较深，探砂顶井斜角可以低于 84°稳斜钻进。探砂顶井斜角应根据要求的入靶深度现场进行灵活调整，避免钻穿目标层。

3. 水平井段轨迹控制

1）目的层顶底界预测

在构造平缓、地层倾角很小的情况下，可以忽略地层倾角直接按构造等厚法（图 5-3）和邻井对比投影法（图 5-4）来粗略预测目的层界限的变化。

在构造幅度变化较大情况下，目的层预测最重要的是地层倾角的计算。钻头在某一标志层钻出又钻入，岩性重复出现时，可根据同一界面在不同位置的垂深差和位移差，即组成地层界面三角形，按上倾、下倾两种模式，使用反三角函数计算出地层倾角变化。

水平井施工前，为了详细了解水平段方向砂体厚度变化趋势，要提前进行邻井目标层附近岩性组合对比。除对比砂体厚度外，更重要的是对比邻井砂体形态特征，因为通过砂体形态特征对比可以正确判断局部河道砂体走向。

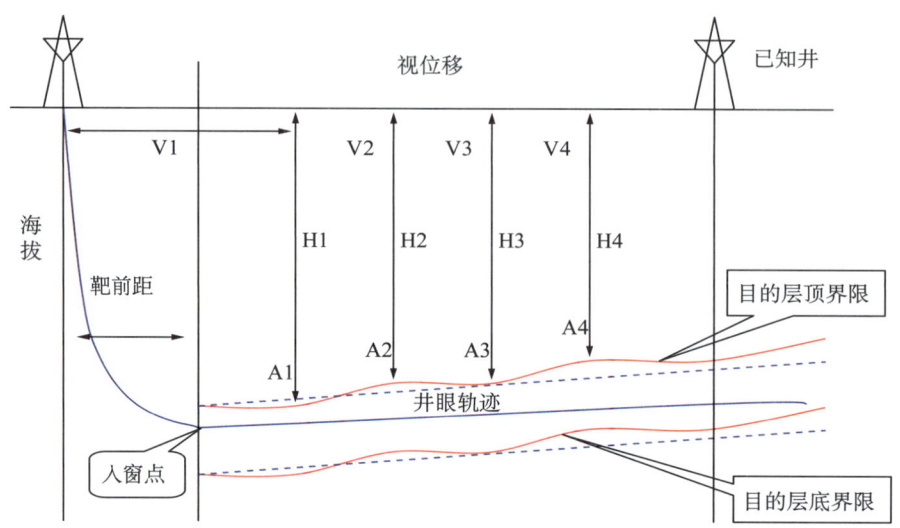

图 5-3 预测目的层顶底界限示意图

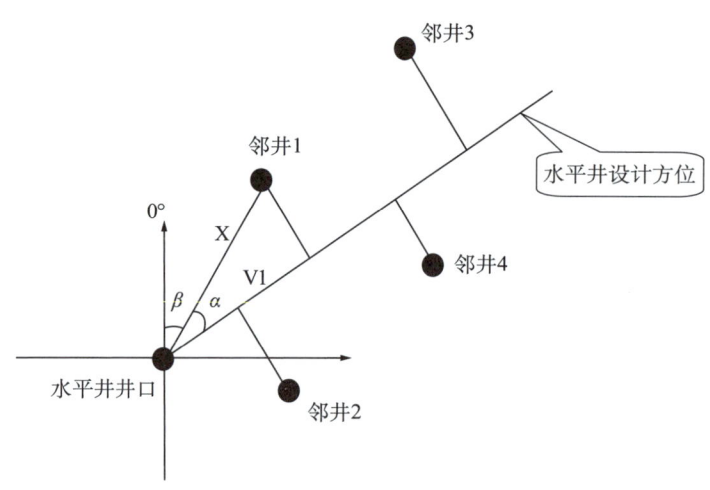

图 5-4 邻井对比投影示意图

在水平段施工过程中，由于岩性变化需要不断调整井眼轨迹，常常遇见特殊岩性重复出现（如岩屑颜色、特殊岩屑成分等），现场人员可根据地层中特殊岩性特征判断井底所处位置。一般砂岩粒度变细，可能井底靠近砂层顶部，需要向下调整井斜；当砂岩粒度变粗，钻头可能处在砂层中部；如果出现含砾砂岩，钻头则可能处在砂岩底部，需要向上调整井斜。水平段施工有时还会钻遇底砾岩（河道滞留沉积），预示井底处在砂岩底部，可能即将穿出砂层。

2）隔夹层识别

水平段钻遇的泥岩属于围岩还是夹层直接影响着水平段的调整思路[25]。通过该区构造与邻井对比，预测储层垂向厚度及顶底界，可以初步识别夹层和围岩；若钻头处于预测储层范围内，初步判定为夹层，否则为围岩。

随钻伽马是判断水平段地层岩性特征的重要依据。通过现场岩性与随钻伽马相关性分析，发现随钻伽马值在100API以下时，钻遇岩性多为砂岩；当伽马值越低则岩性越纯，随着伽马值的升高，岩性逐渐变细。当伽马值在100～150API时，岩性一般为泥质砂岩，随着伽马值的升高岩性逐渐变为砂质泥岩；当伽马值大于150API时，岩性一般为泥岩，并随伽马值的升高泥岩越纯。

3）水平段轨迹优化

水平段实钻过程中，如钻遇气测值高、钻时快的储层时，要对轨迹进行微调，优先穿越气层，提高有效储层钻遇率，缩短钻进时间。

水平井轨迹的平滑程度会直接影响着钻进速度和后期的压裂施工，因此水平段导向轨迹的优化控制显得十分重要。在水平段导向过程中，坚持缓增缓降的原则，避免突升突降造成狗腿度大，为后期施工增加难度；当定向仪器故障导致井眼轨迹出现偏差时，为保障后期压裂施工，需综合考虑地质情况，重新优化轨迹。由于储层构造的复杂多变，水平段施工过程中需及时调整井眼轨迹以避免在钻遇岩性变化时来不及调整而钻出目标层。

地层产状是工程轨迹设计的重要参数，更是超前预测及时调整轨迹垂深的重要依据。在判断入靶点附近地层产状时，若水平井轨迹两次钻至同一垂深，后点GR值明显高于前点，则可判定地层产状沿轨迹方向上倾；在水平钻井过程中，常出现地层重复段，可通过随钻对比确定重复段地层并预测地层倾角，也可将轨迹参数加载到地震数据体中利用波组反射特征判断地层产状，指导钻进方向。

在水平段导向时，由于微构造的变化，设计层位深度常发生变化，为此要随时发现钻头所处层位变化，及时调整轨迹垂深，保证钻头在设计目标层位钻进。调整依据是通过靶点上下GR值变化特征判断垂向变化和水平段地层产状变化情况。

此外，还要在综合各种资料和地质认识的基础上，结合实际钻井效果，制定出地质导向方案，防止因不同海拔高度交错单砂体所形成的"假构造"而过早穿出目标层，施工前要先制定具体的地质导向方案；当设计水平段所处目标层构造起伏不大时，水平段穿越多属同一砂体，采取以"构造追踪为主，岩性追踪为辅"的地质导向思路；反之，当水平段穿越不同砂体时，则采取以"岩性追踪为主，构造追踪为辅"的地质导向思路，确保有效提高砂层钻遇率。

二、钻完井信息化轨迹导向技术

应用"钻井生产技术管理专家系统"，实现工程、地质数据实时、动态采集与应用。

该系统包括：钻井生产技术管理子系统、钻井现场数据管理子系统（图5-5）、远程传输子系统、钻井工程计算分析子系统（图5-6）、无线智能钻井参数仪、无线试压监测系统等多套软硬件系统，是集钻井现场数据采集、处理、传输、监控与分析管理于一体的钻井专业管理平台，能够运用信息化手段获取现场不同区域、不同时段的数据，为后方技术专家提供数据分析平台，为各施工关键环节进行远程协助，提高决策效率和详细的技术支持措施，实现钻前辅助设计、钻时监控/优化、钻后数据标准化管理与应用挖掘等功能，达到提升技术管理水平，管控和降低工程作业风险的目的。

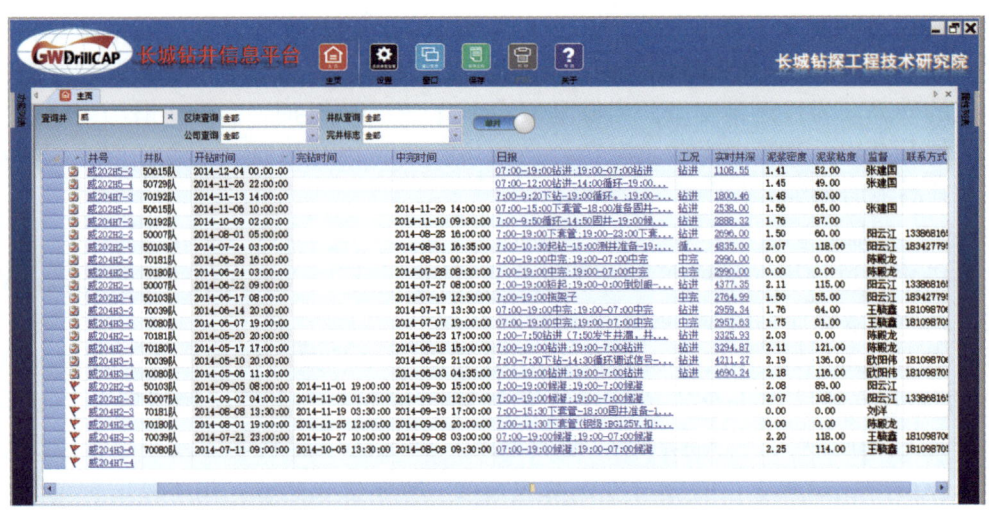

图 5-5 钻井信息化平台数据管理模块图

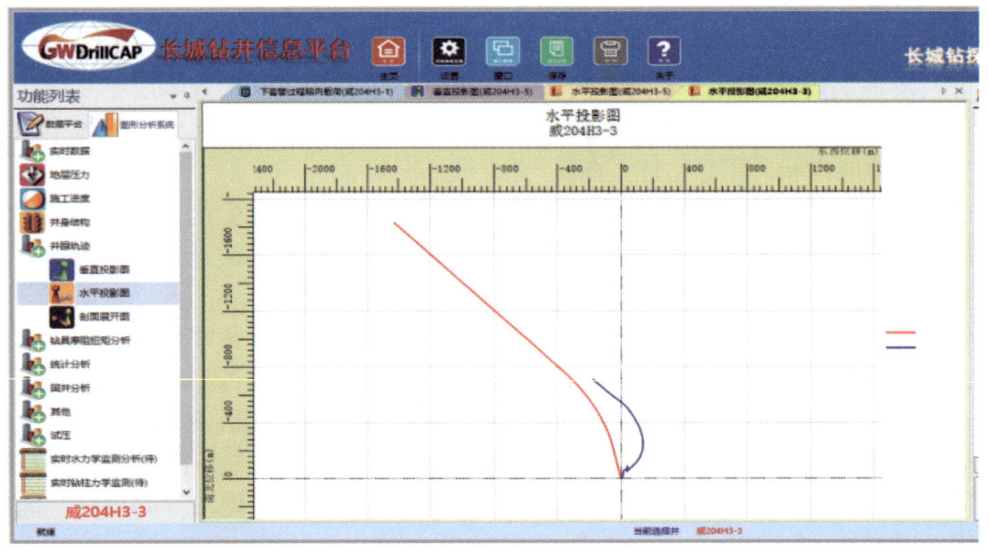

图 5-6 钻井信息化平台钻井工程计算模块图

威远页岩气地质条件复杂，储层埋藏深，钻井工艺实施难度大，需要实时跟踪施工工况，优化作业方案，提高钻探综合效率和储层钻遇率。信息化技术支持，运用实时数据和静态数据，建立以井眼为中心的钻井模型和地质模型，采集现场随钻测井、录井数据（数据包括：井深、井斜、方位、钻时、钻井液密度、排量、泵压、钻压、扭矩、全烃、组分、硫化氢等工程参数及钻头比能、摩阻力等衍生参数），再将数据传给基地 Petrol 等建模软件计算，形成可视化的水平井地质导向综合图版（图 5-7），指导现场施工作业。

在一口井的施工过程中，以地质模型为核心，跟踪工程、地质动态资料，不断迭代更新模型，进行精确导向控制（图 5-8）。

通过修正地质模型，提升解释精度（GR 对比、构造预测），减少预测误差，有效识别深度变化、微构造和断裂情况，降低施工难度，实现多维入靶控制（图 5-9）。

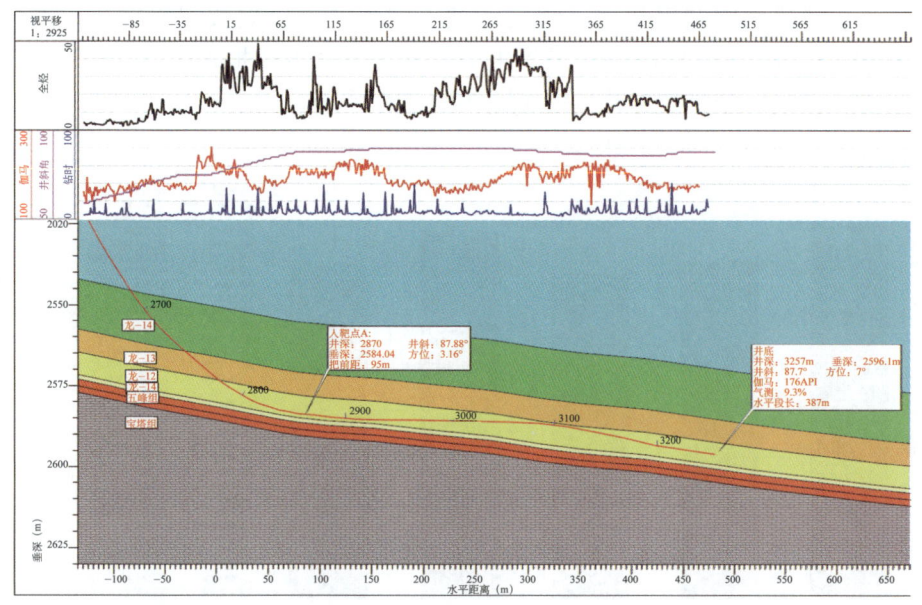

图 5-7 地质导向钻井图版

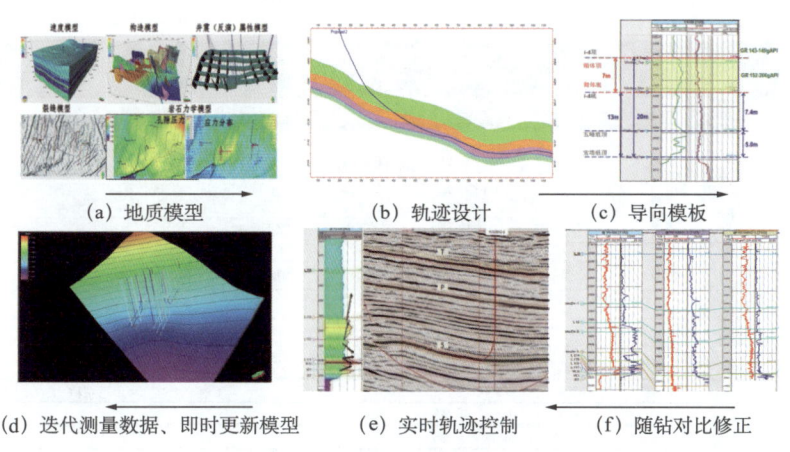

(a) 地质模型　　(b) 轨迹设计　　(c) 导向模板

(d) 迭代测量数据、即时更新模型　　(e) 实时轨迹控制　　(f) 随钻对比修正

图 5-8 地质工程一体化导向流程图

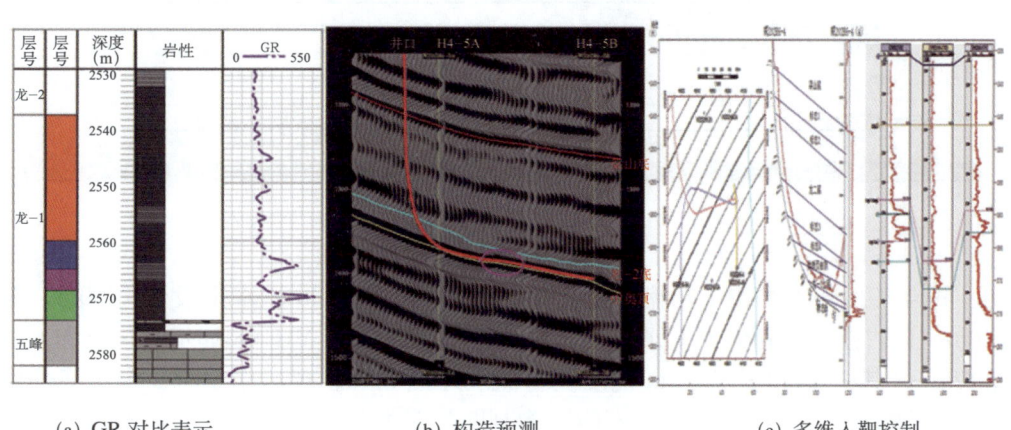

(a) GR 对比表示　　　　(b) 构造预测　　　　(c) 多维入靶控制

图 5-9 地质工程一体化决策图

在页岩气钻井过程中利用数据迁移技术把不同格式的历史数据资料进行结构化处理，使其形成统一的标准格式，同时现场采集生产数据，自动生成报表、统计图表（图 5-10）、excel 井史（图 5-11），并将数据共享给集团统建信息系统。

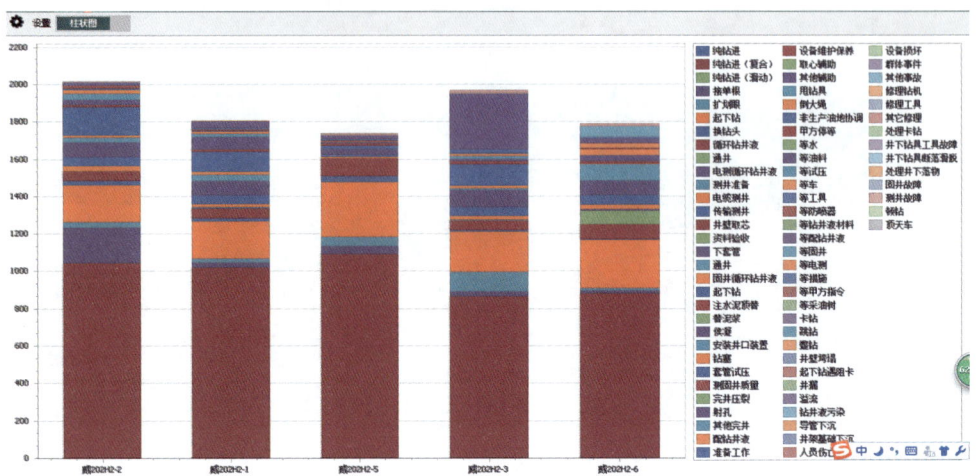

图 5-10　数据统计对比分析图表

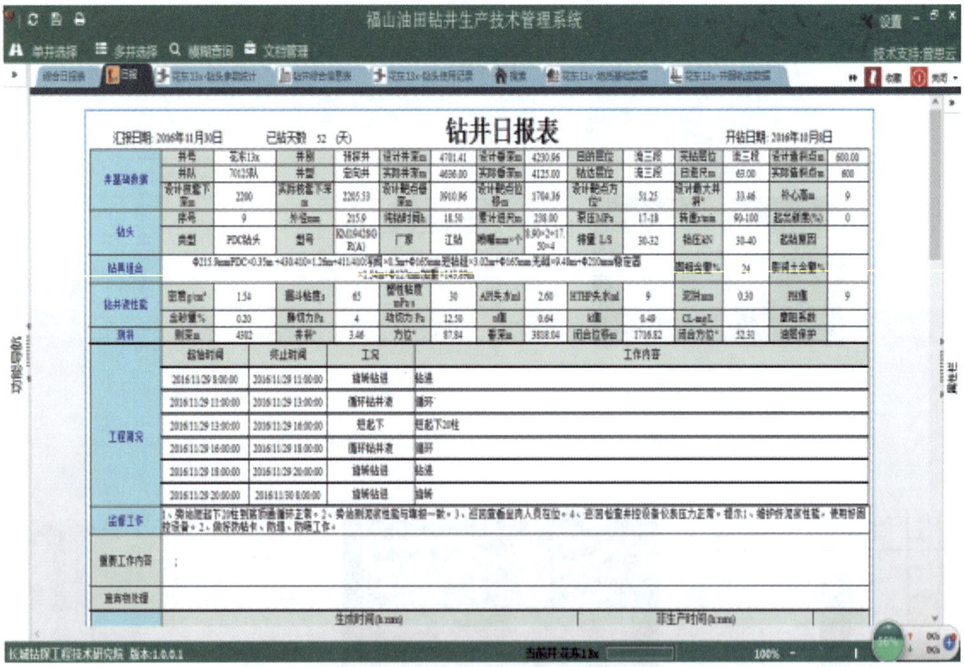

图 5-11　钻井日报

威远页岩气某开发井位于川南低陡褶带，设计井深 4050m，水平段长 1200m，靶前距不足 300m，以古生界志留系龙马溪黑色页岩为目的层，邻井 YH108 揭示龙马溪和五峰组页岩厚度 175m，其中 2480～2515m 优质页岩储层厚度 35m。现场作业时，由于底部钻具组合零长 12～20m，岩屑返出滞后，不能准确判断钻头的位置，地质专家根据信息平台远传的实时数据，对钻遇地层进行了准确判断，及时调整了钻井参数，使井眼轨迹始终处于龙一[1]小层中部，优质页岩钻遇率100%。钻进至井深2600.29m的测量数据表明，龙一[1]小层的优质页岩厚度仅为6m，实际储层位置与设计深度相比也发生了很大变化。

目前，钻井生产技术管理专家系统已在威远页岩气现场累计应用50井次，钻井数据标准化入库820口井，并生成井史33部；其钻井工程计算分析子系统在威202H4-3等重点井测试应用，提交钻井施工优化方案、单井技术支持文档、可行性分析文档60份，多次提出卡钻、井漏等复杂情况原因分析，以及轨迹、钻井参数优化等建议，保障了该井顺利施工。

三、远程信息化支持技术

建立远程技术支持平台（RTOC），实现地质工程数据实时采集、统一管理、远程传输，自动生成技术报表，完善工程数据库；实时监控关键工序，精细分析最优数据。北京生产指挥中心、前线基地、二级单位、作业现场多地联动，进行信息实时分享；公司领导、技术专家、管理人员通过电脑、手机APP、RTOC大屏等方式实现网络实时互动，可视化指挥（图5-12～图5-15）。

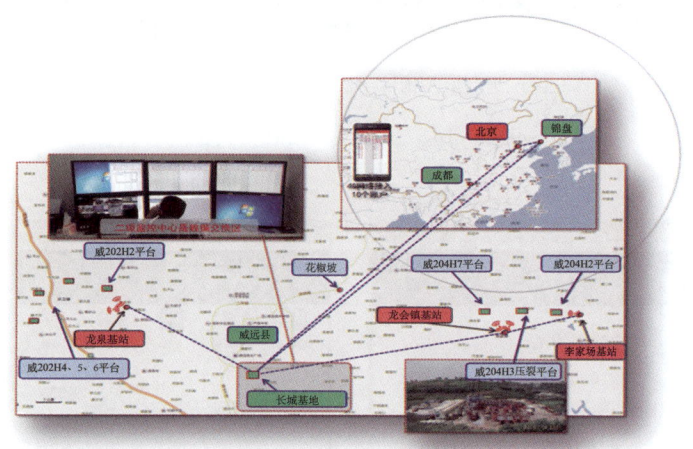

图5-12 长城钻探公司实时采集传输平台图

图5-13 长城钻探公司远程技术支持平台

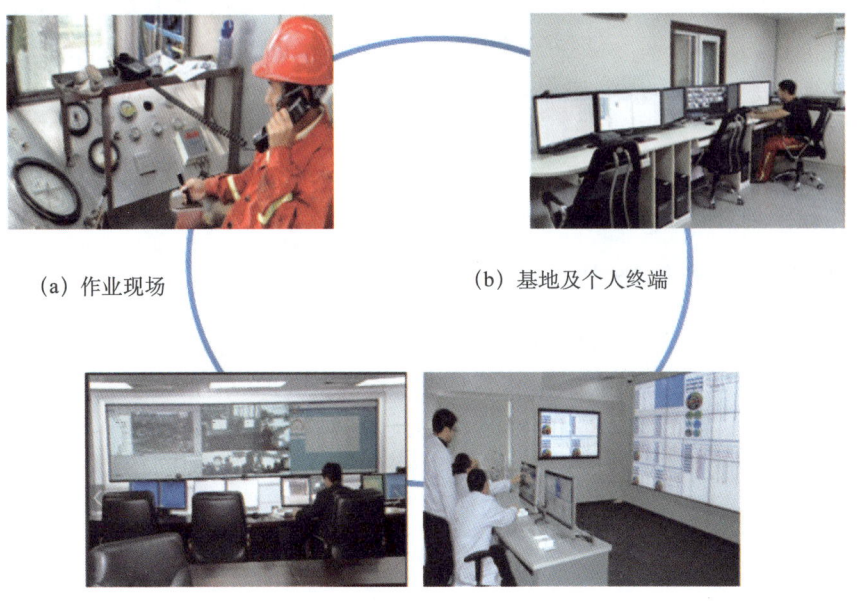

(a) 作业现场　　　　　　　　(b) 基地及个人终端

(c) 北京生产指挥中心及技术专家团队

图 5-14　三地远程信息支持图

图 5-15　技术支持平台手机 APP 图

四、地质工程一体化导向效果

1. 苏 53 作业区块丛式井大组合平台地质工程一体化导向效果

苏 53 作业区块工厂化大平台 10 口水平井、2 口定向井和 1 口直井在 8 个月内全部完钻。平均水平段长度932m，砂岩钻遇率86.1%，有效储层钻遇率73.4%，效果良好。工厂化水平井钻遇率统计见图5-16及表5-1，实钻跟踪轨迹如图5-17所示。

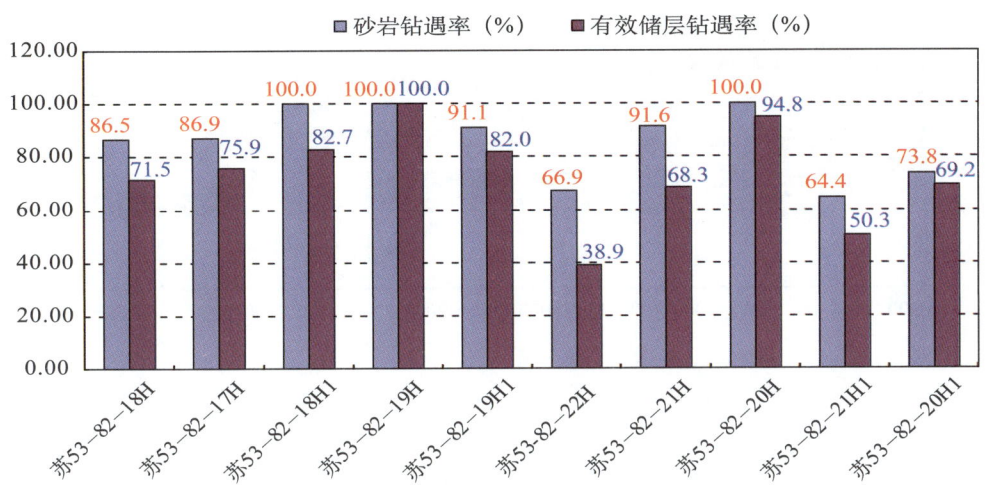

图5-16 苏53作业区块平台井钻遇直方图

表5-1 2013年苏53作业区块水平井钻遇率统计表

序号	井号	目的层位	完钻井深（m）	水平段长度（m）	砂岩长度（m）	比例（%）	泥岩+砂质泥岩长度（m）	比例（%）	有效储层长度（m）	有效储层钻遇率（%）	改造方式与改造段数	备注
1	S53-82-17H	盒8下5小层	4607	918	798	86.93	120	13.07	697	75.93	裸眼封隔器分六段	同步压裂
2	S53-82-19H	盒8下5小层	4567	918	918	100	0	0	918	100	裸眼封隔器分六段	
3	S53-82-19H1	山西组7小层	4639	988	900	91.09	88	8.91	810	81.98	段内多缝	同步压裂
4	S53-82-21H1	山西组7小层	4549	898	578	64.37	320	35.63	452	50.33	段内多缝	
5	S53-82-20H	盒8下5小层	4542	958	958	100.00	0	0.00	908	94.78	裸眼封隔器分六段	同步压裂
6	S53-82-18H	盒8下5小层	4543	888	768	86.49	120	13.51	635	71.51	裸眼封隔器分六段	
7	S53-82-18H1	盒8下5小层	4753	998	998	100.00	0	0.00	825	82.67	段内多缝	
8	S53-82-20H1	山西组7小层	4467	818	604	73.84	214	26.16	566	69.19	段内多缝	
9	S53-82-22H	盒8下5小层	4698	998	668	66.93	330	33.07	388	38.88	段内多缝	
10	S53-82-21H	盒8下5小层	4477	938	859	91.58	79	8.42	641	68.34	段内多缝	

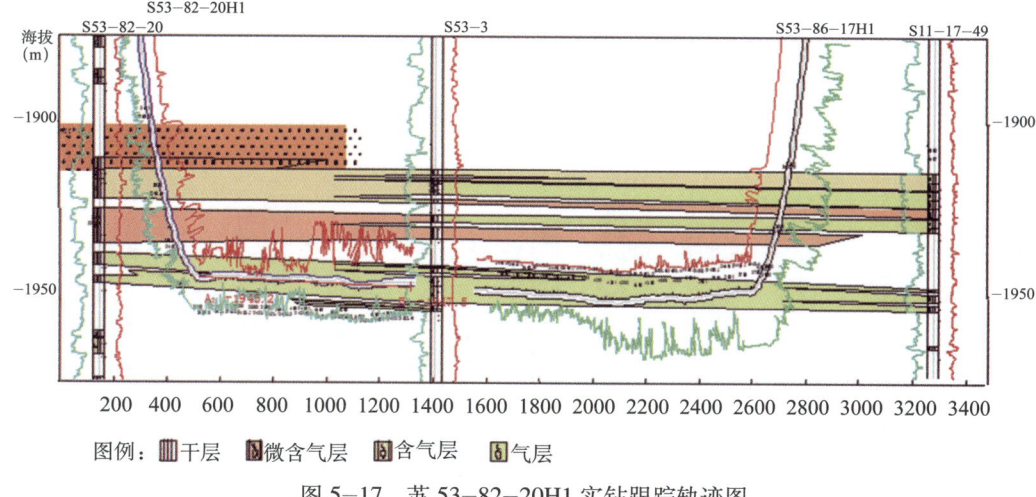

图 5-17 苏 53-82-20H1 实钻跟踪轨迹图

2. 威远页岩气丛式水平井地质工程一体化导向效果

威远页岩气田已完钻 22 个平台 85 口水平井（图 5-18），平均水平段长度 1591m，龙一$_1^1$ 小层钻遇率 85.79%。从 2014~2018 年的 5 年间，威远 202 区块共完成 67 口水平井，平均龙一$_1^1$ 小层钻遇率从 2015 年开始每年平均口井优质页岩钻遇率保持在 95% 以上（图 5-19）。

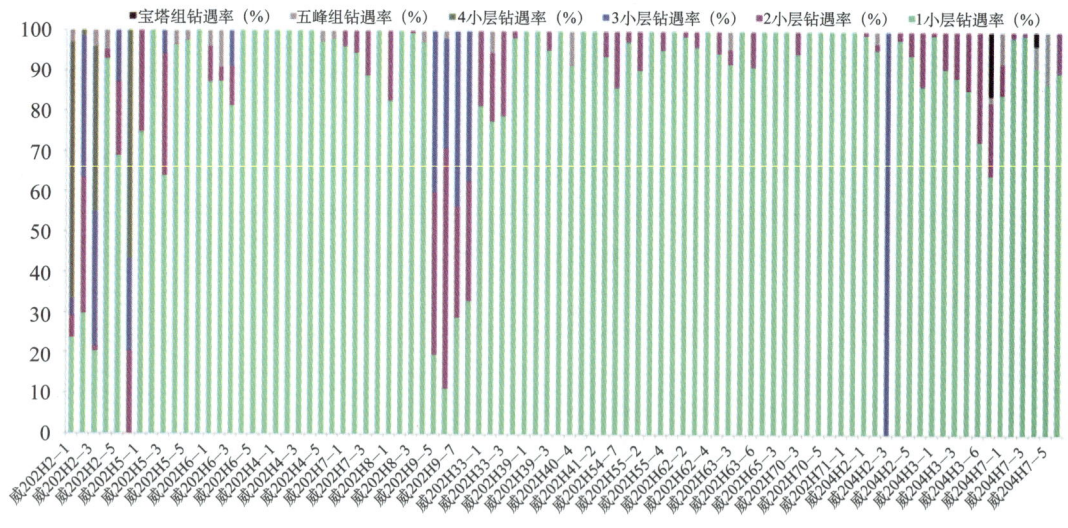

图 5-18 威远页岩气水平井储层平均钻遇率

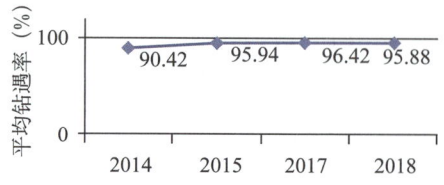

图 5-19 威 202 水平井储层平均钻遇率

第二节　井身剖面及井身结构优化设计

科学合理的平台井组钻井优化设计是平台井顺利施工的前提。根据平台井组所处区块的地质构造和环境，借鉴国外工厂化平台井组设计理念，结合苏里格致密气、威远页岩气地区已钻井的实际情况和现有经验，设计出符合该区块施工条件的各项钻井参数是平台工厂化开发的重要环节。

一、井眼轨道设计

1. 井眼轨道优化设计原则

优化井身结构是钻井工程的关键技术，在钻井设计施工中设计合理的井身结构能够有效降低施工风险和钻井成本。通过分析影响井身结构设计的因素，在设计时应根据具体地层情况，再结合传统的设计方法确定技术套管、表层套管和油层套管的尺寸和下深，就可以确定所设计井的具体井身结构。

井身结构优化是在理论设计的基础上，结合实钻资料进行分析研究得出的合理井身结构。表层套管下入深度，应保证表层套管封住地表松散地层和保护浅层水源；技术套管应封住上部复杂地层，保证目的层段安全顺利施工，减少储层浸泡时间，有利于水平段井眼稳定。

以往单一水平井设计只需合理选择造斜点和控制造斜段井眼曲率大小，而平台井组井眼轨道的设计不仅要解决部分井偏移距大的问题，还要解决邻井防碰问题。因此设计时，首先应以地质研究为基础，以油气井地质设计规范及工程设计规范为指导，综合考虑钻井工程、压裂工程技术特点，通过优化井身结构和三维井眼轨迹设计，降低钻进过程中的摩阻与扭矩，从而降低钻完井施工难度。总体优化原则是：

（1）采用中曲率半径轨迹剖面，方便轨迹控制和水平段钻进；

（2）各井造斜点位置相互错开，做好井眼防碰设计；

（3）保证防碰安全的前提下，提前调整轨迹，以减少后期方位，特别是入靶前方位的调整；

（4）做好井组的整体设计，整体考虑井组的轨迹要求，做好施工顺序的安排，设计顺序从外到内，从难到易，中间井为边缘井提供便利，实现井组轨迹的优化；

（5）通过对不同造斜率、方位变化率、扭方位位置的井眼轨迹和摩阻进行对比分析，优选出最佳井眼轨迹设计方案。

2. 苏53大井丛组合平台水平井井眼轨道设计

苏53大井丛组合平台水平井地质方案设计的靶前距范围为405~870m，三维水平井井眼最大偏移距为665m，水平段长为800~917m。由于水平段与井口间偏移距较大，轨迹设计涉及到造斜和扭方位并存情况，如何设计出最优的三维井眼轨迹是施工方案的难点，在借鉴国内外三维井眼施工经验的基础上，结合现场二维水平井井眼施工经验及现场施工需要，通过多次专家论证，最终确定两套方案，下面以苏53-82-17H为例对两套方案进行优选（表5-2和图5-20）。

表 5-2　苏 53-82-17H 井设计基础数据表

井口		入靶点（3403.6m）		出靶点（3404.6m）	
纵坐标（X）	横坐标（Y）	纵坐标（X）	横坐标（Y）	纵坐标（X）	横坐标（Y）
4337393.5	19271964.7	4337733.2	19271100.7	4338626.51	19270894.68

方案 1：采取"直—增—稳—扭增—水平"剖面，根据偏移距从 1250m 左右定向，先以 20°井斜稳斜到 3090m，吃掉大部分偏移距，再以 4°/30m 曲率小井斜调整方位，最后以 5°/30m 曲率增井斜到目标 A 点。

方案 2：采取"直—增—稳—扭增—水平"剖面，从 2500m 定向，以 5°/30m 造斜率钻至井斜 44°，稳斜 400m 左右后，再直接以同样的造斜率增井斜变方位钻至 A 点。

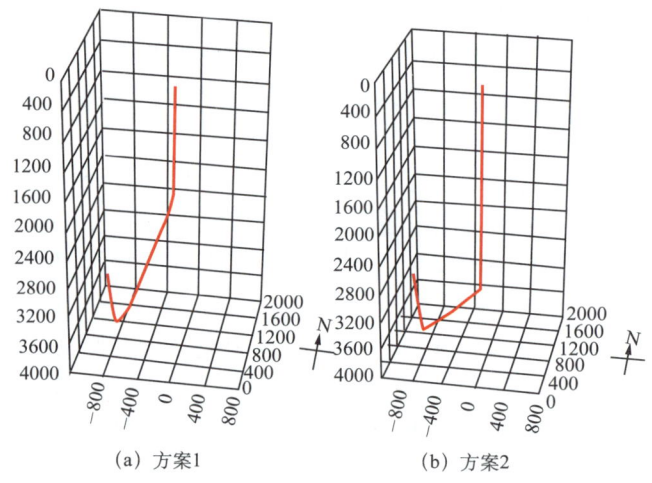

(a) 方案1　　　(b) 方案2

图 5-20　方案 1、方案 2 轨迹三维立体图

为了科学地优选轨迹，对相同参数下的两种轨迹的钻柱旋转钻进状态进行了综合应力分析（图 5-21 和图 5-22）。

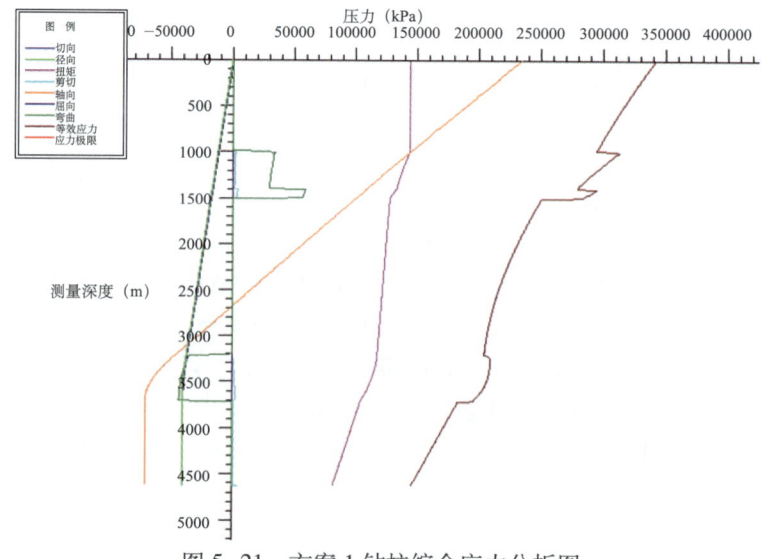

图 5-21　方案 1 钻柱综合应力分析图

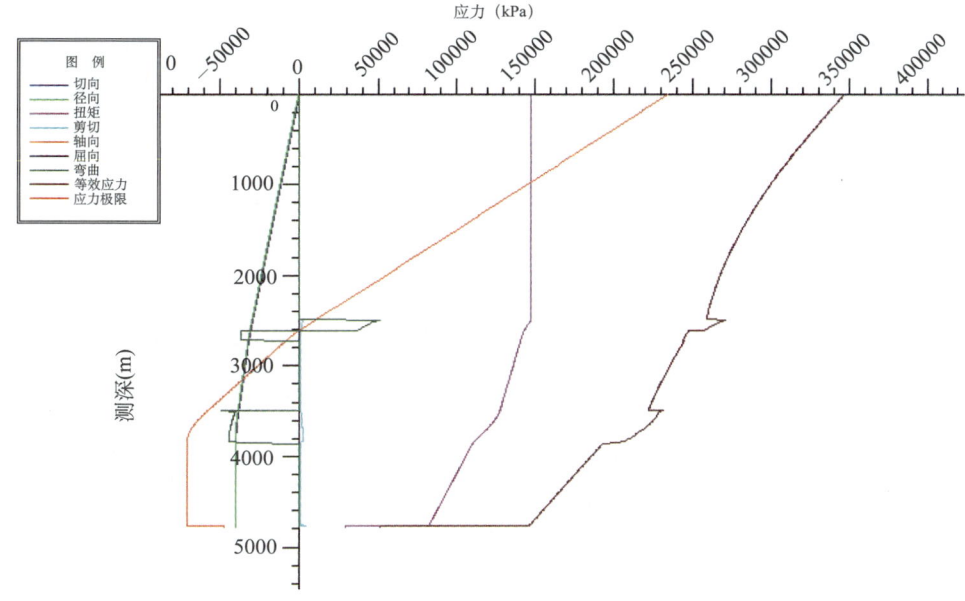

图 5-22　方案 2 钻柱综合应力分析图

根据力学分析结果：方案 1 钻具受到的最大扭矩值、最大侧向力、挠性弯曲力均低于方案 2，但方案 2 能够简化井眼轨迹，减少定向段和稳斜段长度，减轻上部钻具和井壁的贴合程度，经多次讨论，考虑到井斜较大情况下扭方位困难等问题，最终优选方案 1 作为最终实施方案。设计的轨道为钻完直井段后先以 3°/30m 曲率增斜，到 15°～20°井斜时稳斜调方位，在井斜达到 60°之前，力争将方位调整到接近入靶方位，避免大井斜扭方位，最后以 5°/30m 曲率增井斜微调方位到目标 A 点。水平段在纵向上的轨迹保持在储层中部，以利于形成上下对称的人造裂缝，提高波及效率。为了解决平台井的井眼轨迹防碰问题，采用三维绕障技术和随钻地质导向技术控制井眼轨迹。以苏 53-82-17H 井为例，最终设计的水平井井眼轨道模板见表 5-3、图 5-23 和图 5-24。

表 5-3　苏 53-82-17H 井身剖面详细设计数据表

井深 (m)	井斜角 (°)	方位角 (°)	垂深 (m)	北坐标 (m)	东坐标 (m)	闭合位移 (m)	井眼曲率 (°/30m)	闭合方位 (°)
1250	0	0	1250	0	0	0	0	0
1260	0.8	270	1260	0	−0.07	0.07	2.4	270
1320	5.6	270	1319.89	0	−3.42	3.42	2.4	270
1380	10.4	270	1379.29	0	−11.77	11.77	2.4	270
1440	15.2	270	1437.78	0	−25.06	25.06	2.4	270
1500	20	270	1494.95	0	−43.19	43.19	2.4	270
3090	20	270	2989.07	0	−587	587	0	270
3120	20.43	281.53	3017.23	1.05	−597.27	597.27	4	270.1
3180	23.32	301.68	3072.98	9.39	−617.67	617.74	4	270.87

续表

井深 (m)	井斜角 (°)	方位角 (°)	垂深 (m)	北坐标 (m)	东坐标 (m)	闭合位移 (m)	井眼曲率 (°/30m)	闭合方位 (°)
3240	28.16	316.44	3127.07	25.91	−637.57	638.09	4	272.33
3300	34.13	326.79	3178.43	50.3	−656.57	658.5	4	274.38
3360	40.73	334.26	3226.08	82.06	−674.32	679.3	4	276.94
3420	47.69	339.92	3269.07	120.6	−690.47	700.92	4	279.91
3430.18	48.9	340.75	3275.84	127.75	−693.03	704.7	4	280.44
3450	48.9	340.75	3288.87	141.85	−697.95	712.22	0	281.49
3495.29	48.9	340.75	3318.65	174.08	−709.2	730.25	0	283.79
3510	51.34	341.02	3328.08	184.74	−712.9	736.44	5	284.53
3570	61.31	341.97	3361.3	232.04	−728.7	764.75	5	287.66
3630	71.29	342.75	3385.39	284.33	−745.32	797.71	5	290.88
3690	81.26	343.44	3399.6	340.03	−762.24	834.65	5	294.04
3742.15	89.94	344.01	3403.6	389.9	−776.8	869.16	5	296.65
4200	89.94	344.01	3404.09	830.03	−902.94	1226.48	0	312.59
4672.04	89.94	344.01	3404.6	1283.8	−1033	1647.8	0	321.18

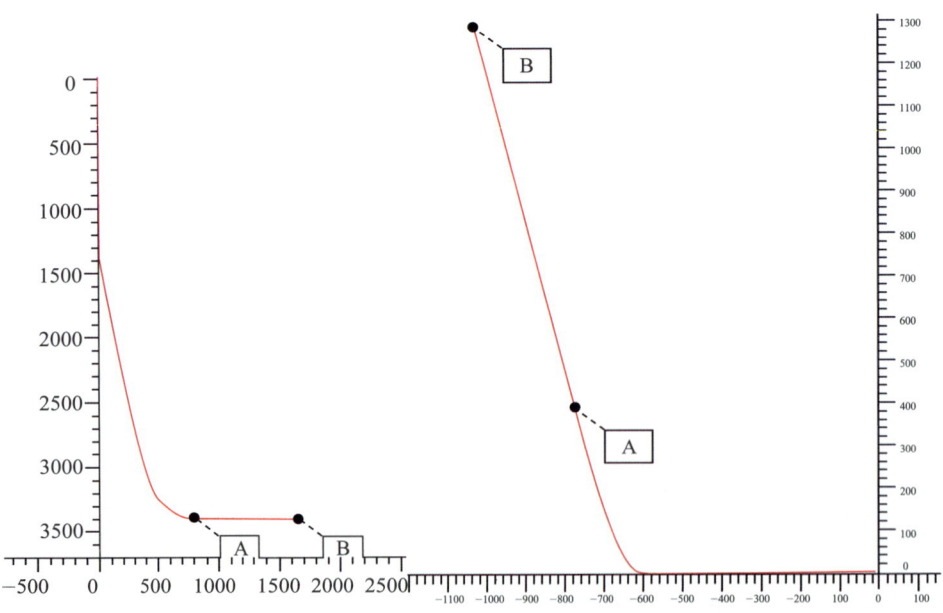

图 5-23 苏 53-82-17H 井身轨迹剖面图

3. 威远丛式水平井平台井眼轨迹优化设计

根据以往三维井眼和国内工厂化钻井施工经验及轨道设计方法，总结出威远丛式水平井工厂化钻井平台大偏移距井井眼轨迹的设计原则：

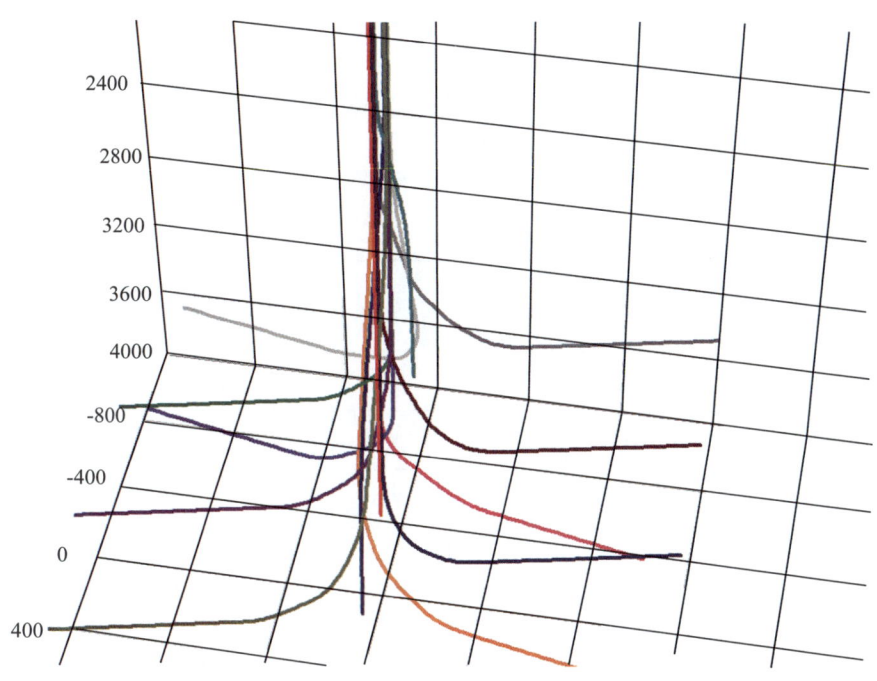

图 5-24　苏 53 作业区块工厂化平台水平井三维井眼轨道图

（1）根据目标点基础数据，结合区域地质资料、工程资料进行综合分析，确定井身剖面类型，在地表、地质条件允许的基础上，平台内尽可能减少或避免出现三维井眼；

（2）大型丛式井组应着重考虑井身轨迹设计的简单和轨迹的平滑；

（3）坚持丛式井组整体设计的原则设计井眼轨迹，整体考虑轨迹走向和防碰问题，合理安排施工顺序，降低施工难度，缩短钻井周期；

（4）根据工具造斜能力及井眼轨迹控制技术水平，通过钻柱受力及摩阻计算分析，选择造斜点和造斜率，相邻两井的造斜点深度相差应不小于 30m；

（5）造斜点应选在稳定地层，对于丛式水平井的三维井眼，造斜点应适当上移，同时为邻井防碰留有余地；

（6）工厂化作业具有根据施工状况实时更新完善施工措施的特点，设计轨迹同样应具备足够的调整空间。

对于偏移距较小的水平井，可以按照常规二维轨迹设计方法设计，如大位移井采用"直—增—稳"三段制剖面，水平井采用"直—增—稳—增—水平"五段制剖面。无论是定向井，还是水平井，当井口不在入靶方向线上时，都需要采用三维 S 形即"直井段＋造斜段＋稳斜段＋扭方位段＋入靶段"轨道进行三维井眼轨道设计。

对于偏移距较大的水平井，借鉴国内外工厂化钻井经验，轨迹剖面类型主要分为两类：一类为采取下部定向的五段制剖面；另一类为上部定向的七段制剖面[26]。第一类存在大井斜高方位变化率调整轨迹情况，其轨迹变化幅度较大，对设备、钻具、钻头、定向工具仪器和施工队伍技术水平要求较高。而采取上部定向的七段制剖面则是通过上部井段以合适的方位提前定向后小井斜稳斜钻进，消耗掉大部分偏移距后以小井斜扭方位到接近靶箱方位，再通过增斜微扭方位着陆，该轨迹平滑连续，且在国内应用效果较好。

以威202H2平台井为例,井身剖面设计参数总体上采用"直—增—稳—增(扭)"模式中靶(表5-4),直井段应控制好井眼轨迹走向,减小井眼相碰风险。造斜段根据上部直井段实钻轨迹数据,及时优化调整,确保井眼轨迹平滑。建立工程与地质相结合的导向模式,准确跟踪储层并实时传输,确保储层钻遇率。

表5-4 威202H2平台井井身剖面设计参数

井段描述	测深(m)	井斜(°)	方位(°)	垂深(m)	北坐标(m)	东坐标(m)	闭合距(m)	狗腿度(°/30m)	闭合方位(°)
直井	2000.00	0.00	260.00	2000.00	0.00	0.00	0.00	0.00	0.00
增斜	2104.96	12.00	260.00	2104.19	−1.90	−10.78	10.95	3.43	260.00
微增	2566.90	29.40	260.00	2534.66	−30.15	−170.97	173.61	1.13	260.00
增斜	2781.93	35.00	307.30	2719.39	−1.48	−273.67	273.67	3.52	269.69
稳斜	2799.69	35.00	307.30	2733.94	4.70	−281.77	281.81	0.00	270.95
扭方	3240.00	95.44	353.35	2917.88	344.02	−426.89	548.26	4.87	308.86
稳斜	3263.06	98.80	355.00	2915.00	365.77	−428.83	563.63	4.87	310.52
微增	3295.61	97.82	355.01	2910.31	398.86	−432.01	587.99	0.90	312.72
水平	4473.32	97.82	355.01	2750.00	1561.20	−533.42	1649.81	0.00	341.14

威202H2平台井井眼轨迹具有以下特点(图5-25、图5-26):(1)靶点要求严格,靶点半径只有50m;(2)水平段长,设计超过1200m;(3)水平段沿地层最小主应力方向,施工难度较大。

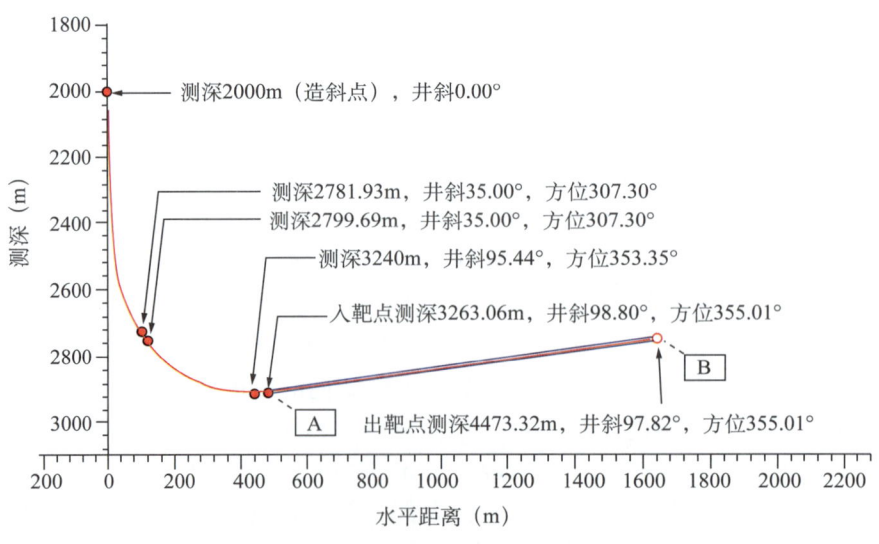

图5-25 威202H2平台井垂直投影示意图

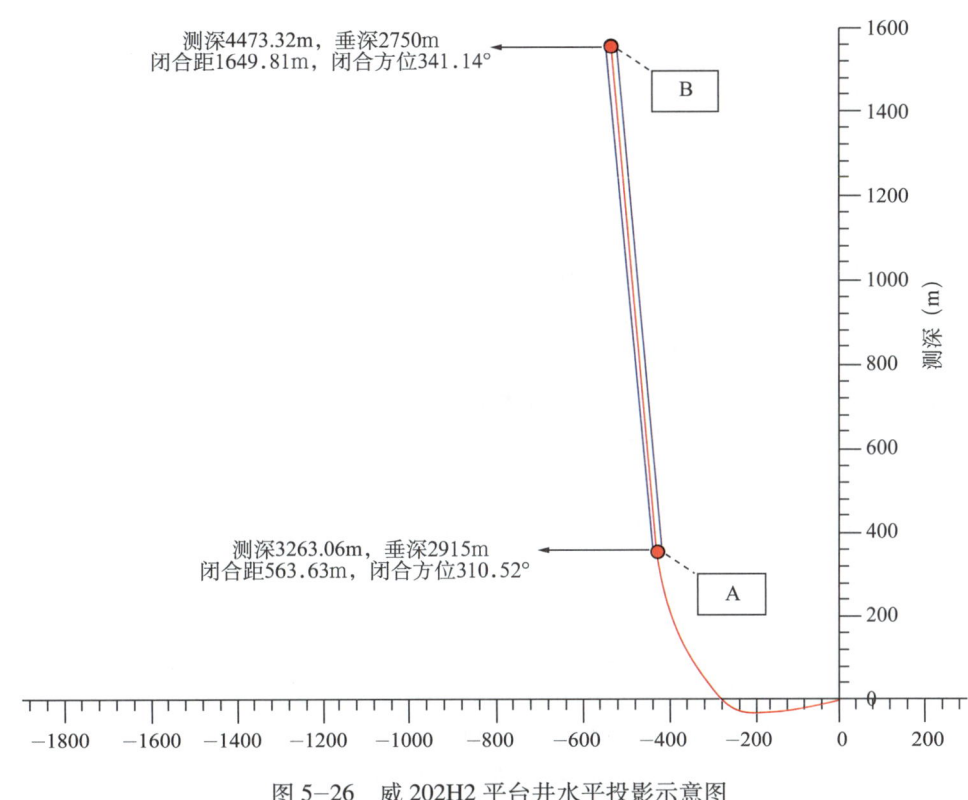

图 5-26 威 202H2 平台井水平投影示意图

根据威 202H2 平台井井眼轨迹的实际情况,制定了相应的轨迹控制计划(表 5-5):

表 5-5 井眼轨迹控制计划

描述	斜井段(m)	井斜(°)	方位(°)	狗腿度(°/30m)	钻井方式	监控方式
直井段	0~2000	0	0	0	转盘钻/复合钻井	单点/多点/MWD
增斜段	2000~2782	35	260~307.3	3.52	旋转导向钻井	LWD
稳斜段	2782~2800	35		0		
扭方位	2800~3240	95.44	307.3~353	4.87		
增斜段	3240~3263	98.8	355	4.87		
增斜段	3263~3295	97.8	355	0.9		
水平段	3295~4473	97.8	355	0		

(1)直井段。

尽量打直,减小定向难度。上部不易斜井段采用钟摆钻具组合控制井斜;下部易斜井段采用弯螺杆+MWD 导向钻井技术,既能控制井斜,又能提高钻速。

(2)定向增斜井段。

①采用弯螺杆钻具组合,按设计轨迹控制造斜率;

②优化入窗轨迹,采用"稳斜探顶、复合入窗"的轨迹控制方法,复合钻进探储层,增强应对储层变化进行垂深调整的主动性。

(3) 水平段。

作业前建立地质导向模型，应用旋转导向进行储层跟踪，控制轨迹，既能提高储层钻遇率，又能确保井眼轨迹平滑。

二、平台井组防碰设计

防碰扫描是在钻井过程中预防井眼碰撞，进行科学决策的基础。该技术发展到今天，已形成了基于最小曲率半径法计算单井轨迹参数，结合不同的扫描原理而发展起来的最小距离扫描、法平面距离扫描以及水平面距离扫描等方法。最小距离扫描主要用于邻井防碰和救援井中靶，法平面距离扫描主要用于比较实钻轨迹与设计轨迹之间的偏离程度，水平面距离扫描常用于计算定向井的靶心距。在监测实钻轨迹的行进规律和进行轨迹控制质量评价时，通常是将障碍物作为比较轨迹，而将需要监测的设计轨迹或实钻轨迹作为参考轨迹。

1. 防碰扫描的计算方法

目前丛式井组防碰扫描的计算方法主要有三种：水平面扫描法、最小距离扫描法和法平面扫描法。

1）水平面扫描法

水平面扫描法是扫描井与邻井之间在同一垂深截面上的相互位置关系。其基本原理如图 5-27 所示，过参考点 M 作过该点的水平面，比较该井在此水平面上的交点与邻井交点的距离即扫描半径，连线方位与参照井高边方向的夹角为扫描角。

该扫描法比较简单，但是误差也相对较大，一般应用于距离较远的相邻两井间的扫描计算。

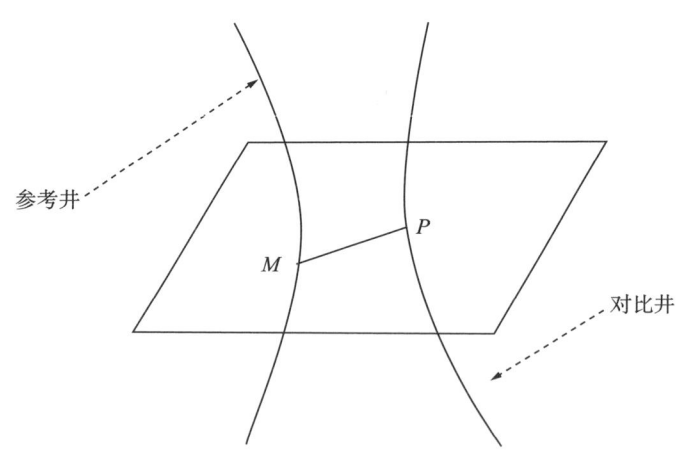

图 5-27　水平面扫描法原理示意图

2）最小距离扫描法

最小距离扫描法主要应用于邻井防碰和救援井中靶，其计算出的是邻井轨迹的空间最近距离，这种方法基本正确反映了距离较近、井斜较小两井眼在空间位置的对比关系。

最小距离扫描法的基本原理如图 5-28 所示，即以参考点为球心，做半径不同的无数同心球，其中与对比井刚好接触的球的半径即为两井最近距离，也称为扫描半径（如图中 MP）。其水平投影方向与参考井的高边方向的夹角（顺时针方向为正）为扫描角（如图中角 θ）。

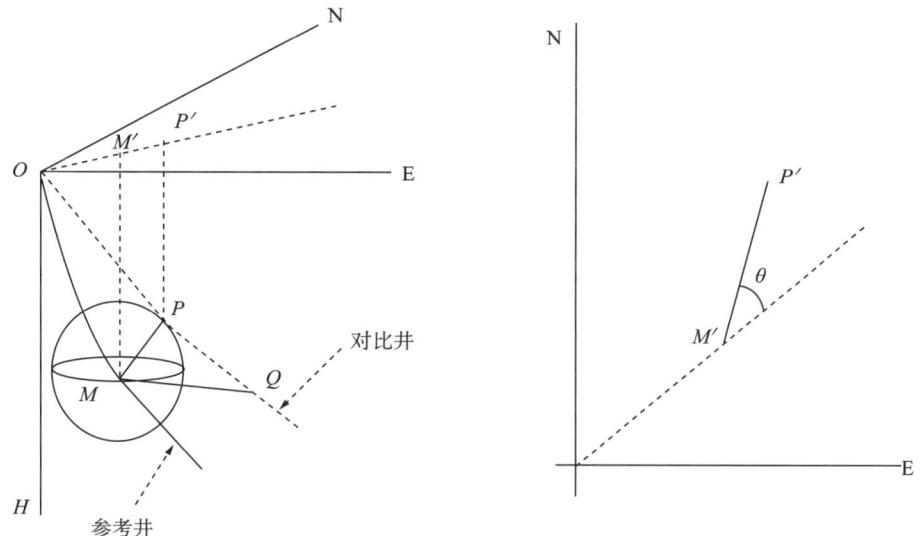

图 5-28 最小距离扫描法原理示意图

取参考井上 M 点为参考点，对比井上任一点 Q，其距离为：

$$MQ = \left|\vec{F}_Q - \vec{F}_M\right| = \sqrt{(N_Q - N_M)^2 + (E_Q - E_M)^2 + (H_Q - H_M)^2} \tag{5-1}$$

式中 N、E 和 H 分别为所取点的北、东坐标和垂深，m。

3）法平面扫描法

法平面扫描得到的距离是邻井与扫描井的径向距离，反映的是扫描井与邻井的相互关系，其主要应用于有一定井斜、方位角差异不大的相邻两井距离的扫描。

其扫描原理如图 5-29 所示，过参考井上的一点（即参考点），作该点切线的法平面，与扫描井井眼相交于一点（即扫描点 P），扫描点与参考点的距离为扫描半径。其水平投影方向与参考井的高边方向的夹角（顺时针方向为正）为扫描角。

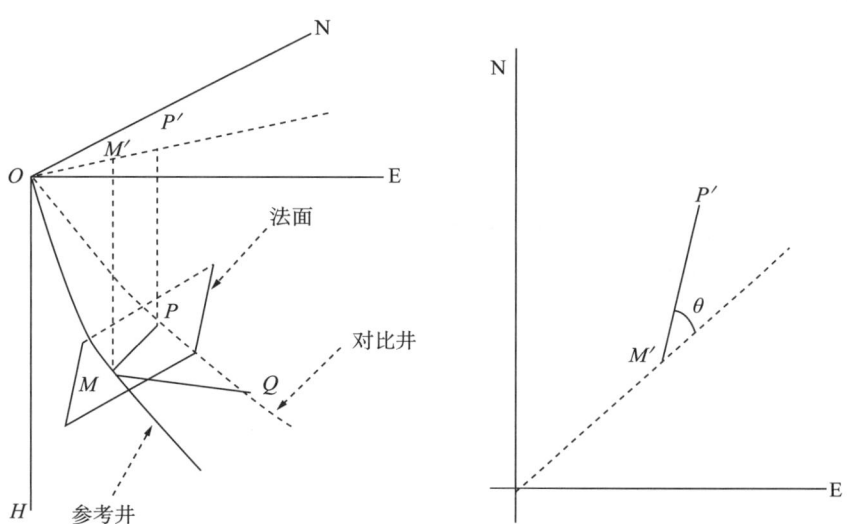

图 5-29 法平面扫描法原理示意图

对于控制井上的任一点 Q_L，表示为 Q，则 M 点与 Q 点之间的位移矢量表达为：

$$\overrightarrow{MQ} = \overrightarrow{FQ} - \overrightarrow{FM}$$

令 $Y(L)$ 表示在法平面法向的投影，则扫描距离为：

$$MP = \left|\vec{F}_P - \vec{F}_M\right| = \sqrt{(N_P - N_M)^2 + (E_P - E_M)^2 + (H_P - H_M)^2} \tag{5-2}$$

式中 N、E、H 分别为 M 和 P 点的北、东坐标和垂深，m。

2. 防碰的现场准备工作及应急措施

（1）防碰现场准备工作：

①钻井监督负责收集防碰风险高的邻井相关数据；

②现场提前备好陀螺（注意相关仪器修订数据录入要准确）；

③防碰模拟软件随时跟踪轨迹变化；

④加强表层井段的测量，碰撞风险加大时提前加测陀螺数据；

⑤MWD 仪器显示有磁干扰，但方位连续稳定在一个范围内，则必须重点关注测量数据 ±50°方位范围内碰撞风险；

⑥提前使用陀螺复测有碰撞风险的邻井轨迹和井斜 20°内井段轨迹，保证数据准确性；

⑦根据复测数据及时进行绕障设计；

⑧陀螺测量应严格执行相关规程；

⑨定向井要有整体防碰意识，尽量为后续井预留空间。

（2）邻井防碰要求：

①开钻验收前务必收集到完整、可靠的邻井实钻轨迹数据，否则不得从事后续施工；

②根据防碰扫描设计结果，施工前务必了解并熟悉相关风险井信息，如邻风险井段以及可能存在风险的井段，提前做出预案和相应预防措施；

③现场每次防碰扫描务必将所有井列入扫描范围，关键井段务必加强扫描频率，以防风险位置漏测；

④有轨迹相碰风险井，井队、服务方技术人员需具备较强的实时轨迹控制技术水平，井下导向钻具均应满足服务方技术人员施工要求；

⑤钻井队、技术服务公司、录井公司及现场负责人员勤沟通，任何一方提出异常均需引起足够重视。

（3）钻井施工井眼防碰措施：防碰技术是丛式井组的核心技术，决定整个工程的成功与失败。国内外丛式井钻井技术都已成熟，经多年的探索和实践，总结出了如下技术措施：

①严防井下落物；

②直井段施工，采用防斜钻具钻进；

③严格按丛式井钻井设计施工，不得随意变动丛式定向井的造斜点，以免造成两井相碰；

④自第二口井施工开始，随时注意转盘扭矩的变化，检查岩屑中是否有水泥或铁屑，如有，停止钻进，及时分析、判断和处理；

⑤施工中，钻台司钻和工程技术人员密切注意钻时变化情况，如遇钻时突然加快，放

空或钻具有蹩跳现象，应立即停止钻进及时分析判断防碰问题，确定两井无相碰才可继续钻进，如果两井有相碰危险存在，不得继续施工；

⑥每口井都必须有自井口至井底完整的多点测量数据和井身轨迹计算数据，测量间距不大于 30m；

⑦每口井的直井段都必须用测斜仪测斜监控，并随时计算井眼轨迹数据，井眼轨迹不得占据其他井的位置，否则要进行纠斜施工；

⑧丛式井施工前，要收集齐全相关井的井口坐标和井眼轨迹数据，用于防碰扫描计算；

⑨施工时，必须对所施工井进行防碰扫描计算，并作出防碰图，标明防碰井段；

⑩施工中，要在提示的防碰井段缩短测斜间距加密监测，采用 1：1000 放大井眼轨迹图，密切注意井眼轨迹运行，并作 20m 半径内井间最小距离扫描分析；

⑪丛式井施工过程中，遇磁干扰时，要采用陀螺类测斜仪进行测斜，并加密测点，适时作出防碰扫描计算和描绘井眼轨迹；

⑫在防碰井段施工时，应随时检查测量结果中井斜方位角是否受到磁干扰，如遇磁干扰，应立即停止钻进，及时分析判断是否有防碰问题，并采取相应措施。

（4）邻井防碰应急预案：

①钻进中绞车处于开动状态，一旦钻具出现蹩跳及其他相碰征兆，立即将钻头提离井底 5m 以上范围内活动，循环观察，排量根据具体情况进行降低调整，降低转速，禁止在井底静止及大排量循环；

②用 MWD 长测量模式进行测斜，判断 B_{total}（总磁场强度）和 Dip（磁倾角）值是否正常（±2% 范围）；

③打稠钻井液携带岩屑，由录井观察水泥含量，是否含有铁屑，若有铁屑立即通知钻井监督和定向井工程师并进行来源分析判断；

④用陀螺测量井眼轨迹；

⑤必要时起钻更换为牙轮钻头或打水泥塞回填侧钻。

3. 防碰扫描报告

苏 53 作业区平台由于井口间距 15m，两排水平井存在相对交叉施工情况，经过对各井设计轨迹进行邻井防碰扫描设计，苏 53-82-17H 与苏 53-82-18H1 井在井深 1446.12m 最近空间扫描距离 3.48m，苏 53-82-19H 与苏 53-82-20H1 在井深 1349.87m 最近空间扫描距离 5.71m，苏 53-82-19H1 与苏 53-82-20H1 在井深 3155.33m 最近空间扫描距离有 2.83m，施工过程中进入防碰井段前务必做好防碰预案（表 5-6、表 5-7、表 5-8 和图 5-30）。

表 5-6 苏 53-82-17H 井防碰扫描结果统计表

邻井名称	参考井测深（m）	参考井垂深（m）	参考井北坐标（m）	参考井东坐标（m）	中心距（m）	邻井测深（m）	邻井垂深（m）	邻井北坐标（m）	邻井东坐标（m）
苏 53-82-18H	1321.60	1317.47	-15.34	-42.15	26.63	1322.22	1321.1	17.32	-14.54
苏 53-82-18H1	1446.10	1435.26	-29.03	-79.76	3.48	1441.19	1436.1	19.64	-53.96
S53-82-20H1	1215.16	1213.90	-6.89	-18.93	46.40	1215.69	1215.6	3.52	-2.03

表 5-7 苏 53-82-19H 防碰扫描结果统计表

邻井名称	参考井测深（m）	参考井垂深（m）	参考井北坐标（m）	参考井东坐标（m）	中心距（m）	邻井测深（m）	邻井垂深（m）	邻井北坐标（m）	邻井东坐标（m）
苏 53-82-18H	1299.67	1297.49	-30.74	-5.42	29.99	1296.30	1295.48	14.65	-12.29
苏 53-82-18H1	1244.30	1243.12	-20.47	-3.61	55.53	1238.39	1237.60	5.76	-15.82
苏 53-82-20H	1367.53	1363.87	-44.65	-7.87	30.61	1363.86	1363.86	0	0
苏 53-82-20H1	1349.87	1346.59	-41.04	-7.24	5.71	1346.62	1346.41	9.08	-5.24
苏 53-82-22H	1157.66	1157.34	-8.54	-1.51	60.58	1154.33	1154.03	2.84	7.81

表 5-8 苏 53-82-19H1 防碰扫描结果统计表

邻井名称	参考井测深（m）	参考井垂深（m）	参考井北坐标（m）	参考井东坐标（m）	中心距（m）	邻井测深（m）	邻井垂深（m）	邻井北坐标（m）	邻井东坐标(m)
苏 53-82-18H	1415.80	1415.09	-13.57	-16.17	46.25	1413.25	1411.02	28.43	-23.86
苏 53-82-18H1	1007.09	1007.09	-0.01	-0.01	72.60	1006.96	1006.95	0.00	-0.01
苏 53-82-20H	1466.32	1465.31	-17.06	-20.33	42.96	1465.31	1465.31	0	0
苏 53-82-20H1	3155.33	3116.24	-16.51	-97.84	2.83	3133.22	3116.55	34.27	-77.84
苏 53-82-22H	1048.28	1048.28	-0.18	-0.22	54.70	1048.12	1048.11	0.28	0.76

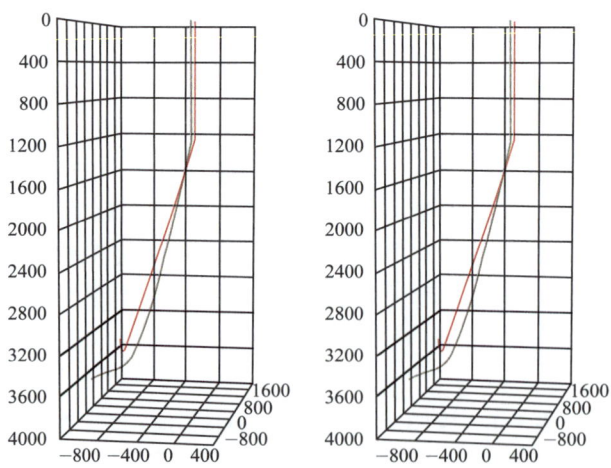

图 5-30 苏 53-82-17H、19H、19H1 井防碰扫描预案图

威 204H3 平台 H3-1、H3-4 井同时作业，由于这两口井直井段均按照理想垂直井段设计，故在造斜前两井最小距离只有 33.54m，因此实钻中必须按平台总体设计方案设计相关要求，严格做好防碰工作。现场应根据测斜数据做防碰图（图 5-31），核对两井井眼轨迹距离，施工过程中应根据实钻轨迹及时跟踪扫描，做好防碰工作。

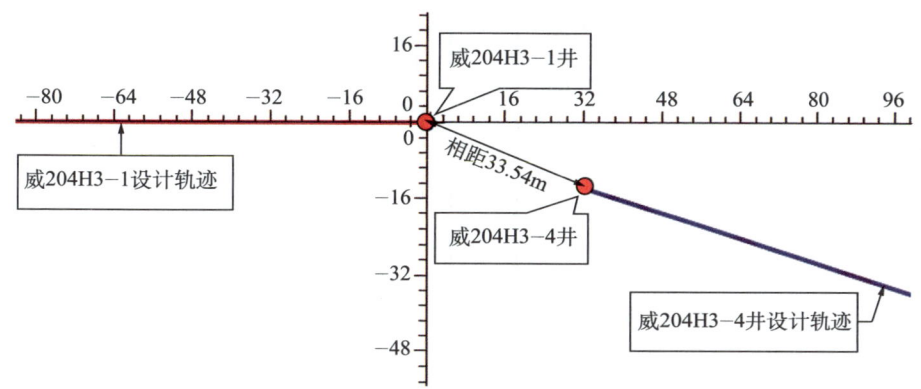

图 5-31 威 204H3 平台井防碰示意图

三、井身结构设计

井身结构设计是丛式井大组合平台工厂化作业成功实施的关键技术,它与地层压力、井眼稳定、完井方式、井身剖面和全井施工难度等因素密切相关,其设计科学合理与否,直接关系到下步井眼安全钻进、油层保护、钻井工程施工的经济性和后续采气作业的质量好坏。

1. 苏 53 平台井身结构设计

根据苏 53 作业区块地质要求,为尽可能地满足工厂化快速钻井要求,在井身结构方面先后进行两次优化,优化过程如下:

苏 53 作业区水平井整体开发时原水平井井身结构为:

一开 ϕ375mm 井眼,下 ϕ273mm 表层套管,下深到 600m 以下固井,主要是为了保护洛河组地层水不受污染;

二开用 ϕ241.3mm 井眼钻到 A 点,下 ϕ177.8mm 技术套管固井;

三开用 ϕ152.4mm 井眼钻到 B 点,下裸眼分段压裂管柱完井。

由于二开井段机械钻速慢,决定对二开井段进行优化,将原二开 ϕ241.3mm 井眼钻到 A 点改为用 ϕ215.9mm 井眼钻到 A 点,下 ϕ177.8mm 技术套管固井,三开水平段不变。改进后机械钻速明显提高,但套管下入困难。最后将原二开井段用 ϕ215.9mm 井眼钻到 A 点,下 ϕ177.8mm 技术套管固井改为二开直井段用 ϕ222mm 井眼钻到造斜点,造斜段用 ϕ215.9mm 井眼钻到 A 点,下 ϕ177.8mm 技术套管固井,其他不变,最终形成了苏 53 作业区水平井井身结构标准模板,结果见表 5-9 和图 5-32。

表 5-9 水平井井身结构优化过程统计表

优化过程	二开			三开
项目	井眼 (mm)	套管 (mm)	下深 (m)	井眼 (mm)
优化前	241.3	177.8	A 点	152.4
第一次优化	215.9	177.8	A 点	152.4
第二次优化	直井段:222 造斜段:215.9	177.8	A 点	152.4

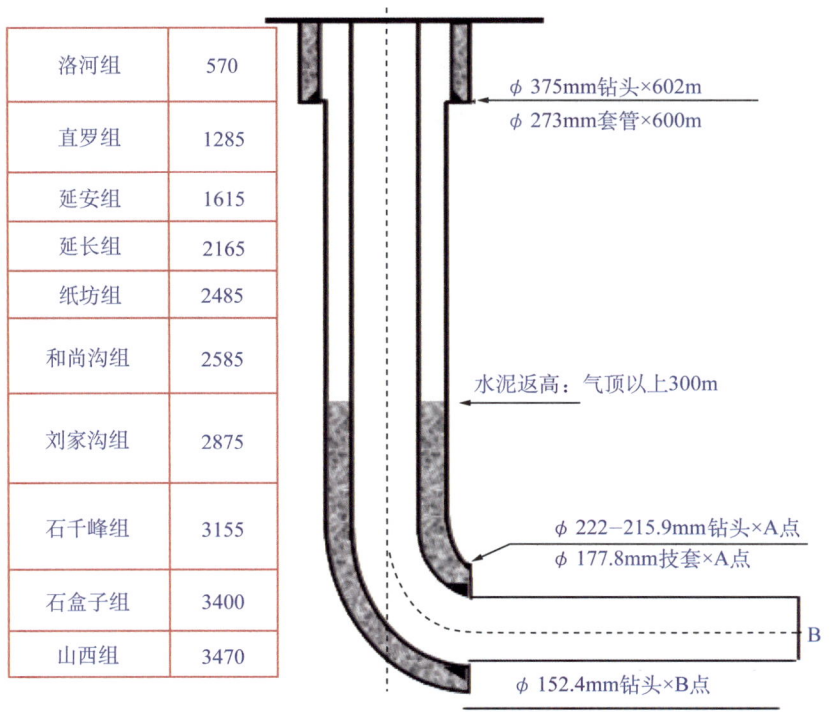

图 5-32 苏 53 作业区工厂化平台水平井井身结构模板示意图

2. 威远平台井身结构设计

威远 204H3 平台井地质构造属于川中隆起区的川西南低陡褶带,东及东北与安岳南江低褶皱带相邻,南与新店子向斜接自流井凹陷构造群,北西界金河向斜与龙泉山构造带相望,西南与寿保场构造鞍部相接,区块地质特点主要是表层(侏罗系地层)裂缝性漏失严重、地应力高、局部存在异常高压、页岩破碎程度高。在满足地质要求的前提下,对水平井井身结构进行了优化(表 5-10、表 5-11、图 5-33)。

表 5-10 威 202H2 平台井组井身结构设计数据

开钻次序	井段(m)	钻头尺寸(mm)	套管尺寸(mm)	套管下入地层层位	套管下入深度(m)	水泥返深 m
一开	50	660.4	508	沙溪庙	0 ~ 49	0
二开	505	444.5	339.7	须家河顶	0 ~ 503	0
三开	2782	311.2	244.5	龙马溪顶	0 ~ 2780	0
四开	4473.32	215.9	139.7	龙马溪	0 ~ 4468	0

(1)一开井眼尺寸较大,推荐使用 ϕ660.4mm 牙轮钻头,以减少蹩跳;因连接 ϕ228.6mm 钻铤时间长,推荐使用 2 根 ϕ228.6mm DC+ϕ203.2mm DC,轻压吊打保直。

(2)二开为了提高钻速、防斜保直,推荐使用 PDC 钻头 + 单弯螺杆组合,即:ϕ444.5mm 六翼 PDC+ϕ228.6mm 单弯螺杆(1°)+ϕ440mm 扶正器 + 浮阀 + 定位接头 +

φ228.6mm 无磁 + φ228.6mm 钻铤 6 根 + φ177.8mm 钻铤 6 根。

表 5−11　威 202H2 平台井组井身结构设计说明

开钻次序	套管程序	套管尺寸	设计说明
一开	导管	508mm	φ660.4mm 钻头钻至 50m 左右下 φ508mm 套管，封隔地表窜漏及垮塌层，安装简易井口装置
二开	表层套管	339.7mm	φ444.5mm 钻头钻至须家河顶下 φ339.7mm 套管，封隔自流井垮塌层及可能存在的漏层
三开	技术套管	244.5mm	φ311.2mm 钻头钻至龙马溪顶下入 φ244.5mm 套管，封隔龙马溪以上复杂地层
四开	油层套管	139.7mm	φ215.9mm 钻头钻至完井井深下 φ139.7mm 套管

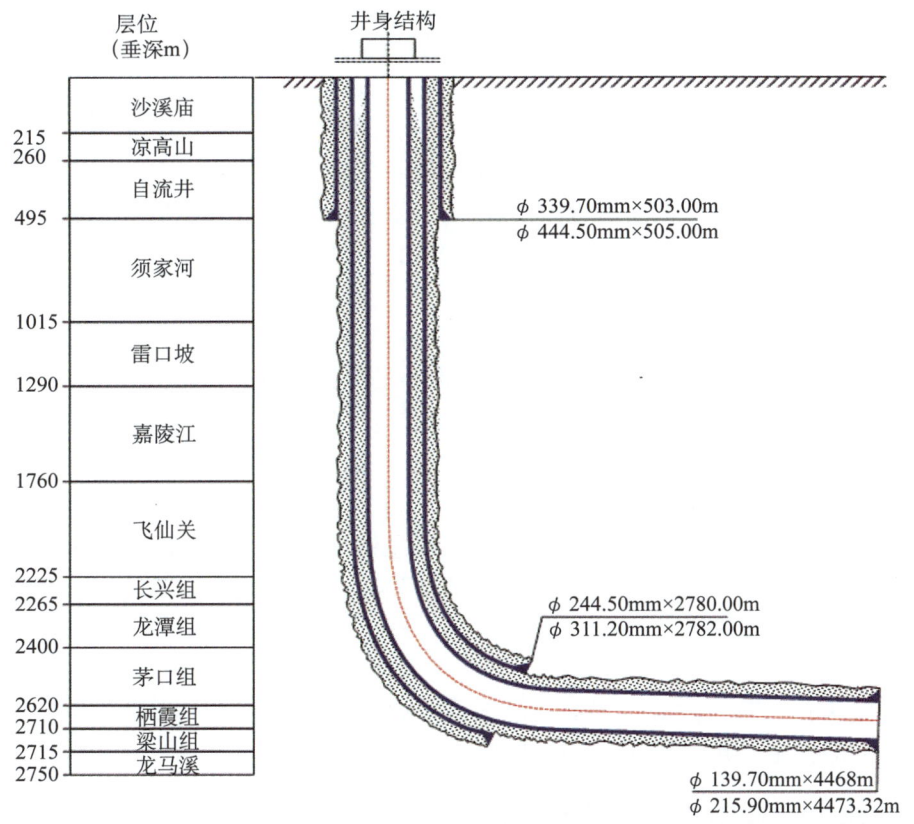

图 5−33　威 202H2 平台井组井身结构示意图

（3）三开推荐钻具组合：φ311.2mmPDC+φ228.6mm 单弯螺杆组合。

（4）四开 φ215.9mm 井眼推荐使用旋转导向组合，全程监控扭矩、泵压变化，确保井眼轨迹在优质页岩层穿行。

按丛式井钻井要求，相邻两井表层套管（φ339.7mm）下深应错开 10～20m，其套管鞋必须坐在稳定的砂岩上。

第三节 水平井摩阻监测分析技术

合理的控制井下摩阻是能否顺利完成一口水平井的关键因素，摩阻较大会直接导致钻具托压严重、钻具屈曲、扭矩过高等不利情况，进而则可能引发卡钻、断钻具等井下事故的发生，对于偏移距较大的丛式水平井三维井眼，钻具由于受重力作用与井壁的贴合度更强，受到摩阻的影响更大，因此合理的监测和控制丛式水平井三维井眼井下摩阻显得更为重要。

一、影响钻柱摩阻因素研究

1. 钻柱屈曲

由于水平井钻井的特殊性，摩阻的作用往往使得钻柱受压产生屈曲，屈曲的钻柱又将进一步的增大摩阻，因此，研究钻柱的屈曲问题非常重要。根据屈曲的形态，钻柱的屈曲可分为正弦屈曲和螺旋屈曲。钻柱的屈曲对摩阻和扭矩有较大的影响，对于倾斜井段和水平井段，WuJiang博士建立了螺旋弯曲后的轴向载荷微分方程，根据不同的井眼条件对该微分方程进行求解，可得到轴向载荷计算公式。有的研究者认为正弦屈曲很易发生，正弦屈曲对摩阻扭矩的影响不大；而螺旋屈曲对摩阻扭矩的影响较大，主要是因为螺旋屈曲能很大程度地增加侧向载荷，从而增大摩阻和扭矩；当井斜较大时，钻柱不易产生螺旋屈曲，反而在井斜较小或直井中，钻柱容易产生螺旋屈曲。

2. 钻井液体系

采用油基钻井液或润滑性能好的水基钻井液将很大程度地降低摩阻和扭矩，影响摩阻扭矩的一个关键的因素是钻井液的润滑性，测试钻井液的润滑性，选择润滑性能好的钻井液体系是水平井钻井的一项重要的工作，同时通过实验可以测定钻井液的摩擦系数，当钻井液的摩擦系数较高时，应尽可能地通过采用增加润滑剂、降低固相含量等办法，降低摩擦系数。

3. 井身剖面和井身质量

设计合理的井身剖面有利于降低摩阻，采用悬链线剖面设计可以降低摩阻扭矩，因为悬链线剖面可以得到小的起钻摩阻，以及短的造斜段，并且井眼曲率较小。降低井眼曲率可以有效地降低摩阻和扭矩。

4. 井眼净化条件

保持井眼净化，防止或减少岩屑床的形成对降低摩阻扭矩有很大的作用。在钻井过程中尽可能地采用旋转钻井方式有利于防止岩屑床的形成。

二、三维刚杆摩阻扭矩计算模型建立

在对摩阻扭矩成因分析的基础上，通过如下步骤建立了摩阻扭矩计算模型。
（1）三维刚杆摩阻扭矩计算模型分析；
（2）三维软杆摩阻扭矩计算模型分析；
（3）钻柱屈曲与后屈曲分析；
（4）钻柱临界屈曲载荷分析；
（5）屈曲井段摩阻分析；

（6）摩阻系数的确定。

最终得到轴向摩阻力和径向摩阻力计算模型：

$$\begin{cases} F_a = N \cdot \dfrac{\mu V_\alpha}{\sqrt{V_\alpha^2 + V_t^2}} \\ F_t = N \cdot \dfrac{\mu V_t}{\sqrt{V_\alpha^2 + V_t^2}} \end{cases} \tag{5-3}$$

$$V_t = \dfrac{D_i n \pi}{1000 \times 60}$$

式中　N——钻柱单位长度上的侧向力，N/m；

　　　V_α——钻柱的轴向速度，m/s；

　　　V_t——钻柱的周向速度，m/s；

　　　F_α——钻柱单位长度上轴向摩阻力，N；

　　　F_t——钻柱单位长度上周向摩阻力，N；

　　　μ——井眼摩阻系数；

　　　n——转盘转速，r/min；

　　　D_i——管柱的外径，mm。

影响摩阻系数的因素包括岩石性质、滤饼质量、压差及接触面积。水平井往往都具有长裸眼段，建立裸眼中的分段摩阻系数可以改进摩阻和扭矩计算精度。但如果太精细，程序过于复杂，现场将不便操作。为此，建立了以砂岩为基准的摩阻系数修正方法，用 E-P 极压润滑仪测量钻井液和砂岩的摩阻系数，再根据不同的岩性分别给予修正。软件设计不引入岩屑床影响因素，以方便用实测摩阻与预测摩阻的比较来现场分析井眼的净化情况。

三、现场摩阻扭矩监测及分析

1. 试验原理

选取关键井段，根据实钻井眼形状、钻柱结构、钻井液性能，测量不同工况下井口大钩载荷，将实测大钩载荷代入计算模型，进而得出对应井段的摩阻系数。

2. 试验步骤

（1）选取苏 53 作业区块丛式井典型三维井眼试验井。

（2）根据试验井测斜数据，重点选取变井斜、变方位井段及水平井段，记录井口大钩载荷。

（3）根据套管内不同工况（起钻、下钻、滑动钻进、旋转钻进、倒划眼）和不同深度的大钩载荷和实测扭矩数据，首先计算出套管段摩阻系数，然后根据钻具在裸眼井段的大钩载荷数据，计算裸眼段摩阻系数。

（4）根据监测结果生成摩阻扭矩分析报告。

3. 三维水平井钻柱摩阻实时分析

以往选取摩阻系数，多采用经验值，但受钻井液体系与性能、井眼轨迹、钻具组合的影响，摩阻系数存在较大误差，这样钻柱的受力分析结果也会存在较大误差，因此选取合理的摩阻系数十分关键。

为了取得合理的摩阻系数,需要选取不同类型的井进行实际测量。根据现场测量的钻具在套管内和裸眼段不同工况(起钻、下钻、滑动钻进、旋转钻进、倒划眼)和不同深度的大钩载荷和扭矩数值,结合钻井液体系与性能等数据,通过建立的摩阻计算模型,计算出相应井型套管内和裸眼段的摩阻系数。下面以苏 52—82—21H 和苏 52—82—22H 井为例进行计算分析。

1)苏 53—82—21H 水平井摩阻扭矩现场监测及结果分析

收集并跟踪苏 53—82—21H 井的随钻轨迹、井身结构、钻具组合及钻井参数等关键资料,并以此为依据得到不同工况下的钻柱钩载实际值,进而计算出该工况下井下套管内和裸眼井段的摩阻系数。

(1) ϕ215.9mm 井眼裸眼摩阻系数:

①滑动工况。

计算输入参数:井深 3300~3539m,钻压 50kN,大钩重量 200kN,管柱运动速度 0.001m/s,钻井液密度 1.08g/cm³。选取 30 个点记录的大钩载荷分别为 860~890kN,通过建立的摩阻计算模型,计算出 30 个点的平均摩阻系数为 0.27。表 5—12 是计算的起钻大钩载荷与实际起钻大钩载荷的对比情况,由表可见,误差在 5% 以内,因此,可以认为在该工况下 ϕ215.9mm 裸眼内的摩阻系数为 0.27。

表 5—12 苏 53—82—21H 井 ϕ215.9mm 裸眼内滑动钻进工况裸眼摩阻系数表

序号	井深(m)	理论大钩载荷(kN)	实际大钩载荷(kN)	误差(%)	摩阻系数
1	3300	903.52	930	2.85	0.27
2	3302.55	906.43	930	2.53	0.27
3	3312.11	904.46	930	2.75	0.27
4	3321.8	901.97	930	3.01	0.27
5	3330	905.08	930	2.68	0.27
6	3331.49	906.64	930	2.51	0.27
7	3341.16	904.95	930	2.69	0.27
8	3350.85	902.39	930	2.97	0.27
9	3360	904.55	930	2.74	0.27
10	3360.48	904.99	930	2.69	0.27
11	3370.15	902.89	930	2.92	0.27
12	3379.79	900.09	930	3.22	0.27
13	3389.47	899.8	930	3.25	0.27
14	3390	900.03	930	3.22	0.27
15	3399.19	899.6	930	3.27	0.27
16	3408.85	896.59	930	3.59	0.27
17	3418.5	895.79	920	2.63	0.27
18	3420	896.32	920	2.57	0.27
19	3428.22	895.48	920	2.67	0.27
20	3437.88	892.47	920	2.99	0.27

续表

序号	井深（m）	理论大钩载荷（kN）	实际大钩载荷（kN）	误差（%）	摩阻系数
21	3447.6	891.25	920	3.13	0.27
22	3457.25	888.08	920	3.47	0.27
23	3466.89	887.28	920	3.56	0.27
24	3476.54	886.1	910	2.63	0.27
25	3486.3	884.34	910	2.82	0.27
26	3495.84	881.61	910	3.12	0.27
27	3505.5	879.79	910	3.32	0.27
28	3515.14	877.04	910	3.62	0.27
29	3524.84	873.99	900	2.89	0.27
30	3539	859.37	900	4.51	0.27

②起钻工况。

计算输入参数：测量井段2450.6～3294.5m，管柱运动速度0.5m/s，钻井液密度1.08g/cm³，大钩重量200kN。选取30个点记录的大钩载荷分别为1030～880kN，通过建立的摩阻计算模型，计算出30个点的平均摩阻系数为0.28。表5–13是计算的起钻大钩载荷与实际起钻大钩载荷的对比情况，由表可见，误差在5%以内，因此，可以认为在该工况下 ϕ215.9mm裸眼的摩阻系数为0.28。

表5–13　苏53–82–21H井 ϕ215.9mm裸眼内起钻工况裸眼摩阻系数表

序号	井深（m）	理论大钩载荷（kN）	实际大钩载荷（kN）	误差（%）	摩阻系数
1	3294.5	1001.78	1030	2.74	0.28
2	3265.4	1002.29	1030	2.69	0.28
3	3236.3	1003.81	1034	2.92	0.28
4	3207.2	996.83	1030	3.22	0.28
5	3178.1	996.53	1030	3.25	0.28
6	3149	996.83	1030	3.22	0.28
7	3119.9	986.65	1020	3.27	0.28
8	3090.8	983.38	1020	3.59	0.28
9	3061.7	993.17	1020	2.63	0.28
10	3032.6	1066.89	1100	3.01	0.28
11	3003.5	1070.52	1100	2.68	0.28
12	2974.4	965.15	990	2.51	0.28
13	2945.3	963.37	990	2.69	0.28
14	2916.2	960.60	990	2.97	0.28
15	2887.1	962.87	990	2.74	0.28
16	2858	953.64	980	2.69	0.28

续表

序号	井深（m）	理论大钩载荷（kN）	实际大钩载荷（kN）	误差（%）	摩阻系数
17	2828.9	941.68	970	2.92	0.28
18	2799.8	929.09	960	3.22	0.28
19	2770.7	919.13	950	3.25	0.28
20	2741.6	919.41	950	3.22	0.28
21	2712.5	896.36	920	2.57	0.28
22	2683.4	905.17	930	2.67	0.28
23	2654.3	892.49	920	2.99	0.28
24	2625.2	891.20	920	3.13	0.28
25	2596.1	888.08	920	3.47	0.28
26	2567	877.60	910	3.56	0.28
27	2537.9	866.59	890	2.63	0.28
28	2508.8	855.18	880	2.82	0.28
29	2479.7	852.54	880	3.12	0.28
30	2450.6	850.78	880	3.32	0.28

③下钻工况。

计算输入参数：测量井段 2641.6～3486.4m，管柱运动速度 0.5m/s，钻井液密度 1.08g/cm^3，大钩重量 200kN。选取 30 个点记录的大钩载荷分别为 945～975kN，通过建立的摩阻计算模型，计算出 30 个点的平均摩阻系数为 0.276。表 5-14 是计算的起钻大钩载荷与实际起钻大钩载荷的对比情况，由表可见，误差在 5% 以内，因此，可以认为在该工况下 ϕ 215.9mm 裸眼的摩阻系数为 0.276。

表 5-14　苏 53-82-21H 井 ϕ 215.9mm 裸眼内下钻工况裸眼摩阻系数表

序号	井深（m）	理论大钩载荷（kN）	实际大钩载荷（kN）	误差（%）	摩阻系数
1	2641.6	956.28	975	1.92	0.276
2	2670.7	961.45	975	1.39	0.276
3	2699.8	953.75	975	2.18	0.276
4	2728.9	957.65	975	1.78	0.276
5	2758.0	963.01	975	1.23	0.276
6	2787.1	961.94	975	1.34	0.276
7	2816.2	963.40	975	1.19	0.276
8	2845.3	952.48	975	2.31	0.276
9	2874.4	952.58	975	2.3	0.276
10	2903.5	950.53	975	2.51	0.276
11	2932.6	950.24	975	2.54	0.276
12	2961.7	948.29	975	2.74	0.276

续表

序号	井深（m）	理论大钩载荷（kN）	实际大钩载荷（kN）	误差（%）	摩阻系数
13	2990.8	948.77	975	2.69	0.276
14	3019.9	946.04	975	2.97	0.276
15	3049.0	948.29	975	2.74	0.276
16	3078.1	948.77	975	2.69	0.276
17	3107.2	936.82	965	2.92	0.276
18	3136.3	933.93	965	3.22	0.276
19	3165.4	933.64	965	3.25	0.276
20	3194.5	933.93	965	3.22	0.276
21	3223.6	933.44	965	3.27	0.276
22	3252.7	957.57	965	0.77	0.276
23	3281.8	960.75	965	0.44	0.276
24	3310.9	930.84	955	2.53	0.276
25	3340.0	928.74	955	2.75	0.276
26	3369.1	926.25	955	3.01	0.276
27	3398.2	929.41	955	2.68	0.276
28	3427.3	928.07	955	2.82	0.276
29	3457.3	915.52	945	3.12	0.276
30	3486.4	913.63	945	3.32	0.276

（2）ϕ177.8mm 套管摩阻系数：

根据三开钻具在 ϕ177.8mm 套管段起下钻工况的大钩负荷，计算套管内的摩阻系数。

①起钻工况。

计算输入参数：套管下深3543m，测量井段2690.6～3534.5m，管柱运动速度0.5m/s，钻井液密度1.08g/cm³，大钩重量200kN。选取30个点记录的大钩载荷分别为910～760kN，通过建立的摩阻计算模型，计算出30个点的平均摩阻系数为0.18。表5–15是计算的起钻大钩载荷与实际起钻大钩载荷的对比情况，由表可见，误差在5%以内，因此，可以认为在该工况下 ϕ177.8mm 套管内的摩阻系数为0.18。

表5–15 苏53–82–21H井 ϕ177.8mm 套管内起钻工况套管摩阻系数表

序号	井深（m）	理论大钩载荷（kN）	实际大钩载荷（kN）	误差（%）	摩阻系数
1	3534.5	886.33	910	1.52	0.18
2	3505.4	881.55	910	2.05	0.18
3	3476.3	876.3	915	2.63	0.18
4	3447.2	870.81	910	2.16	0.18
5	3418.1	864.07	910	2.91	0.18
6	3389	856.86	910	2.63	0.18

续表

序号	井深（m）	理论大钩载荷（kN）	实际大钩载荷（kN）	误差（%）	摩阻系数
7	3359.9	851.48	900	3.24	0.18
8	3330.8	844.2	900	2.97	0.18
9	3301.7	839.35	900	3.52	0.18
10	3272.6	833.26	890	3.11	0.18
11	3243.5	827.28	890	2.67	0.18
12	3214.4	820.14	880	2.36	0.18
13	3185.3	814.3	880	1.89	0.18
14	3156.2	807.6	870	2.70	0.18
15	3127.1	800.76	870	0.52	0.18
16	3098	793.74	860	2.01	0.18
17	3068.9	786.94	850	1.63	0.18
18	3039.8	780.46	840	2.44	0.18
19	3010.7	773.9	830	3.26	0.18
20	2981.6	768.35	830	2.74	0.18
21	2952.5	763.31	800	2.14	0.18
22	2923.4	756.74	810	0.43	0.18
23	2894.3	751.77	800	1.08	0.18
24	2865.2	745.26	800	1.94	0.18
25	2836.1	886.33	800	1.52	0.18
26	2807	881.55	790	2.05	0.18
27	2777.9	876.3	780	2.63	0.18
28	2748.8	870.81	760	2.16	0.18
29	2719.7	864.07	760	2.91	0.18
30	2690.6	856.86	760	2.63	0.18

②下钻工况。

计算输入参数：套管下深 3543m，测量井段 2671.6～3516.4m，管柱运动速度 0.5m/s，钻井液密度 1.08g/cm³，大钩重量 200kN。选取 30 个点记录的大钩载荷分别为 730～820kN，通过建立的摩阻计算模型，计算出 30 个点的平均摩阻系数为 0.178。表 5-16 是计算的起钻大钩载荷与实际起钻大钩载荷的对比情况，由表可见，误差在 5% 以内，因此，可以认为在该工况下 φ177.8mm 套管内的摩阻系数为 0.178。

表 5-16　苏 53-82-21H 井 φ177.8mm 套管内下钻工况套管摩阻系数表

序号	井深（m）	理论大钩载荷（kN）	实际大钩载荷（kN）	误差（%）	摩阻系数
1	2671.6	711.11	730	2.59	0.178
2	2700.7	713.23	730	2.30	0.178

续表

序号	井深（m）	理论大钩载荷（kN）	实际大钩载荷（kN）	误差（%）	摩阻系数
3	2729.8	718.36	740	2.92	0.178
4	2758.9	722.85	750	3.62	0.178
5	2788	727.29	750	3.03	0.178
6	2817.1	731.72	760	3.72	0.178
7	2846.2	737.27	760	2.99	0.178
8	2875.3	741.54	760	2.43	0.178
9	2904.4	745.64	770	3.16	0.178
10	2933.5	749.45	770	2.67	0.178
11	2962.6	753.57	770	2.13	0.178
12	2991.7	756.84	780	2.97	0.178
13	3020.8	760.88	780	2.45	0.178
14	3049.9	765.01	780	1.92	0.178
15	3079	769.12	780	1.39	0.178
16	3108.1	772.76	790	2.18	0.178
17	3137.2	775.9	790	1.78	0.178
18	3166.3	780.29	790	1.23	0.178
19	3195.4	783.14	790	0.87	0.178
20	3224.5	786.57	790	0.43	0.178
21	3253.6	790.12	800	1.24	0.178
22	3282.7	793.86	800	0.77	0.178
23	3311.8	796.5	800	0.44	0.178
24	3340.9	799.14	810	1.34	0.178
25	3370	800.35	810	1.19	0.178
26	3399.1	801.06	820	2.31	0.178
27	3428.2	801.1	820	2.30	0.178
28	3457.3	799.39	820	2.51	0.178
29	3487.3	799.19	820	2.54	0.178
30	3516.4	797.5	820	2.74	0.178

从表5—12和表5—16可以看出，不同工况下，使用油基钻井液计算得出的套管摩阻系数虽然稍有差异，但是差异不大，可以认为测得的摩阻系数就是实际情况的摩阻系数。

（3）ϕ152.4mm井眼裸眼摩阻系数：

根据ϕ177.8mm套管摩阻系数，分别计算在ϕ152.4mm井眼内起钻、下钻、旋转钻进、倒划眼工况下的大钩负荷及扭矩值，从而确定裸眼摩阻系数。

①起钻工况。

计算输入参数：套管下深3543m，测量井段3592.7～4409.6m，管柱运动速度0.5m/s，钻井液密度 1.16g/cm³，大钩重量 200kN，套管摩阻系数 0.18。选取 30 个点记录的大钩载荷分别为 927～942kN，通过建立的摩阻计算模型，计算出 30 个点的平均摩阻系数为 0.255。表 5-17 是计算的起钻大钩载荷与实际起钻大钩载荷的对比情况，由表可见，误差在 5% 以内，因此，可以认为在该工况下 ϕ152.4mm 裸眼摩阻系数为 0.255。

表 5-17　苏 53-82-21H 井 ϕ152.4mm 裸眼内起钻工况裸眼摩阻系数表

序号	井深（m）	理论大钩载荷（kN）	实际大钩载荷（kN）	误差（%）	摩阻系数
1	4409.6	913.49	942	3.03	0.255
2	4380.5	912.11	942	3.17	0.255
3	4351.4	910.86	942	3.31	0.255
4	4322.3	909.81	942	3.42	0.255
5	4293.2	910.62	942	3.33	0.255
6	4264.1	912.05	942	3.18	0.255
7	4235	913.46	942	3.03	0.255
8	4205.9	914.8	942	2.89	0.255
9	4176.8	916.22	942	2.74	0.255
10	4147.7	916.47	942	2.71	0.255
11	4118.6	917.88	942	2.56	0.255
12	4089.5	918.09	942	2.54	0.255
13	4060.4	917.96	942	2.55	0.255
14	4031.3	917.47	942	2.60	0.255
15	4002.2	916.83	942	2.67	0.255
16	3973.1	915.98	942	2.76	0.255
17	3944	915.19	942	2.85	0.255
18	3930	914.98	942	2.87	0.255
19	3900	913.73	942	3.00	0.255
20	3870.9	912.9	942	3.09	0.255
21	3855.5	912.16	942	3.17	0.255
22	3826.4	910.71	932	2.28	0.255
23	3797.3	909.17	932	2.45	0.255
24	3768.2	907.88	932	2.59	0.255
25	3739.1	905.55	932	2.84	0.255
26	3710	903.87	932	3.02	0.255
27	3680	902.34	932	3.18	0.255
28	3650.9	899.51	927	2.97	0.255
29	3621.8	898.22	927	3.10	0.255
30	3592.7	897.25	927	3.21	0.255

②下钻工况。

计算输入参数：套管下深3543m，测量井段3545.5～4389.4m，管柱运动速度0.5m/s，钻井液密度1.16g/cm³，大钩重量200kN，套管摩阻系数0.18。选取30个点记录的大钩载荷分别为840～760kN，通过建立的摩阻计算模型，计算出30个点的平均摩阻系数为0.252。表5-18是计算的起钻大钩载荷与实际起钻大钩载荷的对比情况，由表可见，误差在5%以内，因此，可以认为在该工况下 ϕ152.4mm裸眼摩阻系数为0.252。

表5-18 苏53-82-21H井 ϕ152.4mm裸眼内下钻工况裸眼摩阻系数表

序号	井深（m）	理论大钩载荷（kN）	实际大钩载荷（kN）	误差（%）	摩阻系数
1	3545.5	812.39	840	3.29	0.252
2	3574.6	809.04	830	2.53	0.252
3	3603.7	807.17	830	2.75	0.252
4	3632.8	805.34	830	2.97	0.252
5	3661.9	803.92	820	1.96	0.252
6	3691	802.71	820	2.11	0.252
7	3720.1	801.57	820	2.25	0.252
8	3749.2	798.78	820	2.59	0.252
9	3778.3	797.88	810	1.50	0.252
10	3807.4	796.48	810	1.67	0.252
11	3836.5	795	810	1.85	0.252
12	3865.6	793.48	810	2.04	0.252
13	3894.7	791.85	800	1.02	0.252
14	3923.8	789.69	800	1.29	0.252
15	3952.9	787.98	800	1.50	0.252
16	3982	786.17	800	1.73	0.252
17	4011.1	784.22	790	0.73	0.252
18	4040.2	782.85	790	0.91	0.252
19	4069.3	780.62	790	1.19	0.252
20	4098.4	777.89	780	0.27	0.252
21	4127.5	774.63	780	0.69	0.252
22	4156.6	771.08	780	1.14	0.252
23	4185.7	767.38	780	1.62	0.252
24	4214.8	763.29	780	2.14	0.252
25	4243.9	758.77	770	1.46	0.252
26	4273	754.38	770	2.03	0.252
27	4302.1	750.41	770	2.54	0.252
28	4331.2	746.89	770	3.00	0.252
29	4360.3	744.37	760	2.06	0.252
30	4389.4	742.86	760	2.26	0.252

③旋转钻进工况。

计算输入参数：套管下深 3543m，测量井段 3540～4410m，管柱运动速度 0.5m/s，钻井液密度 1.16g/cm³，大钩重量 200kN，套管摩阻系数 0.18。选取 30 个点记录的大钩载荷分别为 770～790kN，通过建立的摩阻计算模型，计算出 30 个点的平均摩阻系数为 0.25。表 5−19 是计算的大钩载荷与实际大钩载荷的对比情况，由表可见，误差在 5% 以内，因此，可以认为在该工况下 ϕ152.4mm 裸眼摩阻系数为 0.25。

表 5−19　苏 53−82−21H 井 ϕ152.4mm 裸眼内旋转钻进工况裸眼摩阻系数表

序号	井深（m）	理论大钩载荷（kN）	实际大钩载荷（kN）	钩载误差（%）	摩阻系数
1	3540	767.9	790	2.80	0.25
2	3570	766.16	790	3.02	0.25
3	3600	765.59	790	3.09	0.25
4	3630	765.42	790	3.11	0.25
5	3660	765.53	790	3.10	0.25
6	3690	765.9	790	3.05	0.25
7	3720	766.11	790	3.02	0.25
8	3750	764.35	790	3.25	0.25
9	3780	764.96	790	3.17	0.25
10	3810	764.75	790	3.20	0.25
11	3840	764.56	780	1.98	0.25
12	3870	764.54	780	1.98	0.25
13	3900	764.05	780	2.04	0.25
14	3930	763.63	780	2.10	0.25
15	3960	763.14	780	2.16	0.25
16	3990	762.62	780	2.23	0.25
17	4020	762.02	780	2.31	0.25
18	4050	761.26	780	2.40	0.25
19	4080	759.95	780	2.57	0.25
20	4110	757.07	780	2.94	0.25
21	4140	754.59	780	3.26	0.25
22	4170	751.89	780	3.60	0.25
23	4200	748.92	780	3.98	0.25
24	4230	745.61	780	4.41	0.25
25	4260	742.68	780	4.78	0.25
26	4290	740.08	770	3.89	0.25
27	4320	737.97	770	4.16	0.25
28	4350	736.79	770	4.31	0.25
29	4380	736.39	770	4.36	0.25
30	4410	736.25	770	4.38	0.25

④倒划眼工况。

计算输入参数：套管下深3543m，测量井段3600～4470m，管柱运动速度0.5m/s，转盘转速55r/min，钻头扭矩3kN·m，钻井液密度1.16g/cm³，大钩重量200kN，套管摩阻系数0.18。选取30个点记录的大钩载荷分别为860～850kN，通过建立的摩阻计算模型，计算出30个点的平均摩阻系数为0.25。表5-20是计算的大钩载荷与实际大钩载荷的对比情况，由表可见，误差在5%以内，因此，可以认为在该工况下 ϕ152.4mm 裸眼摩阻系数为0.25。

表 5-20 苏53-82-21H井 ϕ152.4mm 裸眼内倒划眼工况裸眼摩阻系数表

序号	井深（m）	理论大钩载荷（kN）	计算钩载载荷（kN）	载荷相对误差（%）	摩阻系数
1	4470	860	840.62	2.25	0.25
2	4440	860	840.06	2.32	0.25
3	4410	860	839.4	2.40	0.25
4	4380	860	838.9	2.45	0.25
5	4350	860	838.57	2.49	0.25
6	4320	860	839.03	2.44	0.25
7	4290	860	840.52	2.27	0.25
8	4260	860	842.53	2.03	0.25
9	4230	860	844.86	1.76	0.25
10	4200	860	847.84	1.41	0.25
11	4170	860	850.35	1.12	0.25
12	4140	860	852.24	0.90	0.25
13	4110	860	854.33	0.66	0.25
14	4080	860	856.54	0.40	0.25
15	4050	860	857.1	0.34	0.25
16	4020	860	857.35	0.31	0.25
17	3990	860	857.18	0.33	0.25
18	3960	860	856.99	0.35	0.25
19	3930	860	856.66	0.39	0.25
20	3900	860	856.3	0.43	0.25
21	3870	850	856.06	−0.71	0.25
22	3840	850	855.26	−0.62	0.25
23	3810	850	854.76	−0.56	0.25
24	3780	850	854.19	−0.49	0.25
25	3750	850	852.19	−0.26	0.25
26	3720	850	853.95	−0.46	0.25
27	3690	850	852.98	−0.35	0.25
28	3660	850	851.81	−0.21	0.25
29	3630	850	850.89	−0.10	0.25
30	3600	850	850.22	−0.03	0.25

从表 5-17～表 5-20 可以看出，不同工况下，使用油基钻井液计算得出的裸眼摩阻系数虽然稍有差异，但是差异不大，可以认为测得的摩阻系数就是实际情况的摩阻系数。

2）苏 53-82-22H 水平井摩阻扭矩现场监测及结果分析

本井为开发井，井型为水平井，井口偏移距 355m，ϕ177.8mm 套管下深 3655m。收集并跟踪随钻井眼轨迹参数、井身结构、钻具组合及钻井参数等关键资料，按照同样的理论，每种工况取 30 个点，根据测得的大钩载荷计算套管内和裸眼的摩阻系数。

(1) ϕ215.9mm 井眼滑动钻进工况裸眼摩阻系数：

①滑动钻进工况。

在井深 3360～3650m，钻压 50kN，大钩重量 260kN，管柱下移速度 0.001m/s，钻井液密度 1.1g/cm³ 滑动钻进工况下，计算得出裸眼摩阻系数 0.275。

②起钻工况。

在井深 3290～3540m，大钩重量 260kN，管柱上提速度 0.5m/s，钻井液密度 1.1g/cm³ 工况下，计算得出裸眼摩阻系数 0.282。

③下钻工况。

在井深 3340～3650m，大钩重量 260kN，管柱下放速度 0.5m/s，钻井液密度 1.1g/cm³ 工况下，计算得出裸眼摩阻系数 0.28。

(2) ϕ177.8mm 套管摩阻系数：

①起钻工况。

在井深 2940～3510m，大钩重量 260kN，管柱上提速度 0.5m/s，钻井液密度 1.1g/cm³ 工况下，计算得出套管摩阻系数为 0.176。

②下钻工况。

在井深 3100～3670m，大钩重量 260kN，管柱下放速度 0.5m/s，钻井液密度 1.1g/cm³ 工况下，计算得出套管摩阻系数为 0.174。

(3) ϕ152.4mm 井眼裸眼摩阻系数：

利用 ϕ177.8mm 套管摩阻系数，分别计算在 ϕ152.4mm 井眼内起钻、下钻、旋转钻进、倒划眼工况下的大钩负荷，从而确定裸眼摩阻系数。

①起钻工况。

在井深 3810～4680m，大钩重量 260kN，套管摩阻系数 0.18，上提管柱速度 0.5m/s，钻井液密度 1.1g/cm³ 工况下，计算得出裸眼摩阻系数为 0.25。

②下钻工况。

在井深 3730～4600m，大钩重量 260kN，套管摩阻系数 0.18，下放管柱速度 0.5m/s，钻井液密度 1.1g/cm³ 工况下，计算得出裸眼摩阻系数为 0.25。

③旋转钻进工况。

在井深 3780～4650m，钻压 50kN，大钩重量 260kN，套管摩阻系数 0.18，管柱下移速度 0.01m/s，转盘转速 55r/min，钻头扭矩 3kN·m，钻井液密度 1.15g/cm³ 工况下，计算得出裸眼摩阻系数为 0.246。

④倒划眼工况。

在井深 3810～4680m，大钩重量 260kN，套管摩阻系数 0.18，裸眼摩阻系数 0.25，管柱运动速度 0.5m/s，转盘转速 55r/min，钻头扭矩 3kN·m，钻井液密度 1.15g/cm³ 倒划眼工况下，计算得出裸眼摩阻系数为 0.247。

(4)测试结果分析：

根据苏 53-82-21H 测试结果，不同工况下，套管内摩阻系数选取稍有差异，但变化不大。其中苏 53 区块的套管摩阻系数在 0.17～0.18 之间，裸眼摩阻系数在 0.24～0.25 之间。

计算结果显示，在工况及相关钻井信息基本类似的前提下，井下的摩阻系数变化窗口较小，因此当后期钻井施工过程中出现相近工况时，便可利用完钻井已测试出来同样井段的摩阻系数，进而较准确的预计和分析钻具在井下的受力情况及岩屑床情况，达到指导施工队伍合理选取钻井参数，钻井液性能，优化钻具组合、钻头和减少复杂情况的目的。

第四节　苏里格大组合平台水平井（定向井）施工技术

为了引进消化国外工厂化作业技术，2013 年在苏 53 区选取了 13 口井开展大井丛组合井工厂化作业先导试验。

一、一开井段

0～700m 井段，安排 3d。

(1)井身结构：ϕ346mm×700m+273mm×699m；

(2)钻具组合：ϕ346mm 钻头 XHP2 或 PDC+ϕ203mm 直螺杆+ϕ177.8mm 托盘接头+ϕ177.8mm 无磁 1 根+ϕ177.8mm 螺旋钻铤 12 根+ϕ127mm18°斜坡钻杆；

(3)钻井参数：钻压 30～50kN，排量 34L/s，泵压 7MPa，钻井液密度 1.05g/cm³，钻井液漏斗黏度 35s；

(4)表层钻进技术要求：保直、防碰，保证表层套管顺利下入；

(5)井控设备标准化安装，试压合格。

二、二开井段

700～3550m 井段，安排 15d，中完 3d。

(1)井身结构：ϕ215.9mm×3550m+177.8mm×3545m；

(2)钻具组合：

直井段：ϕ215.9mm PDC+ϕ172mm 单弯螺杆（1°）+定位直接头+ϕ177.8mm 无磁 1 根+ϕ177.8mm 钻铤 15 根+ϕ127mm 加重钻杆 15 根+ϕ127mm18°斜坡钻杆；

定向段：ϕ215.9mm PDC+ϕ172mm 螺杆（1.5°）+定位直接头+ϕ177.8mm 无磁 1 根+ϕ127mm 加重钻杆 21 根+ϕ127mm18°斜坡钻杆；

(3)钻井参数：钻压 30～120kN，转速 70～110r/min+螺杆，泵压 10～15MPa，排量 32L/s；

(4)二开井段钻进技术要求：直井段以防斜打直为主，使用 MWD 仪器跟踪测斜，保证井眼轨迹平滑，保证技套下入、固井、测声幅、施压、钻水泥塞等顺利。

三、三开井段

3550～4550m 井段，安排 8d。

(1) 井身结构：φ152.4mm×4550m+φ148mm；

(2) 钻具组合：φ152.4mmPDC钻头+φ120mm螺杆（1°）+φ128mm加重无磁1根+φ146mm球型扶正器+φ101.1mm加重钻杆45根+φ101.1mm钻杆；

(3) 钻井参数：钻压50～80kN，转速70r/min+螺杆，泵压18～24MPa，排量14～16L/s；

(4) 钻进技术要求：使用MWD+γ监测井眼轨迹，坚持短起，稠塞清扫，增加排量，提高润滑，以有效降低扭矩和摩阻。

四、完井工作

安排6d。为确保完井压裂管柱顺利下入，需要对井眼进行多次处理，确保井眼畅通、无缩径。

(1) 单磨钻具组合：φ152.4mm牙轮钻头+φ88.9mm钻杆1根+φ149mm单磨+φ88.9mm加重钻杆9根+φ88.9mm钻杆；

(2) 双磨钻具组合：φ152.4mm牙轮钻头+φ88.9mm钻杆1根+φ149mm单磨+φ88.9mm钻杆1根+φ149mm单磨+φ88.9mm加重钻杆9根+φ88.9mm钻杆。

五、应用效果

苏里格大井丛组合水平井（定向井）平台先导试验的实施从管理上形成了"方案设计最优化、施工作业批量化、工程技术模板化、作业规程标准化、资源利用综合化及队伍管理一体化"的"六化"模式。完成的10口水平井（平均井深4584m、水平段长932m），钻井周期30.47d，比未实施井工厂化作业的水平井缩短25.13d，同比缩短45.2%，建井周期34.8d，缩短27.8d，同比缩短44.6%，平均机械钻速11.5m/h，同比提高31.1%，整个平台建井周期比计划提前104d（图5-34）。

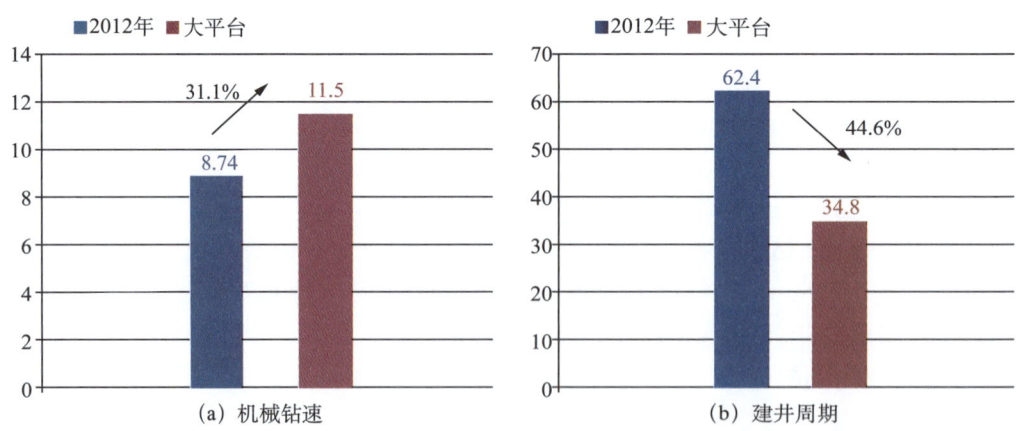

图5-34 苏里格大井丛组合水平井（定向井）平台先导试验效果

第五节 威远丛式水平井施工技术

威远页岩气作业区是中石油风险总包页岩气开发的重点试验区，实施丛式水平井工厂化作业是有效提高作业效率、降低开发成本、减少风险的重要手段。下面以威202H4平台为例介绍威远丛式水平井施工技术。

一、一开井段

0～505m井段，安排4d。

（1）井身结构：ϕ406.4mm×505m+ϕ273mm×503m；

（2）钻具组合：ϕ406.4mm GN516PDC钻头+ϕ244.5mm螺杆钻具+ϕ228.6mm无磁钻铤1根+ϕ228.6mm钻铤1根+ϕ400mm稳定器+ϕ228.6mm钻铤5根+ϕ203.2mm钻铤6根+随钻震击器+ϕ165.1mm钻铤6根+ϕ127mm钻杆；

（3）钻井液：聚合物无固相（遇垮塌改为低固相钻井液），密度1.02g/cm³，漏斗黏度38s；

（4）钻井参数：钻压10～50kN，排量55～65L/s，泵压10MPa；

（5）直井段钻进技术要求：充分发挥PDC钻头高转速、低钻压的优势，实现提速和防斜打直，采用钟摆钻具组合并引入MWD随时纠斜，以确保垂直段的垂直。

二、二开井段

505～2594m井段，安排22d。

（1）井身结构：ϕ311.1mm×2594m+ϕ244.5mm×2592m；

（2）钻具组合：ϕ311.1mm WS556LPDC钻头+ϕ244.5mm螺杆钻具+止回阀+ϕ228.6mm无磁钻铤1根+ϕ310mm稳定器+ϕ228.6mm钻铤2根+旁通阀+ϕ228.6mm钻铤3根+ϕ203.6mm钻铤6根+随钻震击器+ϕ165.1mm钻铤6根+ϕ127mm钻杆；

（3）钻井液：KCl-聚磺钻井液体系，密度1.25～1.65g/cm³，漏斗黏度55～90s；

（4）钻井参数：钻压80～100kN，排量40～50L/s，泵压15MPa。

（5）钻进技术要求：直井段以防斜打直为主，使用MWD仪器跟踪监测，确保井眼轨迹平滑，保证技套下入、固井、测声幅、施压、钻水泥塞等顺利。

三、三开井段

2594～4908m井段，安排18d。

（1）钻具组合：ϕ215.9mm MDI516PDC钻头+LWD/旋转导向钻具组合+止回阀+ϕ127mm斜坡钻杆2300m+旁通阀+ϕ127mm斜坡加重钻杆15根+随钻震击器+ϕ127mm斜坡加重钻杆6根+ϕ127mm钻杆；

（2）钻井液：全油基钻井液，密度1.65～2.20g/cm³，漏斗黏度90～110s；

（3）钻井参数：钻压60～80kN，排量25～38L/s，泵压17MPa。

（4）钻进技术要求：使用LWD/旋转导向钻具组合监测井眼轨迹，确保井眼在目标前进层钻进；使用全油基钻井液提高井壁的稳定性，减少复杂情况发生。

四、完井模板

（1）通井钻具组合：钻头+1根钻铤+井壁修整工具+1根钻铤+ϕ212mm球型稳定器的组合。

通井方式：第一趟主要以"划"为主，修整井壁，尤其在狗腿度大及井径小的位置实施定点切削处理；第二趟以"压"为主，"划"为辅，对有阻、卡显示的位置再进行修整，确保起下过程中无阻、卡显示后，再进行下套管作业。

（2）采用旋转下套管的方式来保障套管的下入安全。旋转下套管是在套管下入过程中，出现遇阻，在原悬重基础上施加压 5t 仍不能顺利下入的情况下，采用专有设备，开泵排量 1.3～1.7m³/min、扭矩 10kN·m、转速 30r/min 等参数，旋转使套管下入的方式，该方式较好地解决了脆性页岩掉块引起的下套管困难问题。

（3）引入旋转引鞋，提高套管穿越复杂井段的能力。

（4）固井前置液采用高密度驱油前置液，压稳地层，防止井壁失稳，提高对油基钻井液的冲洗顶替效率。

（5）采用双凝双密度固井技术，领浆用高密度、高强度、低弹性模量缓凝水泥浆体系压稳地层，尾浆采用弹塑性水泥浆体系，通过紊流措施提高顶替效率；

（6）环空憋回压 8～10MPa、24h 后拆井口，48h 后测声幅。

五、应用效果

截至 2018 年 12 月 31 日，威 202 区块完成 18 个平台 67 口水平井，平均中完周期 30.94 天，其中威 202H9 中完周期 19.81 天，同比缩短 35.97%；机械钻速 10.87m/h，同比提升 43.21%。威 202H9-6 井中完周期 15.52 天，创区块最短纪录。

第六节　苏里格南丛式定向井施工技术

苏南合作区是中石油与壳牌公司合资开发的致密页岩气区，通过引进消化工厂化作业技术，提高了施工效率，降低了施工成本，达到了合作的目的。

一、钻具组合

1. 上部井段

上部（800～2800m）井段，使用"四合一"组合，即把 PDC 钻头、单弯螺杆、短钻铤和稳定器四种工具合并运用。

钻具组合：ϕ215.9mmPDC 钻头+ϕ172mm 单弯螺杆（弯度 1.25°）+短钻铤+ϕ212mm 球扶+定位接头+ϕ165mm 无磁钻铤 1 根+ϕ165mm 钻铤 6 根+ϕ127mm 加重 15 根+ϕ127mm 钻杆；

短钻铤长度选择：水平位移小于 1km 的定向井，使用 3～4m 短钻铤；水平位移 1～1.5km 的定向井，使用 5.2m 短钻铤；水平位移大于 1.5km 定向井，不使用短钻铤，改为单扶增斜组合。

2. 中部井段

中部（2800～3400m）井段，稳斜组合。

ϕ215.9mmPDC 钻头+ϕ172mm 单弯螺杆（弯度 1.25°）+ϕ212mm 球扶+定位接头+ϕ165mm 无磁钻铤 1 根+ϕ165mm 钻铤 6 根+ϕ127mm 加重 15 根+ϕ127mm 钻杆。

3. 下部井段

下部井段（3400～目标井深），缓降组合。

ϕ215.9mmPDC 钻头 + 短钻铤 +ϕ212mm 球扶 + 定位接头 +ϕ165mm 无磁钻铤 1 根 +ϕ165mm 钻铤 6 根 +ϕ127mm 加重 15 根 +ϕ127mm 钻杆。

二、ϕ88.9mm 油管固井

苏里格南部地区气井采用 ϕ215.9mm 井眼下入 ϕ88.9mm 油管方式完井，固井一次上返到表层套管鞋以上 100m。这种方式完全不同于国内常用的完井方式，主要优势在于不用再次下入速度管柱，方便开采并降低成本。但其超长的封固段、小内容积大环空、较高施工压力、大的井漏风险给固井施工带来了很大挑战。因此进行水泥浆设计时，既要考虑水泥浆的稠化时间必须满足安全固井施工的要求，又要考虑长封固段所带来的高静液柱压力下的井漏风险。针对上述风险，采取的技术措施如下：

（1）针对苏南区块刘家沟地层易漏，长封固段单级固井（部分井封固段超过 3.3km），静液柱压力高且目的层破裂压力系数低[27]，固井过程中存在井漏、水泥浆低返问题，采取的措施主要有选定低密度防渗漏水泥浆体系，采用复合减轻材料（微珠低密度高强水泥浆体系），将水泥将的密度控制在 1.2 ~ 1.65g/cm^3[28]。

（2）针对这类井大环空小油管（8$\frac{1}{2}$in 井眼下 3$\frac{1}{2}$in 油管），水泥浆上返过程中容易发生混窜的问题[27]，筛选出了有利于提高顶替效率的前置液。前置液由表面活性剂、纤维素、无机盐按一定比例制成，塑性黏度为 0.1 ~ 0.13Pa·s（90°），动切力为 18.5 ~ 25.5Pa（90°），油溶解性好，能有效清洗套管外壁及井壁的油膜，提高表面水湿性，相容配伍性好，对钻井液、水泥浆无增稠、絮凝现象；流变性好，可有效清除岩屑和紊流顶替钻井液，提高 3$\frac{1}{2}$in 油管长裸眼顶替效率，确保固井质量[28]。

（3）针对封固段长、水泥浆量大、环空上返时间长、井径不规则及底部煤层存在裂隙脆裂松散造成憋堵的问题，筛选出了抗高温、防气窜、抗低温的水泥浆体系，同时筛选出了抗高温性能好的固井压塞液体系[27]，具体配方：清水 +1.5%G404–GLY+5%G410–GHN。密度范围：1 ~ 1.05g/cm^3，塑性黏度：0.08 ~ 0.12Pa·s（90°），动切力：15.5 ~ 23.5Pa（90°），抗温 100°。在设计和实际施工过程中，两者在性能和密度上均保持一定的差异性，以防止压塞液和水泥浆混合对水泥浆的稳定性破坏而造成留水泥塞现象，为后期完井和储层改造提供了技术保障[28]。

为了使各作业互不干扰，将 9 井丛平台施工井场设备按功能分区摆放。每井丛至少准备 2 口水井，1 口多管井，1 口深水井。每个井丛深水井与多管井结合，确保供水量大于 70m^3/h（1600m^3/d）在靠近施工井丛处设立水站，确保多口井同时压裂的需要。

三、丛式定向井工厂化实施效果

截至 2018 年 12 月 31 日，苏南合作区已累计完成 63 个平台，共计 560 口井，通过集成应用先进技术，流水线式工厂化作业和作业程序标准化，大幅提高了施工效率。同 2012 年相比，平均机械钻速 13.77m/h，同比提高 37.29%；平均钻井周期 18.55 天，同比缩短 39.77%；平均建井周期 24.28 天，同比缩短 43.26%。9 井压裂试气周期由 2012 年的 50 天缩短至 28 天。

1. 钻机高效运行

9 井丛定向井平台钻机只经历 2 次拆装过程，共减少起放井架 7 井次，大大减小了起放

井架过程中的风险，节省了接甩钻具、固井候凝、配钻井液等施工时间。通过应用钻机滑移系统，在实现钻机快速平移的同时，还降低了作业风险和劳动强度。15m井口距，5h左右就可将钻机（含后台联动机组）整体平移下一井位，比拆卸搬移缩短时间两天多，实现了"井间提速"和"无缝隙施工"。

2. 施工周期明显缩短

通过工厂化钻完井作业，使钻井、建井周期大大缩短，该区实施PDC钻头优选和个性化设计后效果明显，平均口井PDC钻头用量由原来的4.37只减少到3.68只。钻井周期由原来21.04d缩短至16.55d。平均机械钻速从2012年度的9.86m/h提高到11.56m/h。

3. 经济效益显著

通过使用工厂化钻井作业，单个平台钻井周期费用节约6913万元；征地及土地使用费节约92.5万元；钻井搬迁减少7井次，费用节约225.0万元；井场工艺流程建设费用节约84.3万元，合计节约：7373.57万元。

苏南合作区通过工厂化作业和精细化管理，总结建立了一套标准作业指南SDI（质量控制指南），按照统一工艺流程、统一平面布局、统一模块划分、统一设备选型和统一建设标准原则，从开钻到完井的每个阶段都有技术参考模板和"规定动作"，确保了工厂化作业的安全快速实施，同时也为该技术在其他地区的应用积累了经验。

第六章　工厂化作业钻井液技术

钻井液技术是油气井工厂化作业技术的重要组成部分，其特点在于多口井同开次钻井液体系相同，经处理后可以循环利用，提高了钻井液利用效率，减少钻井液的排放量和无害化处理费用，降低了对环境的污染；钻井泵、钻井液罐等可随钻机整体移动，节省了搬迁时间；据统计，采用工厂化钻井作业施工，每钻3口井就可节省1口井的钻井液费用，大幅度降低了钻井液的使用成本，特别是油基钻井液的重复利用效果更为明显。

工厂化钻井作业过程中，钻井液体系的选择至关重要，根据不同地层特点选用合适的钻井液体系并做好各种井下复杂情况的预防措施，可有效减少事故，提高钻井速度；同时要对使用的钻井液进行无害化处理，减少其对环境的污染，做到达标排放。本章主要介绍非常规油气藏工厂化作业过程中钻井液工艺技术的特点及钻井液体系优选和钻井液废弃物处理方式等内容。

第一节　工厂化钻井钻井液技术特点

工厂化钻井钻井液技术不同于常规钻井液技术。其技术特点可归纳为"钻井液设备配置标准化，钻井液预处理节点化，钻井液性能维护程序化，钻井液回收处理规范化"。通过程序化、流水作业模式来体现出其技术优势，最终实现降低钻井总成本的目的。

一、工厂化钻井钻井液与常规钻井液的差异

工厂化钻井施工程序主要特点是集中完成不同井的同一井段施工后，再统一进行下一开次钻井施工；同井段采用相同钻井液体系，前一口井完成某一井段施工后，钻井液经维护处理，可直接应用于后续井的相同井段，实现第一口井配浆，后续井维护处理的作业模式，提高了钻井液的利用效率，减少了钻井液的配制量，降低钻井液排放量和无害化处理费用；同时该技术可提高技术人员对地层及复杂情况的掌握程度，通过处理复杂情况，总结完善应对方案，优化钻井液体系，减少了处理剂材料的消耗和处理时间，降低了后续井同井段的施工难度，逐步形成统一的操作方案，方便后续井的施工，达到节约周期，降低成本，提高效率的目的。

工厂化钻井过程中钻井液设备的配置与常规钻井有一定的差异。该技术实施过程中钻井液罐、固控设备、钻井泵等均可随钻机进行整体移动，同时可根据井场条件，共用钻井液池，减小钻井液池面积，或不设置钻井液池，直接将钻井液拉回配浆站（或回收站）处理，从而可减少占地和缩短周期。施工过程中通常建造钻井液回收站或回收装置，对钻井液进行统一回收和处理，达到环保要求后再统一排放，降低对环境的影响。

工厂化钻井过程中钻井液体系选择与常规钻井液有一定的差异。钻井液原则上应选用稳定性好，易维护处理的体系。因钻井液的重复利用，延长了同一体系钻井液的使用时间，因此钻井液的稳定性至关重要，通常在钻井工程设计时就应考虑相关问题。

二、工厂化钻井作业对钻井液相关设备的要求

工厂化钻井因钻机需要整体移动,因此要求钻井液相关设备也必须具有可移动的特点。同时,要求钻井液设备根据需求逐步完善,最终达到配置标准化。

1. 对钻井液循环罐的要求

工厂化钻井应根据实际条件,确定钻井液循环罐是否需要随钻机整体移动,若不具备移动条件,则循环罐应布置在钻机所钻井的合适位置,以便将其固定、安装;若循环罐是可移动式,则布置时应提前考虑其移动轨迹,保证钻井作业过程的连续性。一般情况下,20m 之内的整体拖动,只需拖动井架即可,钻井液循环罐可保持在原地不动;30m 左右的整拖,一般需移动井架和 1# 罐,同时将 1# 和 2# 罐之间采用软管连接,其他罐体不用移动,从而降低工作量,减少搬迁安装时间。

通常情况下,因为工厂化钻井过程中钻井液可重复利用,所以钻井液的维护处理更为重要,因此为了满足维护处理需求,一般每部钻机应比标准要求多配一个或几个循环罐(钻机型号不同,配备的循环罐数量不同),保证各个罐之间可以保持畅通及连接方便,满足配浆、倒浆及性能维护的需求。

图 6-1 是威远页岩气井油基钻井液循环罐摆放示意图。3# 罐、4# 罐、5# 罐与 6# 罐之间可以建立地面循环,若想通过加料漏斗添加处理剂,则将四个罐橙色上水管线的海底阀与绿色排水管线上的碟阀同时打开,然后开启剪切泵;若想单独在 5# 罐配好浆后转移到 3# 罐,应首先将 5# 罐上橙色上水管线的海底阀与排水管线的碟阀开启,同时将 3# 罐、4# 罐、6# 罐的橙色上水管线的海底阀与排水与管线上的碟阀关闭,开启剪切泵将 5# 罐的钻井液循环均匀,然后将 5# 罐的排水管线的碟阀关闭,同时开启 3# 罐上水管线的阀门。

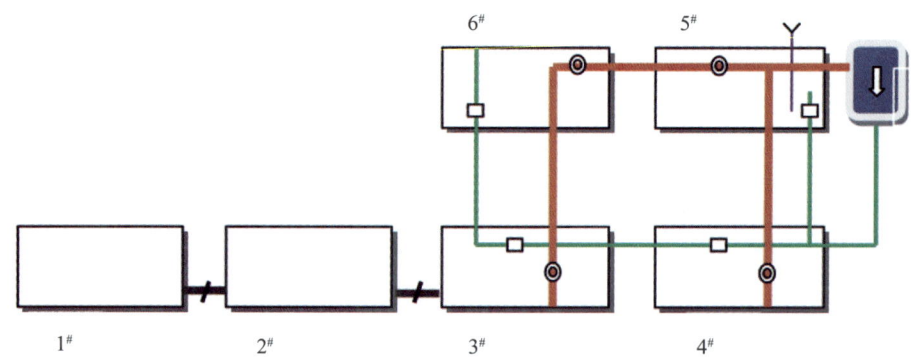

图 6-1 威远页岩气井钻井液循环罐摆放示意图

2. 对钻井泵的要求

工厂化钻井一般需要高配置钻井泵,钻井泵的选择应遵循以下原则:
(1) 根据井身结构、钻具组合及钻井液性能,确定满足携岩的最小排量;
(2) 满足钻达设计井深所允许的最高泵压;
(3) 满足钻井水力参数优选中最高泵压和最优排量的选择;
(4) 能承受高泵压且排量可调范围大;
(5) 根据实际需求能随钻机整体移动。

在此基础上，建议选择大于要求参数的钻井泵（表6–1），统筹考虑工厂化钻井的整体需求。

表 6–1 钻井泵的参考配置表

设备参数	单位	钻机型号			
		ZJ30/1700	ZJ40/2250	ZJ40/3150	ZJ70/4500
钻井泵台数及功率	台 ×kW	2×956	2×956	2×1176	3×1176
钻井泵最高工作压力	MPa	35	35	35 或 52	35 或 52

相关连接管线也需要特殊配置及连接。钻井泵与立压管线的连接，主要为金属管线连接，距离短时可选择高压软管进行替代，在钻机整拖或整体移动后延长的距离要对泵压影响较小，同时还要考虑地面高压管路的安全情况。各个组成部分的连接要满足流动的要求，由于钻井液高架槽和振动筛的相对高度基本确定，钻井液完全依靠高度差产生的势能通过该通道，随着高架槽距离的增加，下降的坡度变缓，如钻井液黏切较大，极易造成高架槽的堵塞，因此在最初安装时要充分考虑钻井液在高架槽中的流动要求，进而做到所有连接都能满足钻机整体移动的要求。

3. 对固控设备的要求

工厂化钻井过程中钻井液体系通常要重复利用，因此固控设备的配置较常规钻井的配置高。在钻完一口井的某一井段后，对钻井液体系进行大处理，固控设备应全部运转，清除钻井液的无用固相，保持钻井液具有良好的性能，便于后续井的使用，因此在实施过程中，振动筛、除砂器、离心机等固控设备在条件允许的情况下应多配置一台或多台（配置标准参考见表6–2），以确保井工厂化钻井的正常运行。

表 6–2 固控设备配置标准参考表

名称	要求
振动筛	ZJ40 型以下钻机配备 2 台，40 型（含）以上 3 台；单筛处理能力大于 30L/s
除气器	1 台，处理能力大于 200m³/h
除砂器	1~2 台，处理能力大于 180m³/h、功率大于 55kW
除泥器	1 台，处理能力大于 200m³/h、功率大于 55kW
离心机	ZJ40 型以下钻机配备中速 1 台，ZJ40 型（含）以上钻机配备中高速各 1 台

工厂化钻井过程中一开推荐使用二级固控，振动筛、除砂器利用率100%。二开及以后推荐使用四级固控，振动筛、除砂器使用率100%，除泥器利用率100%，离心机利用率不低于90%，及时清除钻井液中的无用固相成分，强化清洁效果，保持钻井液具有良好的性能，为后续井施工提高必要的条件。

4. 对钻井液池的要求

工厂化钻井过程中，几口井组或同一部钻机可共用一个钻井液池（或不配置钻井液池，钻井液统一回收处理，实现钻井液不落地），这样可减少工程作业量，减少占地面积，便于统一管理，降低对环境的影响。工厂化钻井作业过程中钻井液池的布置简如图6-2～图6-4所示。

图6-2 单部钻机钻井液池布置简图

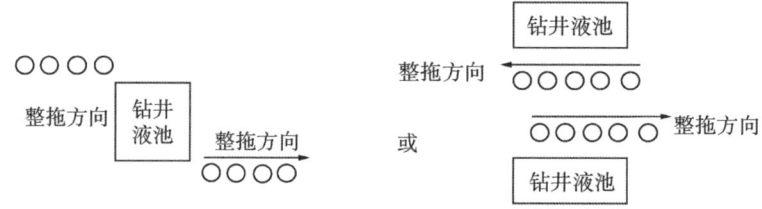

图6-3 两部钻机钻井液池布置简图

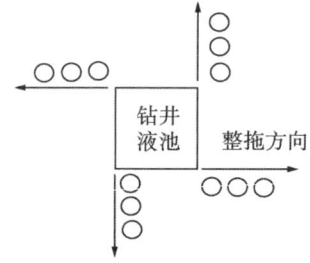

图6-4 四部钻机钻井液池布置简图

如遇井场有特殊情况，应根据井场实际情况择优布置，但应以占地少，距离钻井液循环罐近为原则。

5. 对钻井液配浆厂（站）的要求

工厂化钻井作业过程中，根据平台井的实际需求，在钻井液需求量较大或平台较多时需要配备钻井液配浆厂（站），便于集中配浆及维护，满足不同平台井及应急情况的需求。尤其是在使用油基钻井液时，需要建立相应的油基钻井液配浆厂（站）。

长城钻探公司为威远页岩气工厂化作业而建立的橇装式油基钻井液厂，由9个储备罐、2个配制罐、2个储油罐、2台砂泵、1台剪切泵、2套加药漏斗等设备组成，每个储备罐和配制罐装有2台搅拌器（图6-5）。配制厂由两套相对独立的配制系统组成：一套由1个配制罐和6个配制罐组成；另一套由1个配制罐、2个储油罐和4个配制罐组成，两条主管线通过卸浆小罐连接，使两套配制系统成为一个主体，既可单独使用，也可共同使用。该橇装式钻井液厂最大配制能力为740m^3，能够储备基油120m^3，可根据需求能够储备不同密度钻井液500余立方米，易满足施工及应急需求。

图 6-5 威远页岩气橇装式油基钻井液厂

第二节 工厂化钻井钻井液体系优化

工厂化钻井作业一般应用于页岩气、致密气等低渗透、低品位的非常规油气藏开发作业，该类油气储层致密，孔隙度小，渗透率低，油气聚集机理不同于常规储层，因此井工厂化钻井过程中应用的钻井液体系通常应具有稳定性好、储层保护效果好等特点，钻井液经维护处理后可以重复利用并易于体系转换，体现工厂化钻井钻井液标准化、流程化和低成本的原则。

针对各地区不同地层条件，工厂化钻井施工中钻井液体系选择应根据不同区块实际情况进行优选和优化，常用的钻井液体系包括水基钻井液、油基（合成基）钻井液、微泡沫钻井液等。水基钻井液具有成本低、环保性能好、维护简单、防漏堵漏技术配套、废弃物处理成本低等优点；油基（及合成基）钻井液在抗温和井壁稳定方面具有一定的优势，同时抗污染能力强，润滑性好，最主要的是该体系可回收和重复利用，但成本相对较高，对环境影响较大；可循环微泡沫钻井液具有良好的防漏、封堵性能，在易漏地层应用广泛。下面分别介绍可应用于不同地层及满足工厂化钻井特点的钻井液体系。

一、水基钻井液体系

针对工厂化钻井作业区块的不同和地层的差异，水基钻井液经过多年的发展和完善，目前已形成多套性能优良的钻井液体系类型。

1. 无土相聚合物钻井液体系

该体系一般作为工厂化钻井施工中的一开钻井液或二开直井段钻井液体系。该体系特点是体系中未添加膨润土，利用高分子聚合物来保证体系的黏切。与加入黏土的钻井液相比，固相含量低，黏度和流动性调节的范围较大，同时体系中可以加入不同类型的处理剂保证钻井液可适应不同地层的需求，如可加入防塌抑制剂及封堵剂来提高钻井液的防塌效果。该体系中亚微米固相含量低，能够减少固相颗粒对油气储层的伤害；应用时相对灵活，可以添加多种不同类型钻井液处理剂，从而满足不同地层对钻井液的要求。

该钻井液体系在工厂化钻井作业第一口井施工完成后，需要充分利用固控设备清除体系中的无用固相后，适当补充高分子处理剂和封堵剂等，保证体系的黏切适中，提前做好在下口井同井段重复利用的准备。苏 53 作业区块大井丛组合平台井组二开井段存在直罗组坍塌、延安、延长组缩径，纸坊组地层易发生井径扩大、造浆性强，刘家沟、石千峰易发生井漏，石千峰泥岩易掉块、垮塌等难题，该井段采用无土相聚合物钻井液体系，可充分利用该体系的灵活性及稳定性的特点，解决上述难题，降低钻井成本。

2. 聚磺钻井液体系

聚磺钻井液体系一般作为工厂化钻井施工中的二开直井段或造斜段的钻井液体系，既能保留聚合物钻井液的优点，又具有热稳定性强、流变性好、滤失量低、抗盐能力强、滤饼致密且可压缩性好、防塌防卡效果好等优点。

工厂化钻井过程中若钻井液性能发生变化，可适当调整各处理剂的配比，膨润土的含量必须得到控制，如果滤饼质量变差，需及时补充磺化类产品；若抑制性较差，可适当补充高分子量聚合物包被剂和防塌剂等。该体系性能稳定、抗温性好、成本相对较低，可重复利用性好，在工厂化钻井施工中应用广泛，威远地区二开应用的 KCl- 聚璜钻井液体系就是以聚璜钻井液为基础进行改进完善的。

3. KCl- 聚合物钻井液体系

KCl- 聚合物钻井液体系具有防塌性能好、封堵能力强、抗高温性能稳定、润滑性好等特点，可有效抑制泥页岩水化分散，具有较好的井壁稳定作用，适合应用于非常规油气藏泥页岩比例高的井段。

该体系主要由高分子聚合物、高效包被剂、KCl、降滤失剂、封堵剂、润滑剂、加重剂等组成。通过多种处理剂的协同配合作用，达到所需的钻井液性能。在钻进过程中需不断补充高分子聚合物维持合适的黏度和切力；定期补充 KCl，保持 K^+ 浓度在设计范围内，同时补充包被剂和防塌剂，通过协同作用确保钻井液始终具有较强的抑制性和防塌能力；体系中始终保持一定量的封堵剂，保持滤饼薄而致密。在下口井重复使用前应全面启动固控设备，净化钻井液，降低有害固相，适当补充聚合物和 KCl，以维持钻井液的性能稳定。

威远页岩气区块二开上部地层以泥岩、页岩及砂岩为主，存在井壁垮塌、掉块的风险；须一段至嘉一段地层以泥岩、页岩、灰岩及石膏层为主，存在泥岩段井壁失稳，易石膏污染，易漏失、造斜段岩屑携带困难等难题，应用 KCl- 聚合物及聚璜钻井液体系强抑制性来维持井壁的稳定，可以减少垮塌、划眼、卡钻等复杂情况的发生，满足该井段的钻井液技术要求，并通过循环利用，节约原料，降低钻井液成本。

4. 聚合物有机硅钻井液体系

聚合物有机硅钻井液防塌抑制性能好，性能稳定，抗温能力强，储层保护效果好，该体系最主要的特点是其配制、维护与处理简单方便，在重复利用方面具有一定的优势。

该体系主要采用硅稳定剂提高钻井液高温稳定性，用硅降黏剂控制钻井液流变性能，用磺化类处理剂造壁降失水；现场施工过程中根据扭矩、悬重情况调整润滑性能，采用固液润滑剂配合的方法提高钻井液润滑效果；平台作业时在钻完一口井后对钻井液进行大处理，清除有害固相，在下口井应用前，为了防止钻井液体系老化，可适当补充预水化新浆与老浆混合，提高钻井液的稳定性，保证钻井液的重复利用率，降低钻井液的成本。其他维护处理方法根据应用平台井的实际情况具体分析操作。

苏 53 作业区块大井丛组合平台水平井造斜段、水平段存在石盒子组易坍塌、掉块、易漏失，大斜度段存在易粘卡、摩阻大、携砂困难等难题。采用经改进完善的聚合物有机硅钻井液体系，可解决该地区的垮塌、掉块、卡钻等难题，降低钻井成本。

5. 聚合醇钻井液体系

该钻井液体系具有优良的抑制岩屑水化分散作用，井壁稳定性好，润滑性好，流变性易于调控，毒性低、可生物降解等特点。聚合醇是一类非离子型的低分子量聚合物，常温下易溶于水，当温度升至浊点时，会出现相分离现象形成乳状液。当聚合醇钻井液在井底温度超过浊点时，形成的乳状液滴易吸附在井壁上，或包在钻屑表面，形成一层膜，因而可提高钻井液体系的防塌抑制性并增强钻井液的润滑性能；当钻井液在环空上返时，温度降到浊点下，聚合醇重新恢复水溶性。

工厂化钻井作业过程中由于钻井液的消耗，需要及时补充聚合醇和相应处理剂，从而使滤液中始终能够保持一定量的聚合醇，以有效抑制黏土的水化分散。通过合理控制钻井液密度，可取得良好的防塌效果。而对于渗透性漏失的地层，采用聚合醇钻井液可减轻渗漏程度，甚至可以完全阻止渗漏。聚合醇钻井液可直接参与滤饼的形成，使滤饼致密光滑，可有效减少压差卡钻的发生。

根据区块地层条件和工厂化钻井的实际情况，综合利用上述各体系的特点，不断改进、优化、完善，形成适合于各区块特点的钻井液体系并进行推广应用。

二、油基钻井液体系

油基钻井液因良好的井壁稳定性和减少复杂情况等特点而广泛应用于页岩气、致密气等非常规油气藏工厂化钻井施工。美国页岩气、致密气等非常规油气藏的工厂化钻井施工中，造斜段和水平段多采用油基钻井液施工，在减少井下复杂事故的同时，还可重复利用，能大幅度降低综合钻井成本。国内威远页岩气井工厂化钻井过程中，在造斜段、水平段普遍采用油基钻井液体系，应用结果表明，该体系在防止页岩地层井壁失稳方面效果良好。

与水基钻井液相比具有以下特点：

（1）热稳定性强，受外来各种因素影响较小，在施工结束后，经过简单处理即可重复应用于下口井作业；

（2）抗盐钙侵，可适用于钻岩盐层和石膏层；

（3）抑制性强，有利于井壁稳定，防止卡钻等井下复杂事故的发生；

（4）润滑性好，有利于长水平段施工；

（5）有利于保护油气储层，特别适合于打开油气层或取心；

（6）在 H_2S、CO_2 以及高矿化度盐水条件下可以有效防止钻具腐蚀。油基钻井液虽然单井成本一般比水基钻井液高，但由于其重复利用性好，再加上井下复杂情况少，在工厂化作业过程中应用更为广泛。

1. 油基钻井液的基本组成

油基钻井液按水的含量多少分为全油基钻井液和油包水乳化钻井液。在全油基钻井液中，水分含量不超过5%（也有的要求不超过3%），而在油包水乳化钻井液中水作为必要组分均匀地分散在柴油或白油中，其含水量一般保持在10%~40%。

1）油包水乳化钻井液

油包水乳化钻井液是以水为分散相，油为连续相，并添加适量的乳化剂、润湿剂、亲油胶体、降滤失剂和加重材料等所形成的稳定乳状液体系。目前威远页岩气井工厂化钻井作业中造斜段和水平段普遍采用白油基油包水乳化钻井液体系。油包水乳化钻井液的基本组成如图 6-6 所示。

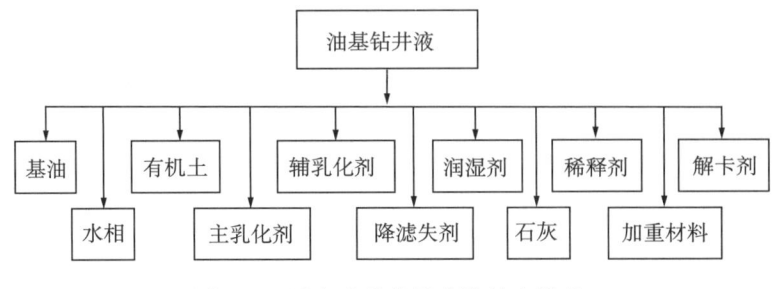

图 6-6　油包水乳化钻井液基本组成

（1）基油，常用的基油为柴油和各种低毒矿物油，如白油；

（2）水相，常用含一定量 $CaCl_2$、$NaCl$ 的水溶液，其主要目的在于控制水相的活度，防止或减弱泥页岩地层的水化膨胀，保持井壁稳定，水相含量一般 10%～40%；

（3）乳化剂，作用是提高钻井液的乳化稳定性；

（4）有机土，主要起增黏提切、降滤失的作用；

（5）润湿剂，使重晶石、钻屑表面转变为亲油性；

（6）降滤失剂，控制油包水乳化钻井液的滤失量；

（7）石灰，提供的 Ca^{2+} 有利于二元金属皂的生成，保证所添加的乳化剂可充分发挥其效能，维持油基钻井液的 pH 值在合适范围之内；

（8）加重材料，常用的加重材料是重晶粉、铁矿粉和碳酸钙粉；

（9）稀释剂，调节体系流变性。

（10）解卡剂：具有可降低粘附摩擦阻力，增加润滑能力的润滑材料。

2）全油基钻井液

全油基钻井液在组成上的特点是只含有少量的水，而且不以水为分散相。其基本组成类似于油包水乳化钻井液。从理论上讲，全油基钻井液体系比较简单，每一种处理剂只起一种作用，这种独立的功能给控制钻井液的性能带来极大的灵活性。同时，该体系不用考虑油包水乳化钻井液中水的活度问题，因此该体系的井壁稳定效果在同等情况下要强于油包水乳化钻井液。

2. 油基钻井液的配制

工厂化钻井作业中，油基钻井液体系一般在钻井液配浆厂（站）完成的。其具体配制过程如下：

（1）首先加入基油，开启搅拌器搅拌，开泵并打开钻井液枪，加入所需数量的有机土，在常温条件下循环搅拌 8～16h，待亲油胶体完全分散在油中；

（2）加入乳化剂、降滤失剂、乳化封堵剂，充分循环搅拌 2h 或更长时间，在剪切泵、钻井液枪、搅拌器等专门设备强有力的搅拌下，直至所有油溶性处理剂全部溶解；

（3）在搅拌条件下加入石灰、润湿剂，之后再循环搅拌一段时间；

（4）加入浓度为 10%～30% 的氯化钙水溶液（全油基钻井液没有此步骤），充分搅拌、循环；

（5）继续调整各项钻井液性能达到设计要求范围内，其常规性能合格则可作为油基钻井液基浆；

(6) 将基浆运到井场后加重到设计密度，即可应用于工厂化钻井施工。

3. 油基钻井液维护与处理

由于油基钻井液的连续相是油，因此在性能维护与处理上与水基钻井液有较大区别。

(1) 密度，当钻遇低压地层时，有时需要降低油基钻井液的密度，这种情况下可采取以下方法：用基油稀释，提高油水比，降低黏度和切力或用固控设备清除部分加重材料；如需提高钻井液密度，则在加入加重剂的同时及时补充润湿剂、乳化剂等，保持钻井液性能稳定。

(2) 流变性，需要提高黏度、切力时，可适当减小油水比，必要时需同时补充乳化剂，使体系中微细水滴的浓度增加，或适当增大有机土、氧化沥青等的用量；需要降低黏度、切力时，则可适当增大油水比，或用好固控设备，尽可能地清除钻屑。

(3) 滤失量，通常情况下，乳化稳定性良好时，油基钻井液的API滤失量可调整至接近于零，HTHP滤失量也不超过10mL，施工过程中根据实际情况及时补充油基降滤失剂。

(4) 乳化稳定性，施工过程中应保持破乳电压$\geq 600V$。在破乳电压较小时及时补充乳化剂和润湿剂，并注意调整好油水比，保持较好的乳化稳定性。

(5) 固相含量，工厂化钻井过程中无用固相应尽可能地清除，利用好固控设备降低固相含量。

4. 油基钻井液再利用工艺

工厂化钻井过程中，当一口井完钻时，要充分循环钻井液，清除钻井液体系中的无用固相，降低固相含量，及时补充相关处理剂，保持钻井液良好的流变性，处理好后直接应用到下口井同井段的施工。当一个平台完井时，先通过高效振动筛清除大直径的固相颗粒，使得油基钻井液中的固相含量大幅度降低，再拉到处理厂进行深度处理，性能达标后输送到储备罐。统一处理的油基钻井液可以通过以下两种方式进行再利用：

1) 直接使用法

将已用的油基钻井液和下个平台井的钻井液混合，调整钻井液性能达到设计要求后，继续钻进使用，这种用法使用的情况一是用回收的高密度油基钻井液加重现场钻井液，提高井筒钻井液的密度，补充钻井液量；二是井下发生漏失情况时，井场钻井液量不够，需要及时补充钻井液时。

2) 配制开钻钻井液时使用

由于直接配制的新油基钻井液的破乳电压等指标因搅拌时间不够等原因达不到理想的范围，此时在新钻井液中加入老钻井液，钻井液性能很容易达到设计的应用范围，这不仅加快了配浆速度，而且降低了成本。

威远页岩气三开龙马溪组地层以绿灰色泥岩、页岩夹粉砂岩为主，因泥岩、页岩的存在，易发生水化膨胀，导致井壁垮塌、掉块、划眼、卡钻等井下复杂情况的发生，同时还存在长水平段岩屑携带，高密度条件下的防漏、堵漏等难题，采用具有优良抑制作用的白油基油包水乳化钻井液体系可以有效解决上述难题。

三、可循环泡沫钻井液体系

可循环微泡沫钻井液体系适合用于工厂化钻井中易发生漏失的层位，该体系根据基液成分不同，可分为水基可循环微泡沫钻井液和油基可循环微泡沫钻井液体系（图6-7）。

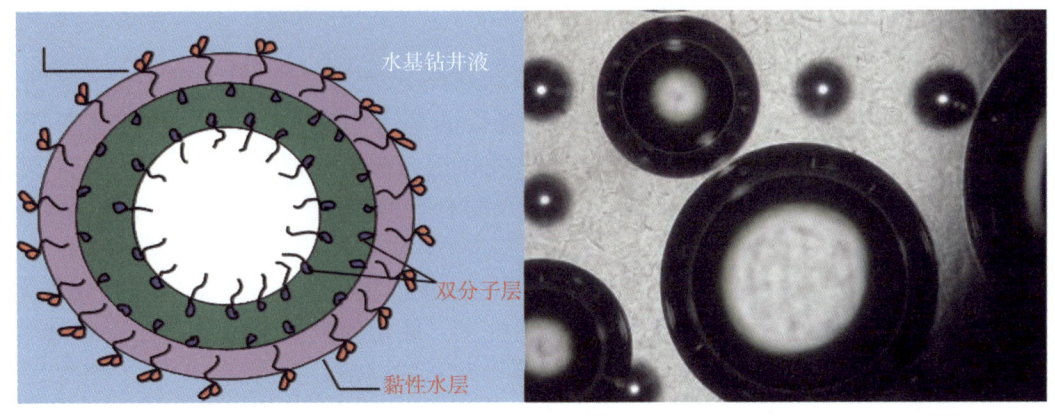

(a) 未放大　　　　　　　　　　　　(b) 微泡结构放大100倍

图6-7　微泡沫结构

水基微泡沫钻井液体系具有密度小、滤失量小、封堵性能好、防漏性能好、能有效减少钻井液的漏失、油气层保护效果好等特点。威远页岩气井工厂化钻井作业钻表层时易发生井漏，因此在工程化作业过程中可采用可循环微泡沫钻井液降低漏失风险。

由于页岩气成藏的特殊性，页岩地层裂缝发育，水敏性强，因此容易发生井漏、垮塌、缩径等问题。油基钻井液可以有效抑制泥页岩水化膨胀，减少井壁垮塌、缩径等复杂情况的发生；但是由于裂隙存在，油基钻井液避免不了发生井漏，从而造成成本的大幅度增加。油基可循环微泡沫钻井液既可以充分发挥微泡沫钻井液的携带悬浮、高效封堵、保护储层等优点，又可发挥油基钻井液强抑制性、强润滑性、抗高温的长处，能够在一定程度上解决页岩气钻井过程中可能出现的井漏、井壁垮塌等问题，从而减少井下复杂情况的发生。因此，油基可循环微泡沫钻井液更适合应用于页岩气井工厂化钻井作业。

可循环微泡沫钻井液在温度与压力作用下，依据地层漏失孔缝尺寸，微泡沫的体积和形状会自行发生变化，从而实现对不同大小漏失孔缝的封堵，即自匹配封堵，封堵机理如下：

（1）较低的液柱压力。由于可循环微泡沫钻井液密度较低，可降低井底静液柱压力，实现防漏堵漏（图6-8）。

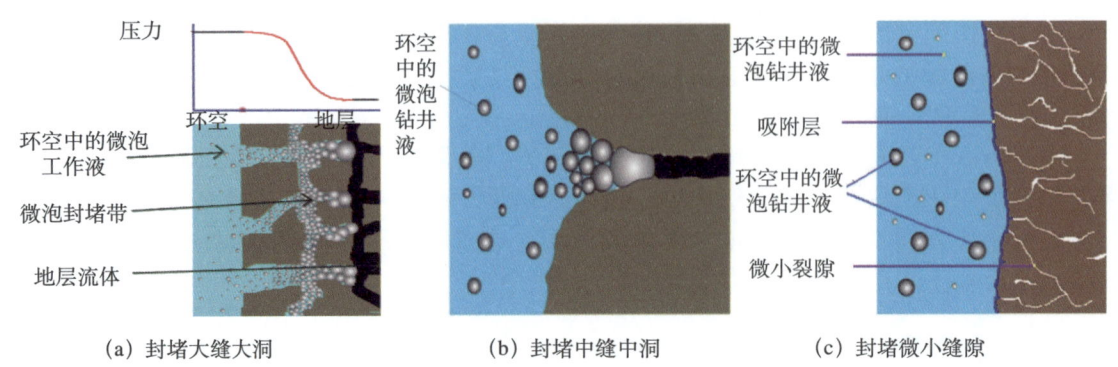

(a) 封堵大缝大洞　　　　　(b) 封堵中缝中洞　　　　　(c) 封堵微小缝隙

图6-8　泡沫封堵裂缝示意图

(2) 可循环微泡沫内压力作用。当微泡沫到井底时，微泡内的空气被压缩，微泡体积减小，微泡内压力增加。当钻遇低压储层时，微泡中的部分能量会释放出来，微泡开始膨胀，直到微泡内外部压力达到平衡。当压差克服毛细管力时，微泡开始移动，对单一气泡的毛细管来说压力很小，但贾敏效应表明，在毛细管作用区许多微泡累计起来的阻力可能很大。因此，它可穿透进渗透性地层彼此连接的孔洞中，进而形成无固相的桥。

(3) 高黏度特性。可循环微泡沫钻井液体系的表观黏度比钻井液中任何单一组分的表观黏度都要高。在易漏地层的孔隙通道内，微泡沫体系表观黏度随剪切速率的降低而增加。当微泡在井底钻遇低压或裂缝时，剪切速率将降低，但黏度将增加，从而加剧泡沫的聚集，增强防漏堵漏效果。

可循环微泡沫钻井液配制维护简单方便，在工厂化钻井作业过程中，只需调整好原有体系的流变性，再加入发泡剂和稳泡剂即可。因此，在钻完一口井后打开固控设备，除去无用固相进行净化，适当补充发泡剂、稳泡剂和相关处理剂，循环均匀后即可应用于下口井施工。如遇溢流等特殊情况时，加入消泡剂进行消泡即可恢复发泡前的密度。威远页岩气钻井过程中，部分上部地层极易发生漏失，在施工过程中可充分利用可循环微泡沫钻井液封堵、防漏及堵漏特点，防止漏失的发生，降低施工成本。

针对不同区块、地层、钻井工况，选择合适的钻井液体系，以满足工厂化钻井作业对环保和降低钻井液成本的要求。

第三节 工厂化钻井钻井液回收及无害化处理技术

工厂化钻井过程中，通常会产生大量的废弃钻井液。废弃钻井液已成为石油勘探开发过程中对环境影响较大的废弃液之一，无害化处理势在必行。废弃钻井液的处理方案应遵循"控制源头、重复利用、处理到位"的方针，优先采用重复利用的原则，减少废弃物的排放量和处理量，达到资源利用最大化和可处理回收规范化。根据处理的基液不同，废弃钻井液处理的方法也不尽相同，下面分别介绍工厂化钻井过程中水基废弃物处理技术及油基废弃物无害化处理技术。

一、工厂化钻井水基钻井液无害化处理技术

工厂化钻井过程中产生的水基钻井液废弃物若不经过处理而暴露在环境中，或简单的填埋处理会对土壤和地下水造成污染，进而导致破坏作业区域生态环境的严重后果。因此在实施前就必须考虑对水基钻井液废弃物进行处理的问题。

国外通常采用回填处理法、回注安全地层法、固液分离技术等处理水基钻井液废弃物，并已形成完备的处理工艺。而国内尚处于起步阶段，根据国内的实际情况，我国通常采用固液分离技术处理水基废弃物，通过脱液减量处理技术进行固液分离，分离水进行回收，实现水资源的有效利用，无法达标的少量污水送至污水处理厂处理，分离的固相和产生的岩屑进行固化处理，最后进行填埋，水基钻井液无害化处理装置如图6-9所示。

1. 水基钻屑处理流程

首先采用四级固控设备对钻井液中钻屑进行分离，液相进入循环系统，分离的固相进入螺旋输送器中。螺旋输送器把分离出的较干固相输送到岩屑箱中，待运往指定固化池进行固化。主要处理流程如图6-10所示。

(a) 离心机橇装设备　　　　(b) 气浮、压滤设备　　　　(c) 岩屑罐

图 6-9　工厂化钻井废弃水基钻井液无害化处理装置图

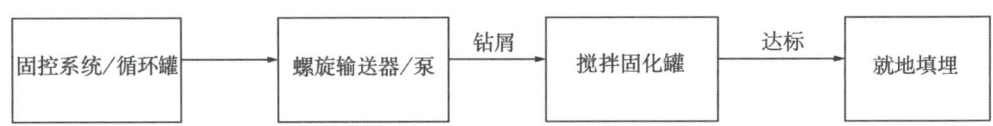

图 6-10　水基钻井液废弃钻屑的无害化处理流程

水基钻井液岩屑固化处理，是将固体废物转运至固化池内，采用机具和人工相结合的方式，加入固化主剂搅拌均匀后，再加入固化辅剂混合，达到规定的标准后进行填埋，最后恢复地貌还耕。水基钻井液岩屑固化处理流程如图 6-11 所示。

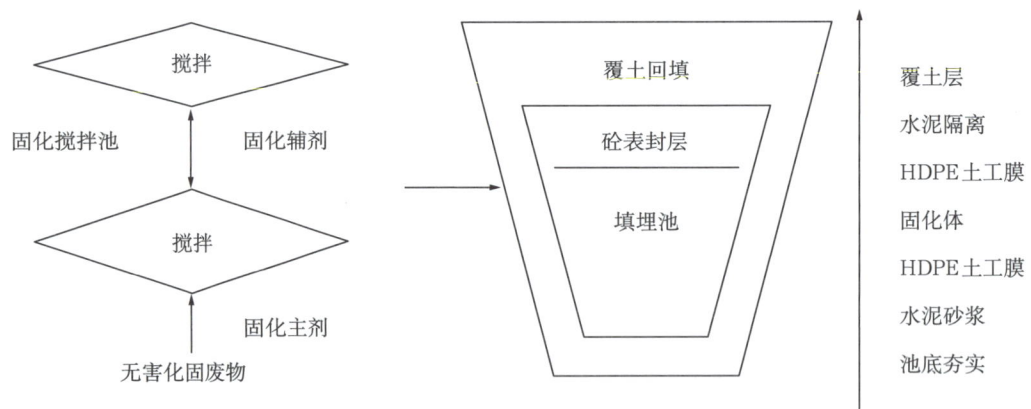

图 6-11　固体废弃物无害化处理流程图

2. 废液处理工艺技术

废液处理首先进行预调节，调节废液 pH 值，同时去除其中大粒径固含物。处理后进行絮凝沉淀，使用化学药剂处理废液，去除其中悬浮物、COD 及油类。通过此工艺环节后进行除硬沉淀，用于去除钻井废液中二价离子，保证处理出水结垢趋势达标，后进行筛孔过滤，去除钻井废液中所有悬浮物、油类、细菌，最后进行固液快速离心分离，达标后的固相进行固化填埋，液体用于配制钻井液、压裂液等，实现循环利用。废液处理工艺流程图如图 6-12 所示。

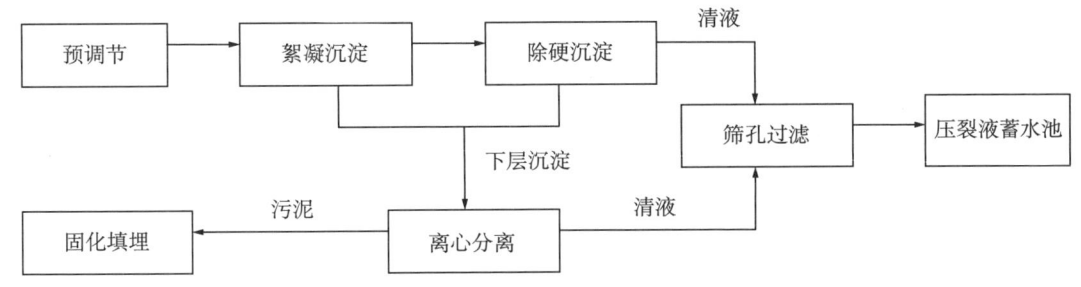

图 6-12 水基钻井液废液处理工艺流程图

随着国家环保法的颁布和执行,工厂化钻井钻井废弃水基钻井液的无害化处理越来越受重视。在实施过程中要不断优化废弃水基钻井液的处理工艺,简化处理程序,降低处理成本,使其对环境的影响降到最低。

二、工厂化钻井油基钻井液回收及无害化处理技术

油基钻井液在工厂化钻井施工结束后要进行统一的回收处理,便于后续钻井作业的重复利用。同时因废弃油基钻井液中含有矿物油、重金属和一些有毒物质,不能被生物降解,直接排放势将严重危害环境和生态系统,因此需要经过无害化处理。

1. 油基钻井液回收处理工艺

当一个平台所有井完钻后,井场多余的油基钻井液就会从井场通过钻井液罐车拉运到油基钻井液处理厂,首先进入倒浆罐,然后进入安装有固控设备的钻井液罐,通过高效振动筛(一般装 200～210 目筛布)清除大于 74μm 的固相颗粒。如果钻井液密度高于 1.0g/cm³,可以用离心机进一步清除钻井液中的固相,处理达标后输送到储备罐。

工厂化钻井作业油基钻井液回收注意事项:

(1) 从平台回收的油基钻井液必须先通过高效振动筛处理后,才能进入钻井液厂储备罐;

(2) 不同密度、不同种类的油基钻井液必须分开装运,一般情况下,不同密度的油基钻井液储存在不同的储备罐中;

(3) 储存在钻井液厂储备罐中的油基钻井液必须定期循环;

(4) 一般不采用油或水稀释的方法降低密度,因为加入油或水后,液相体积增大,而且处理剂浓度降低,导致性能变差。

图 6-13 是在威远页岩气井工厂化钻井施工现场建造的一座油基钻井液回收厂,用于专门处理和存储回收的油基钻井液。

2. 油基钻井液岩屑无害化处理技术

工厂化钻井施工中,油基钻井液的应用广泛,同时油基废弃物处理也非常重要。一般在其施工时,油基废弃物会进行集中处理,施工方通常会建油基废弃物处理站,对含油钻屑进行无害化处理,处理后使固体废渣达到国家标准和企业规范相关要求,同时回收油类,实现资源再利用。

国外油基钻井液在工厂化钻井作业时一般采用机械+微生物处理法、热解法处理油基废弃物。机械+微生物处理法优点是能耗低、处理费用低、设备结构简单、运输方便、可随时作业,缺点是处理时间长、占地面积大、受气候因素影响较大;热解法的优点是处理

时间短、处理后含油量低、处理量大，缺点是成本高，对环境有一定的影响。我国威远页岩气井工厂化钻井因井场条件受限，环境相对潮湿，处理量较大，不适合采用机械+微生物处理法，因此专门建立了油基废弃物处理站，采用热解法处理油基废弃物（图6-13）。下面分别介绍工厂化钻井常用的两种油基废弃物无害化处理方法。

图6-13　威远页岩气油基钻井液回收厂图

1）机械+微生物处理技术

该技术主要通过机械装置将含油岩屑进行甩干，使含油量降低，然后采用微生物对岩屑进行处理，直到含油量达到国家规定排放标准后排放。机械+微生物处理装置包括岩屑收集、传送、脱油甩干和微生物处理系统两部分，如图6-14所示。

图6-14　机械+微生物处理处理装置

（1）岩屑收集、传送、脱油甩干系统。岩屑收集、传送系统主要由螺旋推进器完成。脱油甩干系统主要由甩干机和高速变频离心机组成，通过机械方法使油和岩屑分离。岩屑通过螺旋推进器进入甩干机，经过甩干机的离心作用将岩屑上粘附的油基钻井液分离，再送到微生物处理场地进行微生物处理。经甩干机分离的油基钻井液进入甩出液回收池，再经高速离心机进一步分离后回收利用。

(2) 微生物处理系统。微生物处理系统主要是采用生物降解方法，对油污进行生物降解。在岩屑处理场，安装微生物喷洒设备，在水中加入生物降解菌液、增氧剂、微生物营养添加剂等，用喷洒设备注入处理岩屑中，并翻动岩屑，对油污进行生物降解。最终产物是 CO_2、H_2O 和脂肪酸，环境副作用小，不造成二次污染。每过一定时间测量岩屑含油率，当岩屑含油率达到排放标准时，即可将其排放。

机械+微生物处理技术具有以下优势：处理条件温和、能耗低、油回收率高，处理费用低、经济效益好，设备结构简单、运输方便、操作安全，可随时作业，因此应用较为广泛。

2) 热解法

油基岩屑热解法处理技术是工厂化钻井处理油基钻井液的一种有效方法。热解法处理工艺包括三大系统：减量回用系统、热解回收系统和固化填埋系统。减量回用系统采用高效离心分离装置对含油钻屑进行固液分离，将液相浆料回收利用；热解回收系统采用回转炉热解装置并配合冷凝分离设备对含油钻屑进行深度脱油并除去污染物，回收油类资源。处理后采用固化填埋系统，将无害化固体废渣进行固化填埋处理。主要流程如图 6-15 所示，油基废弃物处理站如图 6-16 所示。含油钻屑经热解处理结束后，得到的无害化废渣，经检测达到固化填埋标准后，将其转运至指定地点进行固化和填埋。

工厂化钻井采用热解法处理油基钻屑的优点是：油基废弃物中的油回收率较高，处理后剩余油量较低，固化物可以直接填埋，处理量大，受环境等影响较小。

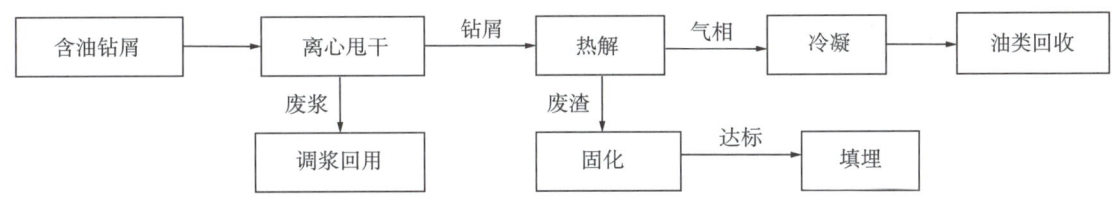

图 6-15 含油钻屑热解法处理流程图

(a) 离心机橇装设备　　　　　　　　　(b) 热解炉侧面图

图 6-16 热解法处理油基废弃物设备

第四节 苏 53 区大井丛工厂化作业平台钻井液技术

苏 53 区块工厂化作业平台由 1 口直井、2 口定向井和 10 口水平井构成,井位布置示意如图 6-17 所示。由于井数较多,井距小(15m),井下情况复杂,对钻井液的性能要求较高。

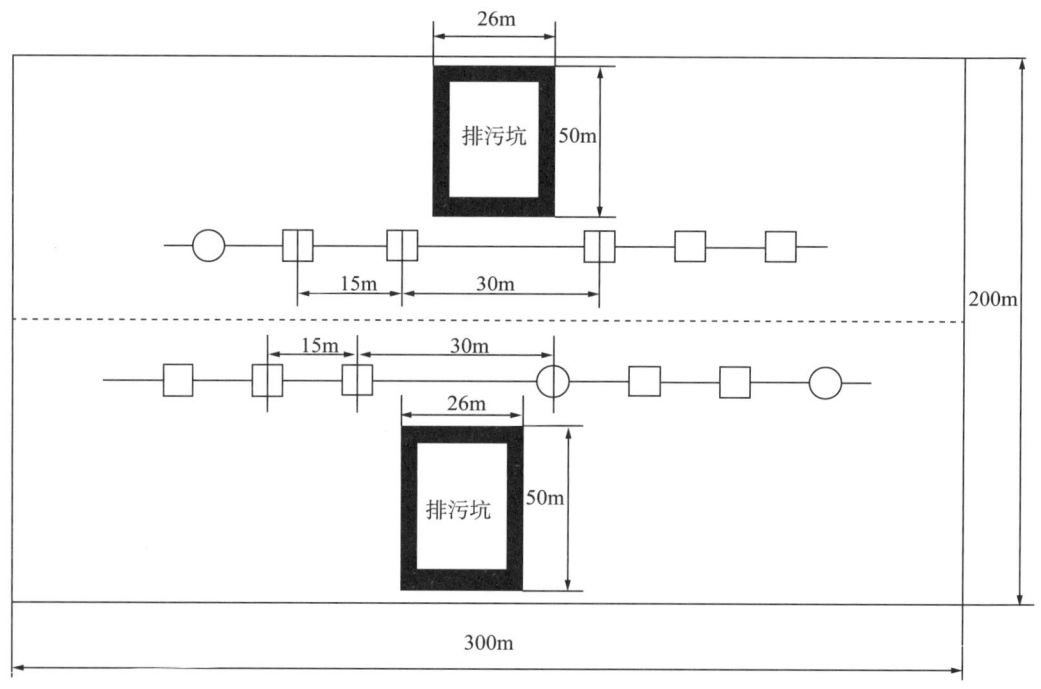

图 6-17 苏 53 区大井丛工厂化作业平台井位布置示意图

一、钻井液施工难点

苏 53 作业区块钻井揭露的地层自下而上为下古生界奥陶系马家沟组;上古生界石炭系本溪组、太原组、二叠系山西组、石盒子组、石千峰组;中生界三叠系刘家沟组、和尚沟组、纸坊组、延长组,侏罗系延安组、直罗组、安定组,白垩系洛河组和新生界第四系。

该区地表构造复杂,经多年风化,裂缝发育,表层易漏失;有的井在沙漠上,地表有流沙层,易坍塌出水;直罗组、石盒子组和山西组煤层段易坍塌掉块;延安、延长组易缩径,起下钻阻卡严重;纸坊组地层易发生井径扩大;刘家沟组易发生井漏;和尚沟组—石盒子组井段泥岩坚硬,细砂岩、粉砂岩研磨性强,易蹩跳造成掉牙轮或断钻具。由于该区域井塌、缩径形成的糖葫芦井眼较多,造成电测困难。

分段施工难点如下:

(1)一开表层井段:砾石层、流沙层易坍塌;黄土层裂缝多易发井漏;地表易出水;大井眼岩屑携带困难。

（2）二开至定向点：直罗组易坍塌；延安、延长组易缩径；纸坊组地层易发生井径扩大；和尚沟、刘家沟易发生井漏。

（3）造斜点至 A 点：刘家沟与石千峰交界处易发生井漏；石千峰、石盒子组易坍塌、掉块；易发生粘卡。本区石盒子组所含硬脆性泥页岩层理发育，黏土矿物主要是伊利石、绿泥石和高岭石，在压力作用下钻井液中的自由水沿微裂缝隙、层理侵入泥页岩内部。由于水的极性很强，水分子与黏土颗粒表面上的羟基作用，将颗粒间的接触点水化，使颗粒间的部分氢键断裂。随着水化膜的增加，泥页岩内部产生水化膨胀压力也随之增大，再加上地层坍塌压力的叠加作用，泥页岩变得不稳定或开始崩裂，导致泥页岩掉块、坍塌。

（4）水平段：A 点至 B 点裸眼段长、摩阻大、中间所夹的泥岩易剥落或垮塌，再加上井眼小、泵压高、排量受限，使携砂更加困难，导致划眼频繁，钻具下入困难。

二、钻井液技术对策

针对各开次施工难点，制定钻井液技术对策如下：

（1）一开采用护壁性好的低密度膨润土浆，并根据需要混入一定量的单封，实现漏失层封堵。

（2）二开至造斜点利用聚合物强絮凝、包被作用抑制延安组、延长组缩径和地层造浆，解决起下钻阻卡严重的问题。针对苏里格区块泥页岩易于水化膨胀、剥落掉块的问题，引入 K-PAM、FA-367 等高分子聚合物及有机硅、聚合醇等防塌剂，一方面利用钻井液中的聚合物官能团优先与黏土颗粒结合，减少蒙脱土的水化膨胀；另一方面封堵泥页岩中的微裂缝，减少游离水进入泥页岩，提高井壁稳定能力。

（3）造斜点至 A 点，利用基于仿生强固壁钻井液体系和 GWSSL 钻井液体系强封堵固壁润滑作用，解决该井段易漏失、坍塌、粘卡等问题。

（4）水平段，适当提高钻井液密度和黏度，以解决部分井段泥岩坍塌问题和因小井眼泵压高、排量受限，造成的携砂困难问题，同时增加钻井液的润滑性，防止水平段卡钻。

三、钻井液现场应用

1. 现场施工过程

1）一开表层井段

采用护壁性好的低密度膨润土浆，并根据需要混入一定量的单封进行封堵漏失层，加入石灰石粉调节密度。体系密度控制在 1.05～1.08g/cm^3、漏斗黏度 45～55s，并适当加入一些防塌剂、降滤失剂，改善钻井液性能，满足携砂要求和防漏要求。

2）二开至定向点

采用强抑制无固相聚合物钻井液体系，防阻卡事故。具体施工过程：二次开钻加入一定量的 PAM，利用其强絮凝性充分沉淀钻屑和分散的地层黏土，保持密度在 1.00～1.01g/cm^3，漏斗黏度 27～30s 防止粘卡；钻至延长组底部灰黑色泥岩前，适量提高 PAM 的加量，同时加入防塌剂、降滤失剂控制失水，防止井壁坍塌；充分利用固控设备，有效地控制密度和含砂量，以防止刘家沟组井漏；同时准备一定的堵漏材料。

3）造斜点至完钻

采用强封堵、固壁钻井液体系。具体施工过程：钻穿刘家沟组后将钻井液体系转化为强封堵、固壁钻井液体系，加入 GWSSLAI 和 GWSSLAII 等降滤失剂控制 API 滤失量小于

5mL，使用石蜡和乳化沥青等封堵剂提高钻井液对泥岩地层的封堵能力，并以0.1%的比例加入K-PAM，延长泥页岩坍塌周期。

进入定向段后，在原有石蜡润滑机理的基础上，合理使用润滑剂，采取固—液复配方式，以解决受储层地质条件变化影响，增斜和扭方位并存，造成的钻具旋转扭矩大和滑动钻进时"托压"的现象；同时使用好离心机，及时清除有害固相。

中完前尽可能缩短施工周期，采取近平衡钻进，并加入适量随钻堵漏剂，以解决因泥岩垮塌憋堵造成的刘家沟组漏失问题。

水平段施工时在未钻遇伽马值超过80API的井段，控制钻井液密度在1.15g/cm³；当伽马值超过80API且连续井段过长时，钻井液密度提至1.17～1.20g/cm³，此时应防范因液柱压力过大，诱发的渗漏问题；如果渗漏量过大，可加入适量的随钻堵漏剂控制漏速。

在钻井液维护处理时，遵循钻井液处理节点化，通过前井遇到的问题来完善补充处理剂，降低复杂事故的发生率，同时不断优化钻井液配方，以前一口井的施工过程为经验，改进钻井液性能参数，减少复杂事故的发生。完钻后，充分利用固控设备清除有害固相，保持钻井液的清洁，为下口井的重复利用做好准备。分段钻井液性能设计见表6-3。

表6-3 分段钻井液性能设计表

开钻次序	井段(m)	常规性能								静切力 (Pa)	
		密度 (g/cm³)	漏斗黏度 (s)	FL_{API} (mL)	滤饼厚度 (mm)	pH值	含砂 (%)	FL_{HTHP} (mL)	摩阻系数	初切	终切
一开	直井段	1.02	35～40	12～15	1.5～2					2.0～4.0	4.0～6.0
二开	直井段	1.02～1.05	27～30	6～8	1～1.5	8～9				0.5～1.0	1.0～2.0
	斜井段	1.05～1.10	40～55	≤4	<0.5	9～10	<0.2	<12	<0.08	2.0～3.0	3.0～5.0
三开	水平段	≤1.20	45～55	≤3	<0.5	9～10	<0.2	<12	<0.07	2.0～4.0	3.0～5.0

2. 施工效果

通过运用改进的聚合物钻井液体系和自主研发复合处理剂配制的强封堵固壁钻井液体系，充分发挥工厂化钻井钻井液预处理节点化、性能维护程序化的特点，提高钻井液抑制能力，保持井壁稳定，降低摩阻，使水平段钻井液密度由1.25g/cm³以上降低到1.20g/cm³以下，井下复杂情况显著减少。在井深和水平段长度基本相当的情况下，与同区块水平井相比，平均钻井周期缩短45.2%，平均建井周期缩短44.6%，钻井综合成本显著降低，取得了较好的经济效益。

四、钻井液回收再利用

为了苏53作业区块工厂化钻井顺利实施，长城钻探公司在乌审旗建造了容量为700m³的钻井液配制储备厂（图6-18），同时在苏53作业区块工厂化钻井现场设立500m³钻井液的临时储备点。

图 6-18 苏里格钻井液配制储备厂图

在工厂化钻井作业设计之初,由于考虑了钻井液回收再利用的问题,再加上选用聚合物钻井液体系和强封堵固壁钻井液体系具有重复利用效果好等优点。施工过程中又时刻注意钻井液性能维护,清除有害固相,保持钻井液性能的稳定,从而提高了钻井液回收再利用率。苏53作业区块工厂化钻井期间,共回收再利用钻井液2264m³,回收再利用率达到90%,解决了平台井单井钻井液配制起效慢、工作量大,废液排放量大和环保压力大等问题,节省了钻井液总成本。

第五节 威远页岩气丛式水平井工厂化钻井钻井液技术

威远页岩气井钻探目的层为下古生界志留系龙马溪组。平台采用工厂化钻井模式进行施工,主要采用6口水平井方式部署井,井位示意如图6-19所示。

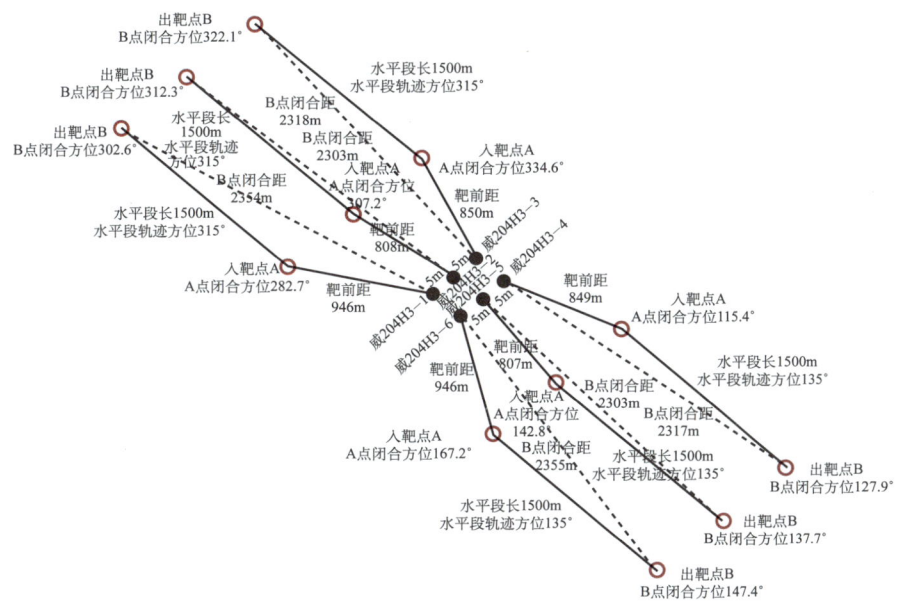

图 6-19 威远页岩气井工厂化平台井位图

平台采用双钻机同步进场、同步安装、同步开钻的"三同步"运行模式，充分考虑水基与油基钻井液转换不仅耗时、耗力、耗财，而且可能带来环保风险的问题，以水基、油基钻井液为分界实现批量钻井。每部钻机先批次完成水基钻井液井段施工，之后平移钻机，进行水基、油基钻井液转换，完成油基钻井液井段的施工，施工流程如图6-20所示。

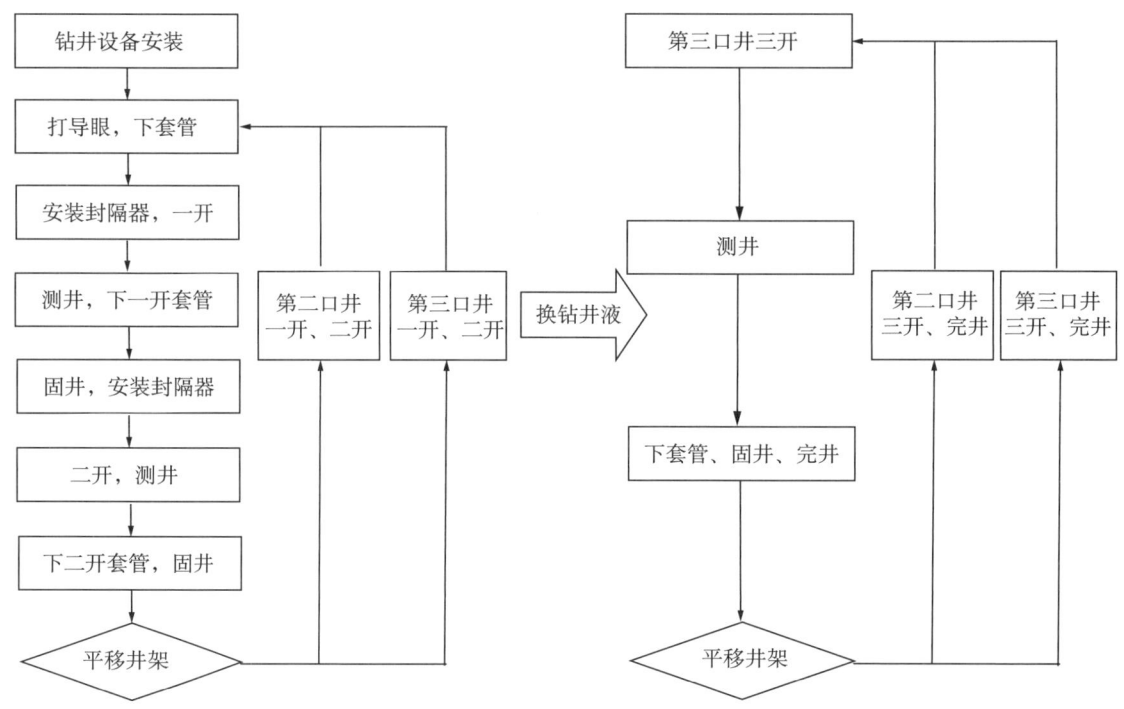

图6-20　威远页岩气井工厂化钻井施工流程图

一、施工难点

威远构造核部出露最老地层为三叠系下统嘉四地层，从地表至基底，地层层序依次为侏罗系自流井组、三叠系须家河组、雷口坡组、嘉陵江组、飞仙关组、二叠系乐平统、阳新统、志留系下统龙马溪组、奥陶系五峰组、宝塔组、大乘寺组、罗汉坡组、寒武系洗象池组、迂仙寺组、筇竹寺组和震旦系上统灯影组、喇叭岗组，缺失石炭系、泥盆系地层。该区龙马溪组以页岩、泥岩为主，井壁易坍塌掉块，地层压力系数复杂，施工难度较大。

分段施工难点如下：

(1) 一开表层井段，易坍塌、漏失。

(2) 二开井段，以灰岩、泥岩、白云岩及石膏层为主，泥岩井段井壁稳定性差，膏岩井段易污染钻井液，部分井段含硫化氢，同时存在漏、塌、卡、喷风险。

(3) 三开龙马溪组（水平段），该段上部主要为绿灰色泥、页岩夹泥质粉砂岩，下部为灰色、深灰色、灰黑色、黑色页岩，本段含硫化氢，同时存在漏、塌、卡、喷风险。

二、钻井液现场应用

结合各开次施工难点，通过钻井液体系和性能的持续研究，形成的一开聚合物＋二开氯化钾聚磺水基钻井液体系，减少了井下复杂情况；针对 ϕ 311mm 井眼井漏、井塌、泥包等现象，采用氯化钾聚磺水基钻井液，按照强抑制、强封堵、强护胶、强固控的"四强"技术要求，解决批量钻井时钻井液性能下降的技术难题，提高了井眼净化能力；针对三开水平段井漏、掉块，容易形成砂桥，造成井下卡钻等情况，综合考虑页岩垮塌、摩阻、扭矩和环保要求，通过优化油包水乳化钻井液性能，提高钻井液的抑制性、润滑性和稳定性，保证了井壁稳定，减少了井下复杂情况的发生。

三、清洁化生产

针对四川地区人口密集、河流众多、常年多雨的特点，完善钻井液废弃物处理方案，建立具备 1200m³ 钻井液储备能力的储备站，保证钻井和生产过程中产生的废弃物不落地，直接进入处理系统处置，减少对土壤、地下水的污染，实现清洁化生产，如图 6-21 所示。

钻井岩屑经螺旋输送器进入岩屑箱，实时转移处理，保持井场清洁区场面清洁，避免因混入雨水造成的岩屑膨胀和废水增加。

图 6-21　钻屑不落地收集图

三开施工产生的油基岩屑对环境影响较大，对油基岩屑的处理是清洁化生产的重点。油基岩屑的处理基本流程：油基岩屑现场甩干回收基础油，含油率由 20% 降至 6%~8%。在处理厂与瓦斯灰混合，在焚烧炉内经 1100~1400℃高温焚烧，产生的 SO_2 等废气经碱液喷淋脱硫，达到环保排放标准后，再实施排放；焚烧残留分离出银、铁、铬等金属回收利用；处理后的岩屑用作生产水泥的填料，进而实现零污染排放。处理前后的油基岩屑对比如图 6-22 所示。

（a）处理前的油基岩屑　　　　（b）处理后的油基岩屑

图 6-22　油基废弃物处理前后对比图

四、实施效果

采用平台工厂化作业，所有井全部钻至中完后，再实施水基、油基钻井液转换，不仅可以保证水基、油基钻井液的使用连续性，减小因多次转换不同钻井液体系造成污染的可能性，还可以减少因钻井液转换带来的循环罐清理工作量、钻井液倒运车次以及不连续生产时间，节约人工、设备成本及钻井液储备库的租赁费用等。

统计表明，三开井水基、油基钻井液平均转换时间为 9.88d。工厂化钻井一部钻机 3 口井只需一次转型，下口井平移后可直接开钻。单平台可以节约钻井液转换时间 39.52d，提效 66.7%，应用效果明显。

第七章　工厂化压裂技术

工厂化压裂的最大特点是打破了传统的"单兵种"作战生产模式，实现"多兵种"、流水线作业，显著提高施工效率，成为工程技术提速、提效和降低成本的革命性手段。随着我国非常规油气资源的开发，工厂化压裂在页岩气、致密气开发中逐渐得到应用和推广，其理念和技术也于近些年得到了深刻认知和快速发展。

工厂化压裂的规模大、时间长、消耗大，科学的施工组织管理是高效运行的保障；工厂化压裂涉及的工种多，时常出现交叉作业的情况，各工种之间交流配合是安全施工的基础。与常规单井压裂相比，工厂化压裂在诸多方面具有巨大的优势：

(1) 大规模体积压裂注入液量和支撑剂量大，普遍达到"千方砂、万方液"的规模，裂缝间更易于形成应力干扰，从而有利于提高单井改造体积，提高单井产能；

(2) 采用拉链式压裂或同步压裂的施工模式可以保证每天2段～4段的施工，可大幅度提高施工效率；

(3) 丛式井平台工厂化压裂可减少车辆及其辅助设备搬迁次数，有利于节约成本。

本章以苏里格致密砂岩气田苏53-82平台和威远页岩气威202H2平台为例，介绍井工厂化压裂的关键技术和关键工艺，包括体积压裂技术、暂堵转向技术、连续混配技术等，详细介绍两平台的工厂化压裂实施情况，包括工厂化压裂的可行性、工艺流程、施工设计等，对取得的经验进行总结，形成认识，以期为今后的工厂化压裂提供有益指导。

第一节　工厂化压裂关键技术

由于页岩气、致密气储层的渗流条件很差，施工难度和开发成本的增加都使得开发这些气藏面临前所未有的挑战。经过北美数十年的理论研究与实践经验证明，开发非常规油气资源需要一套有别于常规油气藏的特色技术。近几年，我国经过潜心研究和大胆试验，结合北美成功开发经验，逐渐形成了适用于我国页岩气、致密气开发的井工厂化作业技术。

一、体积压裂技术

体积压裂一般应用分段多簇射孔技术和裂缝转向技术，压裂材料一般采用低黏度压裂液和裂缝转向控制材料，并尽可能采用较大液体用量和较高的施工排量，在主裂缝侧向强制形成次生裂缝，并实现次生裂缝继续分枝，形成二级乃至多级次生裂缝，最终使主裂缝与多级次生裂缝相互交织，形成立体的裂缝网络系统，实现储层内天然裂缝、岩石层理的大范围有效沟通。体积压裂的实施对象主要针对天然裂缝较为发育的脆硬性地层。对这类地层的水力压裂，通过较大的排量使得天然裂缝张开、岩石发生剪切、错断和滑移，产生新的与人工裂缝相交的天然裂缝，形成一个较为复杂的裂缝网络，达到增加井筒与地层的沟通体积、提高单井产量和采收率的目的[29-32]。

近年来，全球许多公司经过不断地探索和试验，证明水平井分段压裂技术是迄今开发非常规油气藏的最佳技术。2006年针对水平井分段改造进行攻关，目前形成了双封单卡压裂技术、封隔器滑套分段压裂技术和水力喷砂分段压裂技术的三大主体技术。我国水平井体积压裂技术起步较晚，2008年开始试验应用缝网压裂技术，2010年初步建立了体积压裂技术体系。

1. 体积压裂增产机理

根据岩石力学基本原理，人造裂缝一般垂直于最小主应力方向起裂和扩展。对于常规低渗透储层，增产改造的途径是形成一条或多条细长的双翼裂缝；对于常规中高渗储层，增产改造的途径是形成一条或多条宽短的双翼裂缝，二者都是为了增加井筒与储层的接触面积，使得渗流模式从压裂前的径向流变为压裂后的双线性流，降低油气流动阻力，达到提高单井产量的目的[33, 34]。这种有差别的做法主要是因为，对于低渗透储层，由于储层的渗流能力较差，单位时间内进入人造裂缝的油气流较少，无需过度增加裂缝的宽度即导流能力，但增加裂缝的长度是非常必要的；对于中高渗储层，由于储层的渗流能力较好，单位时间内进入人造裂缝的油气流较多，增加裂缝的导流能力是至关重要的。但是对于致密砂岩储层来说，储层的渗流条件非常差，大多数井通过常规压裂无法达到经济产量，这样就需要采用非常规的储层改造方法，体积压裂技术应运而生。

"体积压裂"理念的核心是利用"大排量、大液量、大砂量"的方法开启储层中的天然裂缝或通过剪切、滑移作用产生新缝，再以人工裂缝与之沟通，从而形成贯穿整个油藏的缝网系统，最大限度地提高改造体积，从而达到提高单井产量的目的。

2. 体积压裂形成条件

国内外针对致密气藏和页岩气藏体积压裂能否形成复杂网状裂缝进行了大量的研究，认为其受以下多种因素的影响。

1）天然裂缝

储层中天然裂缝的存在是体积压裂形成复杂缝网的基础，缝网的形成及其复杂程度主要受天然裂缝发育程度、胶结程度和角度的影响。一般情况下，仅采用工艺手段只能在主裂缝周围通过诱导应力开启少量的天然裂缝，且诱导应力的作用范围较小。天然裂缝越发育，由大排量挤入的压裂液越能开启更多的天然裂缝，形成自支撑微裂缝。如果天然裂缝与水力裂缝方向垂直，则水力裂缝可能会穿过天然裂缝，也可能导致天然裂缝剪切、错断和滑移，从而形成缝网。显然，天然裂缝的密度会显著影响裂缝网络的复杂程度。通常采用取心或取露头的方式，对天然裂缝的倾角、线密度、开度、渗透性等进行定性或定量的判定。

岩石力学特性表明，对储层进行水力压裂时，若水力裂缝与天然裂缝的夹角较小，天然裂缝容易张开，为形成缝网创造条件；但是，当天然裂缝与水力裂缝的夹角较大时，天然裂缝很可能不会张开，而是被水力裂缝穿透，这种情况下，若裂缝内没有足够大的净压力，很可能无法形成缝网。当然，如果水平主应力差较小，水力裂缝与天然裂缝相交时仍然会发生穿越或转向。显然，天然裂缝在没有胶结的情况发生剪切、错断或滑移的可能性最大。如果天然裂缝胶结程度不一，水力裂缝穿过天然裂缝时，天然裂缝张开与否均可能发生。

复杂诱导应力状态下，为工程上计算简便，水力裂缝与天然裂缝的作用机制可借鉴国外学者提出的各种判据，见表7-1。

表 7-1 人工裂缝与天然裂缝相互作用模式表

p_i (0) 与 σ_n 比较	判据	相互作用结果
当 p_i (0) 大于 σ_n	p_i (t) > σ_3+$T_{o, i}$	穿过天然裂缝，沿原方向继续延伸
	p_i (t) > σ_n+$T_{o, tip}$+Δp_{nf} 且 $T_{o, tip}$ < $T_{o, i}$ − (σ_n−σ_3) −Δp_{nf}	从天然裂缝尖端延伸
	p_i (t) > σ_n+$T_{o, 1}$ 且 $T_{o, 1}$ < $T_{o, i}$ −Δp_1	从天然裂缝薄弱处延伸
当 p_i (0) 小于 σ_n	天然裂缝被捕捉。但是，随着水力裂缝里净压力的升高，p_i (t) 逐渐大于 σ_n，最终会出现上述 3 种现象之一	

注：p_i (0) 为人工裂缝到达天然裂缝时尖端压力，MPa；σ_n 为裂缝某单元上诱导法向应力，MPa；p_i (t) 为天然裂缝内压力，MPa；σ_3 为最小水平主应力，MPa；$T_{o, i}$ 为裂缝间相交处抗拉强度，MPa；$T_{o, tip}$ 为裂缝尖端出抗拉强度，MPa；Δp_{nf} 为裂缝相交处到最近裂缝尖端的压降，MPa；$T_{o, 1}$ 为天然裂缝某处的抗拉强度，MPa；Δp_1 为裂缝相交处到天然裂缝内某处的压降，MPa。

2）水平应力差异

通常情况下，水平方向上两个主应力的差值越大，压裂时形成的裂缝形态为平直的双翼对称缝，而水平方向主应力差值越小，压裂时越容易形成网状裂缝。水平应力差异系数 K_h 见式（7-1），表示水平应力差值与最小水平主应力之比。基于实验，认为当 K_h < 0.25 时，裂缝会沿天然裂缝扩展，当 K_h 较大时，裂缝会沿垂直于最小主应力方向扩展。

$$K_h = (\sigma_H - \sigma_h) / \sigma_h \tag{7-1}$$

式中 σ_H——水平最大主应力；
　　　σ_h——水平最小主应力。

可以通过声发射实验方法对水平应力值进行测量。当材料在受到拉伸，且应力不超过以前受过的最大应力时，没有声发射产生，一旦应力超过之前材料受到的最大应力，声发射活动显著增加，这一现象即是 kaiser 效应。利用岩石这一具有应力记忆的特性进行 Kaiser 效应实验，可以获得岩石的最大、最小主应力。

3）脆性指数

脆性的强弱对裂缝网络的形态、施工参数的选取有直接的影响（图 7-1）。要对脆性进行评价，需要综合考虑断裂韧性、杨氏模量、泊松比等多个参数，因此脆性是材料的综合特性。建立脆性指数的方式是目前评价脆性特征最常用的方法。目前，有三种常用的评价页岩脆性指数的方法。一是用杨氏模量和泊松比来计算脆性指数，式（7-2）；二是如式（7-3）介绍的计算脆性指数的方法，脆性等级划分标准见表 7-2；三是进行岩心矿物组分分析。

$$YM\_BRIT = [(YMS\_C-1) / (8-1)] *100$$
$$PR\_BIRT = [(PR\_C-0.4) / (0.15-0.4)] *100 \tag{7-2}$$
$$BRIT = (YM\_BRIT+PR\_BRIT) /2$$

式中 YMS_C——岩石的静态杨氏模量，10^4MPa；
　　　PR_C——岩石的静态泊松比。

$$BI=\sigma_c/\sigma_t \tag{7-3}$$

式中 σ_c——单轴抗压强度；

σ_t——抗张强度。

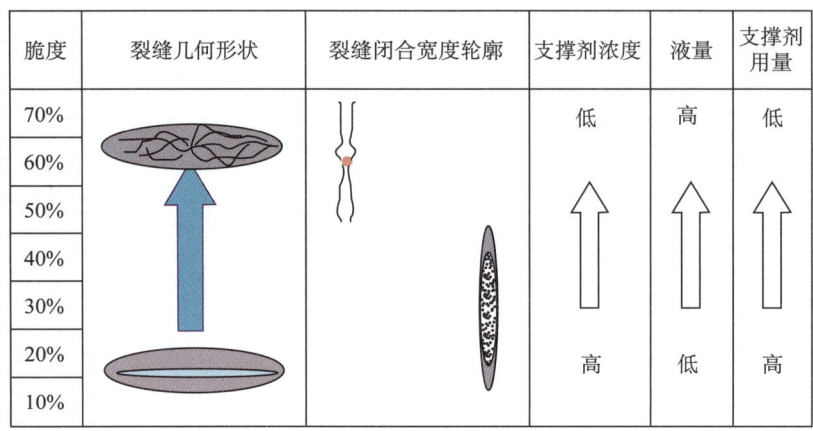

图 7-1 不同脆性对应的裂缝形态

表 7-2 岩石脆性等级划分表

等级	BI	特征
1	＞25	脆性很强
2	15＜BI＜25	脆性
3	10＜BI＜15	中等脆性
4	BI＜10	脆性较低

4）储层渗透率

研究表明，储层渗透率的大小对体积改造技术的适用性有重要影响。当储层渗透率较大（$K \leqslant 1 \times 10^{-3} \mu m^2$）时，缝网对产能的贡献不大（10% 左右）；当储层渗透率较小（$K \leqslant 1 \times 10^{-7} \mu m^2$）时，缝网对产能的贡献很大（80% 左右）。页岩储层的渗透率越低，微裂缝网络越能够体现出增产的作用。

5）工艺技术

（1）水平井分段压裂工艺技术：近年来，水平井分段压裂技术成为开发页岩气藏和致密气藏的关键技术，其中应用比较广泛的两种技术为水平井裸眼分段压裂技术和水平井分段多簇压裂技术。该技术的应用，可使水平段沿程的人工裂缝有效沟通储层远端，实现增加井筒与储层接触体积、提高单井产量的目的。

水平井裸眼分段压裂技术是将完井管柱和压裂管柱合并为一趟管柱一起下入，采用双向锚定悬挂封隔器、扩展式裸眼封隔器、投球式喷砂滑套、压差式开启滑套以及坐封球座等工具下入井内，通过裸眼封隔器封隔水平段，实现压裂作业井段横向选择性分段隔离，再通过对分隔储层的选择性改造，实现提高单井产量的目的。由于压裂管串和完井管串为同一管串一同下入，且不需要固井及射孔作业，因而可显著缩短完井时间，降低钻井成本。

水平井分段多簇压裂技术是目前页岩气压裂应用最多的一项技术，该技术的特点是在套管固井完井的水平井中，通过电缆泵送桥塞实现段间封隔，通过相连的射孔枪对目标层位进行射孔，然后进行分段压裂。该技术的优势是适用于大排量、大液量、长水平段连续压裂的施工，根据需要选择不同类型的桥塞进行封隔，多簇射孔可以实现精确定位改造点，有利于诱导多点起裂，形成复杂裂缝网络，提高单井改造体积。

(2) 缝网压裂技术：

缝网压裂技术最早出现在页岩气开发中。利用储层的脆性，通过大排量大规模的施工对地层进行"打碎"，最大限度地增加储层与井筒的接触体积。由于改造出来的主次裂缝相互交错，形同网状，因此称为裂缝网络，简称缝网。缝网压裂技术的特点就是施工排量大、液体规模大、砂量大、液体黏度低、砂比小。目前，缝网压裂技术已经逐步推广到致密砂岩气藏中，通过对施工参数、液体性能和支撑剂配比的优化，实现对致密砂岩气藏的有效开发。由于这种技术可大幅改善储层的渗流特性，因而可以显著提高改造效果和增产有效期。

(3) 同步压裂技术：

同步压裂技术通常是指对同一层位的 2 口或多口邻近水平井同时进行压裂施工，在高排量、大液量的施工条件下，相邻井间的应力相互干扰，或开启大量的天然裂缝，或使得天然裂缝发生剪切、错断或滑移，大幅提高主裂缝、天然裂缝与井筒的接触体积，从而对多井渗流条件均起到改善作用的技术。

6) 压裂材料

体积压裂所使用的压裂材料根据地层条件不同而有差异。对于脆性地层，如页岩气储层，压裂液主要为滑溜水或降阻水、低目数陶粒砂和线性胶；对于塑性地层，压裂液瓜尔胶为主，支撑剂以中等目数陶粒为主。此外，在体积压裂改造前，还可以适当对储层进行酸液处理以降低地层破裂压力。

二、段内多缝体积压裂技术

段内多缝体积压裂是通过增加有限水平段长内的裂缝密度而提高单井泄气体积的技术，属于广义体积压裂的一种。它通过一次或多次向段内注入一定量的暂堵剂，对前期已形成的裂缝进行堵塞，后续高压流体重新压开新缝，从而获得更大的改造体积。根据断裂力学理论，水力压裂总是从破裂压力低的层段优先起裂，加砂完成后，通过投送暂堵剂形成的滤饼提高已压开裂缝区域的断裂韧性，后续压裂液注入后，会憋高井底压力，进而压开破裂压力稍高于前次的层段，如此重复可以实现在一段内压裂多条裂缝。室内实验和现场试验表明，此工艺技术可以实现单段内 3～5 条裂缝的开启，如图 7-2 所示。

三、暂堵转向技术

暂堵转向技术是在刚压开的裂缝中注入耐高温高压暂堵剂，该暂堵剂堵塞在裂缝入口并形成强度较高的滤饼，进而使后续注入的压裂液在其他位置造出新缝的技术。施工后，暂堵剂通常会完全溶于地层水或压裂液，不对地层产生污染。

—153—

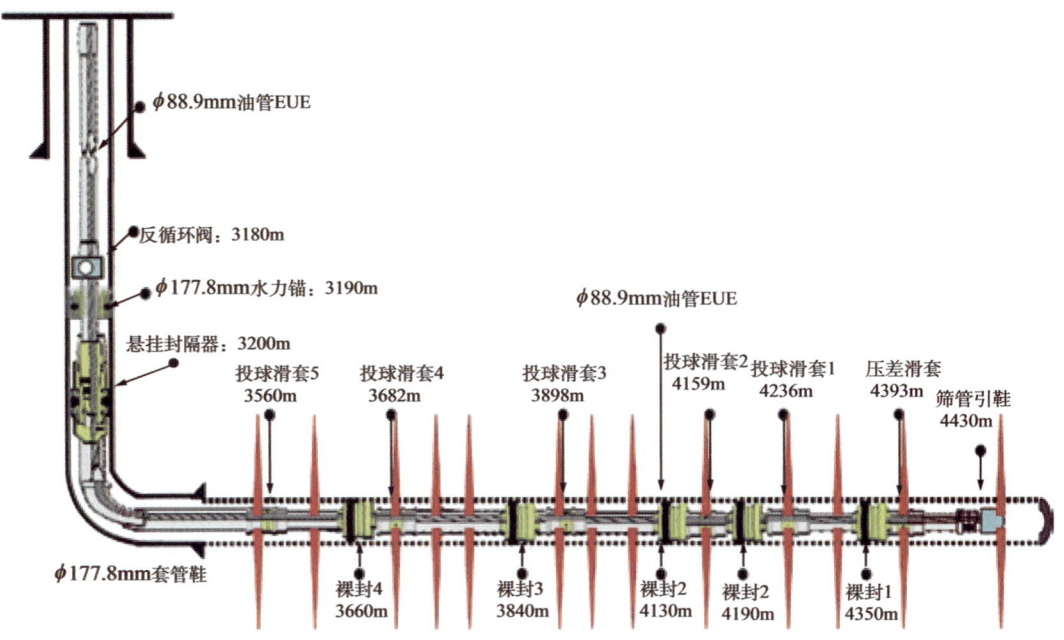

图 7-2 苏 53-82 平台某井段内多缝设计示意图

针对不同储层特性、不同封堵控制作用，经过拟合计算确定支撑剂的不同有效用量，实现均匀分布在裂缝中、控制裂缝延伸有效长度、形成多裂缝和转向等效果。实验表明，支撑剂用量较小时，可以均匀分布在裂缝中；中剂量时，可以控制裂缝的有效缝长；大剂量或二次加砂时，可以实现裂缝转向，形成多裂缝。

图 7-3 是暂堵剂对人造岩心封堵状况的电镜扫描图。从扫描结果可明显看出，所有孔隙都被暂堵剂粘附、堵塞，且在放大 1500 倍时未见有未堵塞孔隙，证明暂堵剂具有良好的封堵能力。

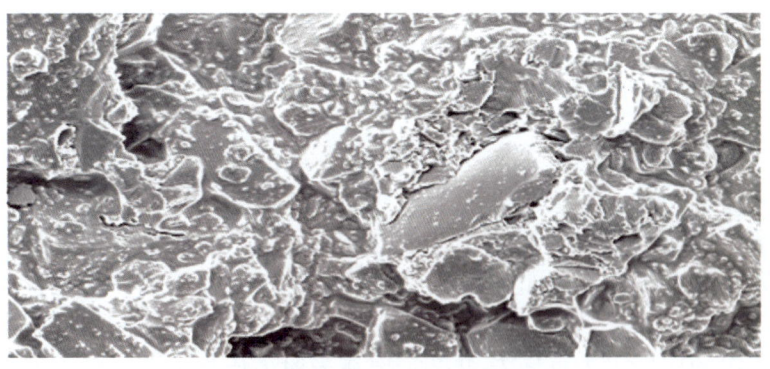

图 7-3 人造岩心暂堵剂封堵电镜扫描图

四、连续混配技术

连续混配技术是指通过一种特殊的连续混配设备实现边配边用的技术，其配液过程在施工中进行，并可通过电脑控制实时改变化学添加剂的用量，从而起到现场实时调整的作用。这种技术的出现，解决了常规压裂液配液过程中出现的配制时间长和因储存造成浪费的问题，提高了压裂施工的效率。

连续混配流程：地面缓冲水罐为连续混配车供水，混配时在连续混配车按比例连续加入速溶瓜尔胶和防膨剂。配制的压裂液进入地面缓冲液罐，再供给混砂车。交联剂、促进剂由混砂车的比例泵按比例吸入，助排剂由地面比例泵供给至混砂车，如图 7-4 所示。滑溜水的混配方式与胶液大致相似，只在加入的添加剂方面（减阻剂、防膨剂、增效剂等）有所区别。

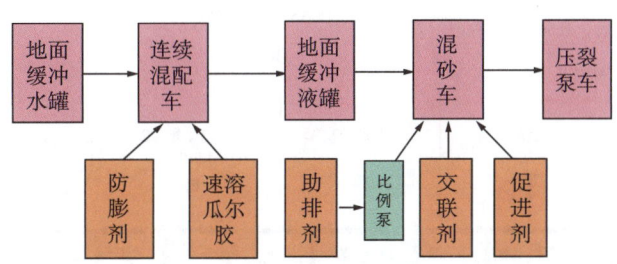

图 7-4 交联胶液连续混配流程示意图

五、微地震监测技术

微地震监测技术是通过微地震监测压裂产生的岩石破裂情况，再通过后期数据处理和解释达到施工过程的实时调整和对地层进一步认知的技术。微地震监测能够监测由注水压裂、油气开采等因素引发地下应力场变化导致岩层开裂或错断产生的微地震信号，实现对裂缝或油藏的监测。

目前，微地震监测技术主要有地面监测和井中监测两种。井中监测是在压裂井周围邻近的监测井中布置检测仪器对目标区域信号实施监测；地面监测是在目标区域周围的地面上布置检测仪器对目标区域信号实施监测。这两种技术各有优缺点：井中监测受地表噪声干扰较小，信号更清晰，但该技术受监测井数量、单井检波器数量级横向空间分布的影响较大，且费用较高；地面监测受地表噪声干扰较大，信号更清晰度较低，但具有简单经济、适应性强和数据量大以及较高的横向分辨率等优点，因而也得到了越来越多的应用。

苏 53-82 大井丛组合平台微地震监测是通过布置在地表或者近地表的专用阵列检波器，对裂井观测并记录下微地震事件，再利用 RealFrac ™，FracCAI ™等软件对微地震监测的有效事件自动识别并实时对震源自动定位。威 202H2 平台微地震监测采用的是井下监测方式，在邻井造斜段放入检波器对被监测井进行信号收取，通过处理软件对监测到的有效时间自动识别并定位。现场应用情况表明：微地震监测可以对流体压裂前缘进行实时成像，实现对压裂效果的评价，从而指导下一步施工，并为油藏工程的调整提供依据。

六、水平井裸眼封隔器滑套分段压裂技术

水平井分段压裂是水平井合理动用低渗透油气藏的有效改造方式。实现压裂各层段有效封隔方式有多种，最常用的是采用机械封隔，即下入封隔器对井筒进行分割。苏 10 区块是苏里格地区最早引进并成功应用水平井裸眼封隔器实施分段压裂的致密气田，压裂管柱

如图 7-5 所示。由于应用效果显著，成功推动了苏里格致密天然气的经济有效开发。

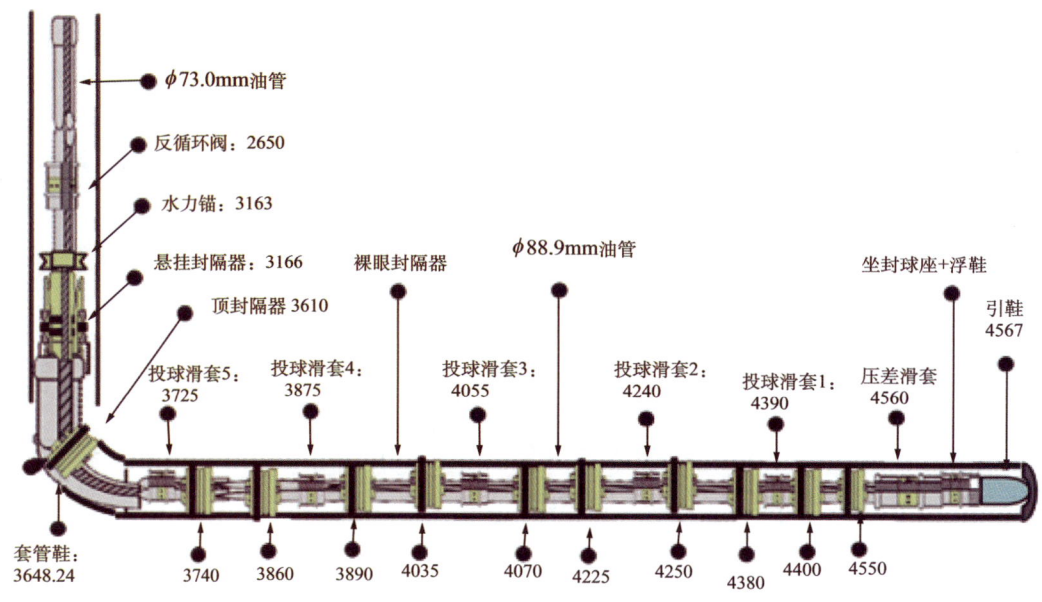

图 7-5　苏 53-82-19H 井的压裂管柱示意图

气藏裸眼水平井压裂产能受多种条件共同制约，产能的变化是储层、水平井和压裂等多种因素共同作用的结果。对于低渗、特低渗油气藏，由于储层的物性是不可改变的，气井的产量主要取决于水平段长度和单井压裂改造的情况。在一定水平段长的条件下，裂缝条数越多，产量就越高。水平井裸眼封隔器+滑套分段压裂工艺既是为实现增加裂缝条数而产生的。

1. 工作原理

根据地质和工艺的要求把水平井裸眼段分为若干段，在相应位置下入水平井裸眼封隔器，在需要改造的对应位置下入滑套，封隔器与滑套连接成管柱串，下完井管柱到设计位置，坐封封隔器，施工时投球依次打开滑套，从而实现分段压裂的目的。封隔器可达到较高的耐压和耐温指标，适用于多种类型的油气井改造。

2. 工艺特点

（1）可以实现选择性改造、分段隔离，封隔器分段隔离效果好；
（2）采用压裂生产一体化管柱，减少作业时间；
（3）无需固井、射孔，减少储层伤害、作业工序；
（4）可根据需要开关滑套，实现选层压裂；
（5）适用于套管固井完井和裸眼完井的水平井。

七、水平井桥塞射孔联作分段多簇压裂技术

水平井桥塞射孔联作分段压裂工艺技术为满足页岩气水平井大排量、大液量、簇式改造等体积压裂而开发的技术。由于该技术具有封隔可靠、分段压裂级数多、裂缝布置精准、压后井筒完善程度高、受井眼稳定性影响小等特点，在北美页岩气开发中得到了广泛应用，平均应用率 80% 以上。

1. 工作原理

在进行第一段压裂前,用合适尺寸通井规通井,保证井筒内干净;然后采用趾端阀或连续油管对首段进行射孔,取出射孔枪,进行第一段压裂作业;完成第一段压裂后,电缆作业下入桥塞和射孔枪工具串(图7-6),开泵泵送至预定位置;坐封桥塞,上提射孔枪至预定位置进行射孔,取出工具串;投球至桥塞球座,封隔已压裂层段,对此层进行压裂作业;以此类推,进行泵送桥塞、射孔和压裂作业。对于大通径免钻桥塞,由于桥塞所用封隔球为可溶球,无需钻磨,压裂后可直进入放喷测试阶段;对于可钻复合桥塞,需要对桥塞进行钻磨。

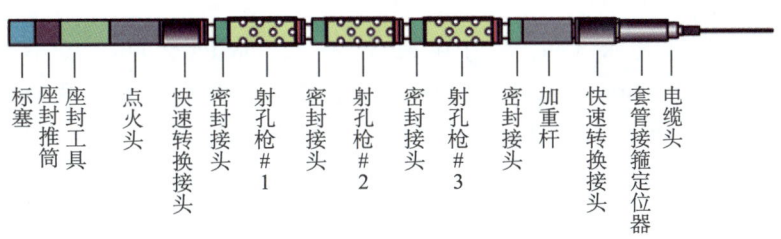

图7-6 桥塞射孔枪工具串示意图

根据封层方式的不同,可将所用桥塞分为大通径免钻桥塞和可钻式桥塞。大通径桥塞所用封隔球为可溶球,在地层条件下10h后完全溶解,完全保证了压裂施工中的封隔作用。可钻桥塞本体除锚定卡瓦和极少量配件外,均采用类似硬性塑料性质的复合材料制成,可钻性强和密度小的特点使其更易于钻磨成碎屑被循环带出地面,保证返排前井筒的清洁。

2. 工艺特点

1)大通径免钻桥塞

(1)通径大,无生产节流;

(2)封隔球为可溶球,免钻,节省连续油管作业费用;

(3)可使用电缆、连续油管、油管等多种下入方式;

(4)单卡瓦设计、高承压差(70MPa);

(5)耐温167℃。

由于大通径桥塞虽然设计为免钻,但由于压后桥塞留井,井筒不是全通径,生产过程中一旦出砂,连续油管通过桥塞时可能会有困难。虽然大通径桥塞也存在一定的局限性,但压后解决了大量的钻磨桥塞费用和时间,为缩短见气时间创造了有利的条件。

2)可钻复合桥塞

(1)使用广泛,下入风险小,处理事故比较容易;

(2)复合材料,易钻磨;

(3)多种耐温抗压级别;

(4)电缆、连续油管、油管等多种下入方式;

(5)钻磨后保持井筒全通径,便于后期作业。

由于复合桥塞为非留井设计,压裂后必须钻塞,增加了连续油管钻塞费用和时间;另外,一旦遇到压后套变的情况,桥塞可能无法钻掉或无法完全钻掉,对后期生产存在一定的风险。

第二节　苏 53 作业区工厂化压裂技术

一、体积压裂可行性分析

通过对苏 53 作业区块岩心观察可知，本区胶结致密的砂岩储层中宏观构造裂缝不发育，局部井段砂岩储层中不同程度地发育微构造裂缝，缝间被钙质、硅质或沥青质所充填。薄片分析表明，苏里格地区目的层微裂缝发育形态主要以颗粒间网状缝、显微构造裂缝和晶间缝 3 种形式存在。

苏 53 作业区块最大水平主应力在 62.37～72.56MPa 之间，最小水平主应力在 52.53～58.72MPa 之间。Sondergeld 等人认为当水平地应力差小于 13.8MPa 时有利于形成缝网。当应力差异系数小于 0.25 时，裂缝会沿着天然裂缝的方向扩展，从表 7–3 苏 53 作业区块岩样地应力统计数据可见，苏 53 作业区块的应力差异系数在 0.236～0.274 之间[35–38]。

表 7–3　苏 53 作业区块岩样地应力统计

岩性	地应力（MPa）		应力差异系数
	最大水平主应力	最小水平主应力	
泥岩	72.56	58.72	0.236
砂泥岩	62.37	52.53	0.187
泥页岩	71.52	56.14	0.274

室内岩心测试表明，苏里格气田目的层石盒子组的盒 8 段及山西组的山 1 段砂岩具有杨氏模量高、泊松比低的特征，具体数据见表 7–4。

表 7–4　苏里格气田岩石力学参数

储层	岩性	围压（MPa）	孔隙压力（MPa）	杨氏模量（GPa）	泊松比
盒 8 段	砂岩	57	28	1.84～3.42	0.2～0.4
山 1 段	砂岩	45	24	1.94～3.16	0.21～0.26

薄片鉴定资料统计表明（表 7–5），苏 53 作业区块储层岩石类型以岩屑石英砂岩为主，石英含量高达 80% 以上，岩石具有较高的脆性，在破裂压力作用下更易形成裂缝，在高净压力作用下易于形成网状裂缝。

表 7–5　盒 8 和山 1 段岩性分析

组段	岩屑含量（%）				填隙物含量（%）	
	石英	岩屑	长石	燧石	泥质	胶结物
盒 8	83.8	8.6	0.3	0.3	4.4	2.6
山 1	80.7	9.2	0.2	0.4	6.1	3.4

二、压裂施工设计

1. 压裂设计思路

根据苏 53 大井丛组合平台地质设计要求,确定采用 3.1% 的无伤害压裂液体系,设计思路如下:

(1) 盒 8 和山 1 层位分为 9 个小层,其中 4、5、6 小层为主力产气层,砂体厚度 36.1m,有效厚度为 12.4m,优化射孔井段垂深为 3200～3300m。对主力小层进行压裂,以获取有效的压裂缝长和较高的裂缝导流能力,实现致密气高产。

(2) 使用前置段塞降低近井筒弯曲摩阻以及孔眼摩阻,改善进液通道。

(3) 根据已施工井的压裂效果资料及裂缝监测数据,结合数值模拟优化裂缝参数,得到岩石物理参数及最优的裂缝参数后,再进行压裂施工设计。

2. 压裂设计参数

根据压裂设计的目的和实际的地层特征,对大井丛组合平台上的 13 口井进行了压裂方案优化设计,具体参数见表 7-6。

表 7-6 苏 53 作业区 13 口井的压裂方案优化设计参数

序号	井号	开发层位	施工层段	砂量（m³）	液量（m³）	最高排量（m³/min）
1	苏 53-82-17H	盒 8	6 段	330.0	3250.0	4.1
2	苏 53-82-19H	盒 8	6 段	316.0	3315.0	4.1
3	苏 53-82-18H1	山 1	5 段 12 缝	400.0	3980.0	3.8
4	苏 53-82-18	山 1+盒 8	3 层	86.0	740.0	3.0
5	苏 53-82-19H1	山 1	5 段 11 缝	435.0	3940.0	4.0
6	苏 53-82-21H1	山 1	5 段 11 缝	410.0	3840.0	4.0
7	苏 53-82-18H	盒 8	6 段	343.0	3395.0	4.2
8	苏 53-82-20H	盒 8	6 段	346.0	3390.0	4.2
9	苏 53-82-21H	盒 8	6 段	330.0	3035.0	3.8
10	苏 53-82-22H	盒 8	6 段 11 缝	450.0	4170.0	3.8
11	苏 53-82-20	山 1+盒 8	2 层	92.0	780.0	2.8
12	苏 53-82-22	山 1+盒 8	3 层	83.0	695.0	3.2
13	苏 53-82-20H1	山 1	5 段 10 缝	400.0	3600.0	3.8
合计			93 缝	4021.0	38130.0	

三、压裂工艺流程

工厂化压裂与常规单井压裂所用设备大体相同,最大的不同就是连续混配技术的使用。工厂化压裂需要大量的压裂液,但由于受到井场面积的限制,特别是山区、丘陵地带,无法一次性摆放数百个液罐，加上配好的压裂液也容易变质，所以连续混配技术对于工厂化压裂是必不可少的。

工厂化压裂施工中的同步压裂或拉链式压裂对施工的连续性要求非常高，为了保证施工的连续性，需要安全可靠的连续供水、连续供液、连续混配、连续供砂和连续泵注系统，任何一个系统出现问题都会导致施工中断，严重时还会造成施工事故。

图 7-7 和图 7-8 分别是苏 53-82-17H 和苏 53-82-19H 两口井同步压裂施工的井场布置示意图和施工现场图。由于连续混配技术的使用，有效减少了液罐的使用数量，这种对井场空间的节省在降低征地成本的同时，保证了多专业交叉作业的顺利进行。

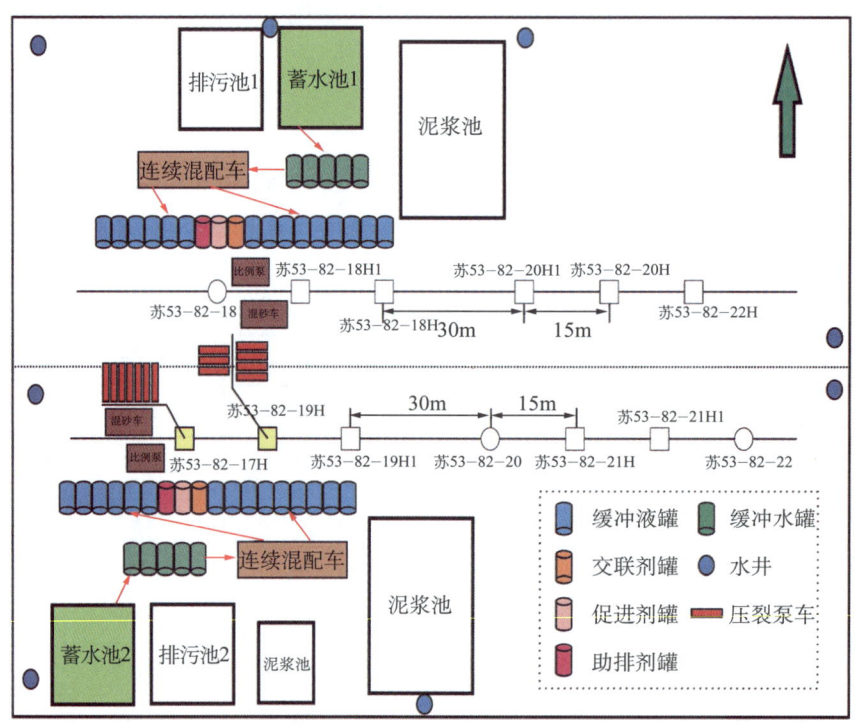

图 7-7　苏 53-82-17H 和苏 53-82-19H 两口井同步压裂施工井场布置示意图

图 7-8　苏 53 大井丛组合平台压裂施工现场图

1. 连续供水系统

单座蓄水池的容量为 4000m³，大平台共 4 座蓄水池，如图 7–9 所示。按同步压裂两口井，每口井的蓄水容量为 8000m³。10 个地面缓冲水罐为 450m³，共需提前上水 8450m³，见表 7–7。

表 7–7 提前上水量情况

项目	数量	单个液量（m³）	液量（m³）
地面水罐	10	45	450
蓄水池	2	4000	8000
合计			8450

按上水时间 7 天计算，需上水速度为：8450m³/（60min×24h×7d）=0.84m³/min。按单井上水速度 0.28m³/min 计算，目前的 5 口水井能够满足上水需求。

图 7–9 连续供水系统单井蓄水池

2. 连续供液系统

压裂液用水首先从水井泵入到 2 个蓄水池（单个 4000m³），然后由潜水泵泵入地面缓冲水罐（10 台、450m³）。地面缓冲水罐为连续混配车供液，配制的压裂液被泵入到地面缓冲液罐（30 台、1350m³），地面缓冲液罐为混砂车供液，再通过压裂泵车将压裂液挤入地层，这样可以保证边施工、边配液、边上水的同步进行。图 7–10 和图 7–11 分别是连续供液系统流程示意图和现场施工作业图。

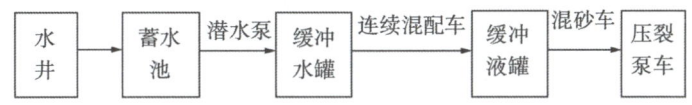

图 7–10 连续供液系统流程示意图

（1）同步压裂前应先配好 30 台地面缓冲液罐的压裂液，保证 2 口井单段施工。每段压裂前也应在缓冲罐内配好压裂液。10 台地面缓冲水罐上满清水，2 个蓄水池上满清水。压裂的同时，水井应不间断向蓄水池补水。

（2）单个蓄水池向缓冲地面水罐供水能力不能低于 5.0m³/min，以保证连续混配施工要求。

（3）采用配液速度满足 10.0m³/min 的连续混配装置进行即时连续配液（6.0～8.0m³/min 连续混配装置 2 套）。为避免在泵注期间可能出现设备故障造成供液不足的情况，在连续混配车的上下水端各接入地面缓冲液罐，以确保泵注期间的连续供液。

图 7-11　连续供液系统现场施工作业现场

3. 连续混配系统

连续混配系统由混配车、供液罐、缓冲罐等组成。

施工开始后，以每三个罐为一个单元计算（共 135m³），施工混砂车以最大施工排量 4.2m³/min 的排量，30min 左右可抽空三个缓冲罐。此时，调碱混砂车开始给三个空罐供砂液（在 30min 内完成即可满足要求）；连续混配车以 5m³/min 排量实施混配，完成补给，这个过程大约需要 27min；速溶瓜尔胶压裂液在 10min 时增粘比为 80%，15min 时增黏比 90%，可满足连续混配的要求。速溶瓜尔胶基液黏度随时间变化情况如图 7-12 所示，连续混配系统现场施工情况如图 7-13 所示。

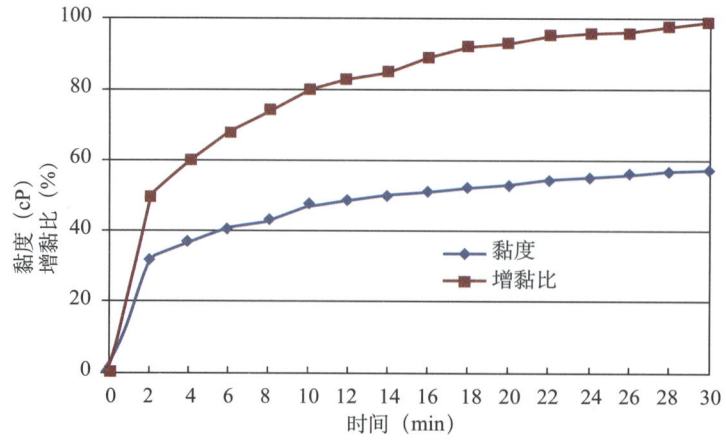

图 7-12　速溶瓜尔胶基液黏度随时间变化图

图 7-13 连续混配作业现场

在没有连续混配车的情况下,应考虑采用配液车实时配液方式,实现工厂化压裂。目前单台配液车的配液速度为 $1.5m^3/min$,如单井配置 3 台配液车,可实现 $4.5m^3/min$ 的目标,与压裂最大速度($4.2m^3/min$)基本一致。

4. 连续供砂系统

连续供砂系统由吊车、砂罐车、拉运支撑剂的卡车组成,支撑剂采用 1.5 吨/包的形式,由卡车批量拉运到井场附近的材料场地,现场吊车配合吊装,施工时先将支撑剂分装到砂罐车的砂罐中,砂罐车与混砂车连接,完成供砂,每台混砂车可同时与两台砂罐车相连,由多台砂罐车配合备用,即可完成整个连续供砂作业。连续供砂作业现场施工情况如图 7-14 所示。

图 7-14 连续供砂作业现场

5. 连续泵注系统

单井压裂一般由 1470~1838kW·h 压裂泵车 5 台，备用 2 台共 7 台组成，两口井同步压裂施工需压裂泵车 12 台（图 7-15）。

其他车辆：单井需压裂用混砂车 2 台（备用 2 台）、仪表车 1 台、管汇车 1 台、平衡泵车 1 台、平衡液罐车 1 台、液氮泵车 1 台、液氮罐车 1 台；同步压裂用混砂车 4 台（备用 2 台）、仪表车 2 台、管汇车 2 台、平衡泵车 2 台、平衡液罐车 2 台、液氮泵车 2 台、液氮罐车 4 台。

图 7-15 连续泵注施工现场

四、苏 53 区大井丛组合平台工厂化压裂施工情况

该苏 53 区大井丛组合平台工厂化压裂依照钻井进度，分两批次进行压裂施工。第一批次施工 2 轮共 4 口井，其中 3 口水平井，1 口定向井，于 2013 年 9 月 15 日至 9 月 18 日完成，施工周期 4d；第二批次施工 4 轮共 9 口井，其中水平井 7 口，直井 1 口，定向井 1 口，于 2013 年 11 月 16 日至 11 月 24 日完成，施工周期 9d。该大平台工厂化压裂总施工周期为 13d，如果按照常规单井压裂施工则需 23d（按水平井 2d，直井 1d 计算），减少压裂液浪费和设备搬迁等费用共计 200 余万元。

1. 前期准备

（1）设备方面：配备主压泵车 14 台（2500 型 8 台、2000 型 6 台），管汇车 2 台、混砂车 2 台、仪表车 2 台、液氮车 2 台、液氮罐车 4 台、平衡泵车 2 台、平衡罐车 2 台、吊车 4 台、砂罐车 12 台及其他相关设备。所有设备提前 1d 进行统一的维护和保养，并备好相关配件，保证每台泵车有四套以上专用备件，具体见表 7-8。

表 7-8 大井丛组合平台工厂化压裂所需压裂设备统计

设备	型号	数量	设备	型号	数量
压裂泵车	2000/2500	14 台	地面罐	45m^3	46 个
混砂车	100bbl	3 台	蓄水池	4000m^3	2 个
仪表车		2 台	液氮泵车	0.25m^3/min	2 台
平衡泵车	700 型	2 台	潜水泵（水井用）	0.28m^3/min	5~8 台

续表

设备	型号	数量	设备	型号	数量
砂罐车	10～15m³	12台	潜水泵（倒水用）	1.5m³/min	12台
吊车	70吨型	4台	连续混配车及配套设备	8m³/min	2套
多支路供送泵	6～8m³/min	2台	比例泵	15～40L/min	2台
交联剂罐	30m³	2台	助排剂罐	30m³	2台
促进剂罐	30m³	2台	管汇车		2台

（2）摆罐落罐前由专人勘察井场，指导压裂施工人员将大罐摆放到合理的位置，做到上水、配液、泵车摆放等多工序可同时开展，互不影响，同时保证在连续施工的情况下可以满足现场配液需求，并查看现场照明布线情况。

（3）提前一天将压裂车组开赴井场并连接好所有地面软硬管线及倒水、配液设备管线。对油、套两组地面硬管线分别试压至80MPa和30MPa，以满足施工安全要求。地面压裂主管汇采用单向连接管汇施工，高压管线安装时要更换所有高压胶圈，保证不刺不漏，井口到地面硬管线全部捆绑高强度安全绷绳，最大限度地保证施工安全和顺畅。

（4）考虑到连续施工时间长，人员易疲劳，压裂队及相关方应做好人员倒班安排。各关键岗位人员分为2班次～3班次，每8～12h一倒，夜间施工时根据具体情况再进行机动调整。各岗位要明确分工明确职责，由施工指挥员统一协调各岗位人员，确保施工配合顺畅。夜间施工时，应在压裂施工区配备防爆照明灯6台，以确保井场照明无死角，而且每台车配备一支强光手电筒，同时还备有应急防爆灯5台。

（5）对已经备好的2个蓄水池要不间断供水，以保证压裂用水。

（6）试气队要预埋好放喷管线，以满足压裂施工后的放喷要求。

2. 施工情况

苏53作业区块大平台第一批压裂4口井（施工进程见表7-9），其中水平井3口，直井1口，压裂27段（层、缝），砂量1132m³，液量11285m³，最高施工排量4.2m³/min；第二批9口井（施工进程见表7-10），其中水平井7口，直井2口，压裂66段（层、缝），砂量2889m³，液量26845m³，最高施工排量4.5m³/min，共用支撑剂量4021m³，压裂液38130m³，实现了"千方砂、万方液"的工厂化连续压裂，施工参数见表7-11。

表7-9 第一批次压裂施工进程

井号	9月15日	9月16日	9月17日	9月18日
苏53-82-17H	同步压裂	放喷	放喷	放喷
苏53-82-19H	同步压裂	放喷	放喷	放喷
苏53-82-18H1	上水	上水	压裂	放喷
苏53-82-18	上水	上水	上水	压裂

表 7–10　第二批次压裂施工进程

井号	11月16—17日	18—19日	20日	21—22日	23—24日
苏53-82-19H1	同步压裂	放喷	放喷	放喷	放喷
苏53-82-21H1	同步压裂	放喷	放喷	放喷	放喷
苏53-82-18H	上水	同步压裂	放喷	放喷	放喷
苏53-82-20H	上水	同步压裂	放喷	放喷	放喷
苏53-82-21H	上水	上水	上水	压裂	放喷
苏53-82-22H	上水	上水	上水	压裂	放喷
苏53-82-20	上水	上水	上水	上水	压裂
苏53-82-22	上水	上水	上水	上水	压裂
苏53-82-20H1	上水	上水	上水	上水	压裂

表 7–11　13口井实际施工参数统计

井号	开发层位	施工层段	砂量（m³）	液量（m³）	排量（m³/min）
苏53-82-17H	盒8	6段	313.0	3430.0	4.2～3.8
苏53-82-19H	盒8	6段	316.0	3120.0	4.1～3.8
苏53-82-18H1	山1	5段12缝	400.0	3585.0	3.8
苏53-82-18	山1+盒8	3层	86.0	710.0	3.0～2.4
苏53-82-19H1	山1	5段11缝	435.0	3880.0	4.0～3.5
苏53-82-21H1	山1	5段11缝	330.0	2840.0	4.0
苏53-82-18H	盒8	6段	343.0	3187.0	4.2～3.8
苏53-82-20H	盒8	6段	346.0	3374.0	4.2
苏53-82-21H	盒8	6段	330.0	2840.0	3.3～3.8
苏53-82-22H	盒8	6段11缝	442.0	4024.0	3.8
苏53-82-20	山1+盒8	2层	92.0	734.0	2.8
苏53-82-22	山1+盒8	3层	83.0	634.0	2.4～2.6
苏53-82-20H1	山1	5段10缝	400.0	3310.0	3.8
合计		93缝	3916.0	35668.0	

苏53-82-17H和苏53-82-19H井、苏53-82-18H和苏53-82-20H井水平段均处于同层位盒8段，苏53-82-19H1与苏53-82-21H1水平段处于同层位山1组，井轴方位相邻，具备同步压裂的实施条件。通过交叉布缝、同时压裂、混合液分段体积压裂等工艺实施缝网改造，以进一步提高压裂改造效果。

在水平井裸眼封隔器分段压裂的基础上，苏53-82-18H1、苏53-82-20H1和苏53-82-22H井采用了段内多缝压裂技术。苏53-82-21H井采用了裸眼封隔器分段压裂工艺。1口直井和2口定向井分别采用了直井机械分隔分层压裂工艺。

对苏53-82-17H和苏53-82-19H井两口井进行了地面微地震监测。按照理想情况下最大设计缝长为依据设计传感器布局，以传感器网格对压裂区域的整体覆盖最佳优化整个微地震监测系统。

地面传感器设计为5×8的网格分布，共计40个传感器。传感器最大间距230m，最小间距130m，最大行距1000m，最小行距600m，最大列间距168m，最小列间距143m。每个小的四边形区域尽可能优化为正方形区域，以保证传感器分布均匀，对不同位置的成像分辨率相同。传感器脚印面积1100m×900m，有效覆盖面积1300m×1200m，能够有效覆盖水平井段和设计半缝长的范围。考虑到两井轴之间的区域是更为重要的监测对象，整个传感器网络重点覆盖两井轨迹之间的部分，大部分的传感器均布置于轨迹之间的区域，如图7-16所示。

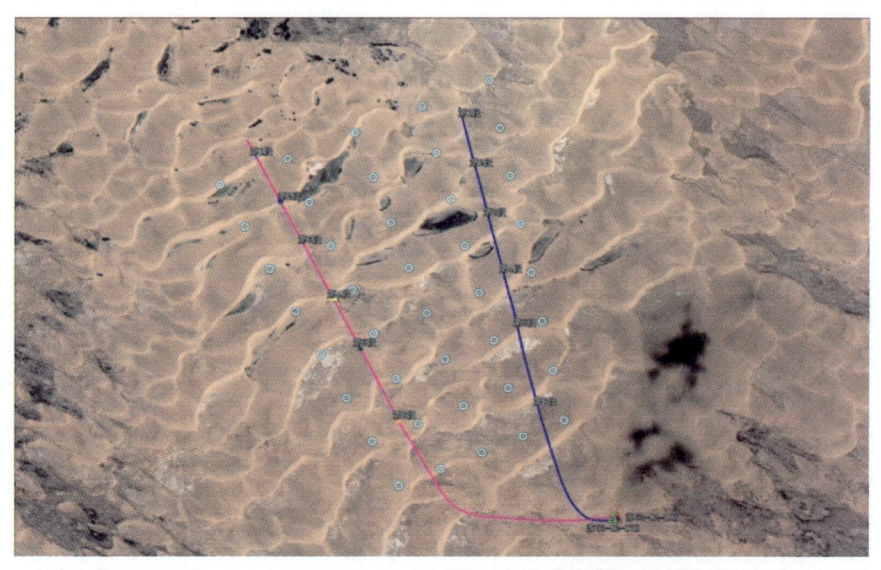

图7-16　40个压裂监测传感器布局图

表7-12为苏53-82-17H和苏53-82-19H两口井的裂缝监测数据，图7-17为两口裂缝监测井的裂缝形态。由表7-13可以看出，各级裂缝形态基本上为双翼裂缝，两口井压裂裂缝长度相差不多；苏53-82-19H井的裂缝在170～200m之间，苏53-82-17H井的裂缝在160～202m之间，缝高控制较好，方位处于与水平段垂直的状态。第1级至第3级裂缝之间交叉较少，第4级至第6级之间微地震时间较多，表明裂缝存在一定干扰，产生了网状裂缝。分析原因，认为第1级至第3级的井距偏大，裂缝之间难以形成干扰，无法开启天然裂缝。

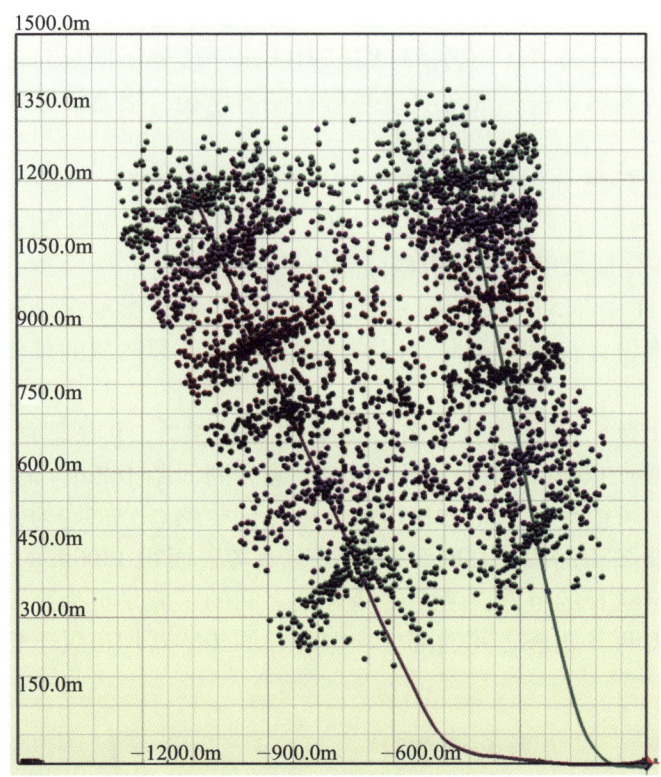

图 7-17 监测裂缝形态

表 7-12 裂缝监测数据统计

层级	苏 53-82-17H					苏 53-82-19H				
	数量	缝长 (m)	缝高 (m)	方位	裂缝特性	数量	缝长 (m)	缝高 (m)	方位	裂缝特性
第 1 级	1	160	54	N85°E	双边裂缝	1	180	44	N75°E	双边裂缝
第 2 级	1	180	40	N72°E	双边裂缝	1	200	48	N78°E	双边裂缝
第 3 级	1	190	50	N80°E	双边裂缝	1	188	45	N70°E	双边裂缝
第 4 级	1	182	42	N76°E	双边裂缝	1	192	46	N62°E	双边裂缝
第 5 级	1	194	42	N80°E	双边裂缝	1	180	47	N70°E	双边裂缝
第 6 级	1	202	45	N90°E	双边裂缝	1	170	44	N65°E	双边裂缝

3. 实施效果

图 7-18 为苏 53 大井丛组合平台 13 口井相应的日产和累计产气量统计图，其中，同步压裂的 6 口水平井平均单井日产 $6.15 \times 10^4 m^3$，其余 4 口水平井平均单井日产 $5.08 \times 10^4 m^3$；2 口定向井和 1 口直井平均单井日产 $2.11 \times 10^4 m^3$。截至 2018 年 12 月 31 日大组合平台平均日产气量 $18.72 \times 10^4 m^3$，累计产气达 $6.45 \times 10^8 m^3$。

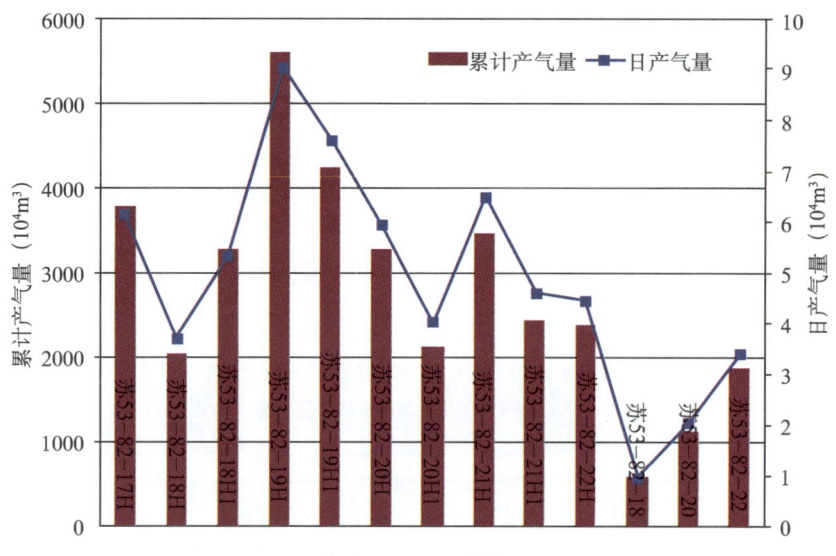

图 7-18 苏 53 大井丛组合平台 13 口井的日产气量和累计产气量统计图

第三节 威远作业区工厂化压裂技术

截至 2017 年，长城钻探公司共对威远区块部署的 9 个平台 46 口井进行了工厂化压裂作业。为实现威远区块页岩气平台"工厂化"拉链式压裂安全、环保、高效实施，结合区块地理地貌特征和页岩气压裂特点，以连续施工和降本增效为出发点，通过不断试验摸索，形成了一套适合于威远区块的"工厂化"压裂作业模式。

针对储层特征及施工难点，按照地质工程一体化设计理念，以增加缝网复杂程度、扩大改造体积为目标，进行平台整体压裂方案设计；综合考虑随钻数据和测井参数，优化工艺选择和施工参数，进行单井单段精细设计；开展阶段性施工总结分析，进一步深化储层特征和改造工艺适应性认识，不断优化下步施工方案设计。

根据上、下倾井眼轨迹穿行情况，差异化优化施工工艺和参数，形成如下设计思路：

（1）主体采用全程低黏滑溜水体系；

（2）以段塞式加砂工艺为主，在储层条件和压力情况允许时，现场可考虑后期调整为长段塞加砂，提高加砂强度和导流能力；

（3）适当增加 100 目粉砂比例，充分沟通并支撑微裂缝裂隙，增加跟储层岩石的接触面积，降低近井漏失，使得裂缝转向，增加裂缝复杂程度；

（4）排量保持在 12～14m³/min；

（5）对水平段实施细分切割，缩短簇间距，增加改造体积；

（6）减少使用或取消前置酸液，可根据施工情况采用酸液清洗近井筒污染、降低破裂压力等；

（7）拉链压裂井整体采用 W 型非均匀布缝，充分考虑井间干扰，大规模施工段错开布缝；

（8）大通径免钻桥塞作为主体封隔工具。

在施工过程中,通过不断总结分析,逐渐形成了适合于威远区块的压裂施工模式,即以全程低黏滑溜水为主、滑溜水+线性胶混合压裂为辅的主体施工模式。

如图7-19所示,在首先进行的威202H2平台施工中,根据地质特征和储层物性特征,分别试验了全程低黏滑溜水模式加粉陶、滑溜水+线性胶加粉陶模式和高黏滑溜水段塞式加覆膜砂三种模式,确定了全程低黏滑溜水模式为主体压裂模式;在威204H2平台施工中,验证了滑溜水+线性胶模式的可行性;在威204H7平台和威202H5平台的施工中,继续贯彻全程低黏滑溜水加砂模式,并最终确定了以全程低黏滑溜水为主、滑溜水+线性胶混合压裂为辅的主体压裂模式。

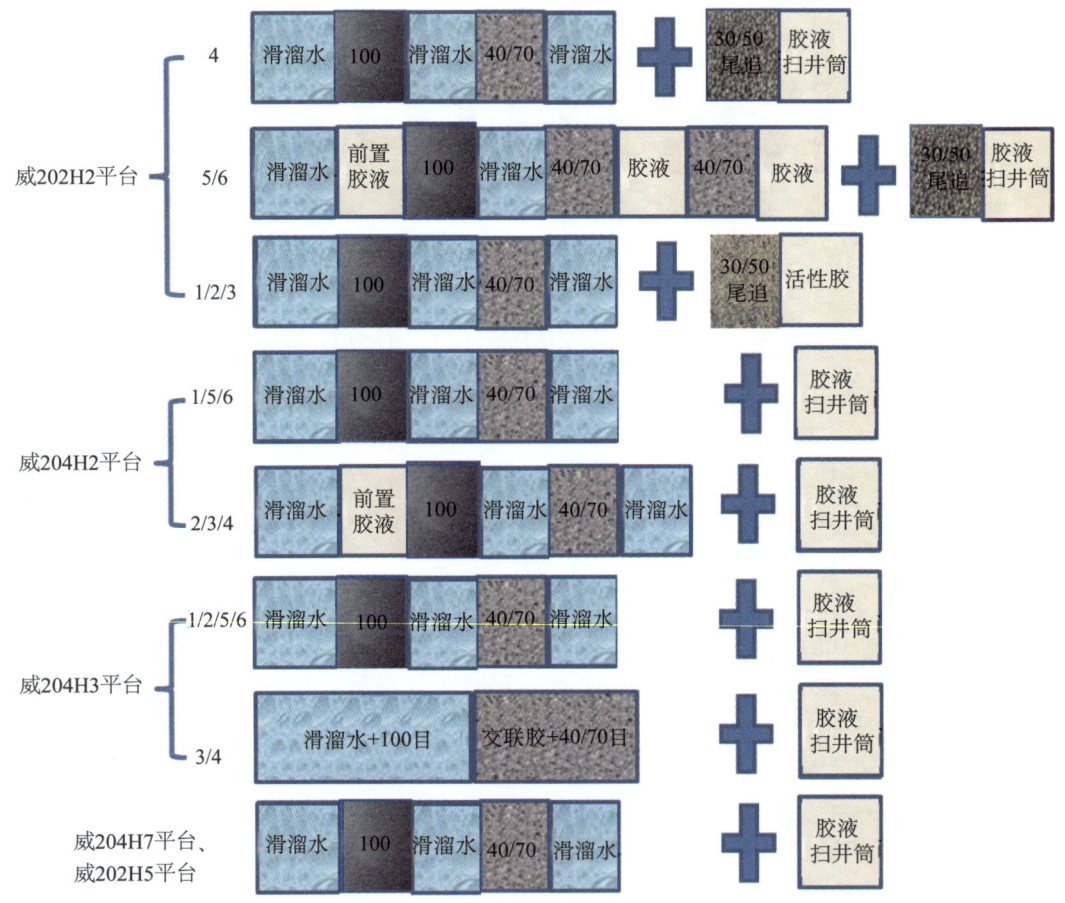

图7-19 不同平台的压裂施工模式

通过施工经验的积累和针对性优化设计,逐渐明确了主要施工参数:簇间距20~25m,段间距60~75m,孔密12~16孔/m,排量12~14m³/min,单段液量1800~1900m³,单段砂量70m³。2015年,共进行了438段、1287簇的压裂施工,平均施工时效2.38段/d,总注入液量804190.46m³,泵入砂量30846.52m³,平均单段液量和单段砂量分别为1836.05m³和70.43m³,与设计量基本符合,返排液重复利用率高达80.97%;10口井测试产量超过$20×10^4$m³/d,远超开发方案指标,累计外输气量达$2.93×10^8$m³,取得了很好的开发效果。

本节以威202H2平台为例,从压裂评估、压裂工艺流程、施工程序安排、压裂施工设计到施工效果对威远区块的工厂化压裂作业模式进行介绍。

一、压前评估与分析

1. 储层含气特征分析

威202H2井区水平段有机碳含量（TOC）在3.46%~4.75%，镜质体反射率在2.15%~2.86%，含气量在3.39~6.05m³/t，见表7-13。整体来看，含气性与长宁地区相当。

表7-13 威202H2平台含气性参数统计

区块	埋深（m）	TOC（%）	R_o（%）	总含气量（m³/t）
威202H2平台	2700~3300	3.46~4.75	2.15~2.86	3.39~6.05

威202H2平台优质页岩段储层孔隙主要包括有机质孔隙、粒间孔隙、粒内孔隙和微裂缝四种类型。根据威远井箱体划分情况，上箱体埋深2562~2568m，下箱体埋深2568~2574m，下箱体物性好于上箱体。对于威远202H2平台6口水平井，其中威202H2-1、威202H2-3和威202H2-6主要穿行于上箱体，威202H2-2、威202H2-4和威202H2-5主要穿行于下箱体。

2. 地应力特征分析

由图7-20可见，威202H2平台井水平应力差异系数在0.2~0.3之间，属于中高范畴，相比焦石坝区块稍大，形成缝网具有一定的难度，但是可以通过增加净压力、暂堵等方式使裂缝在延伸的过程中发生转向，从而形成复杂缝网。

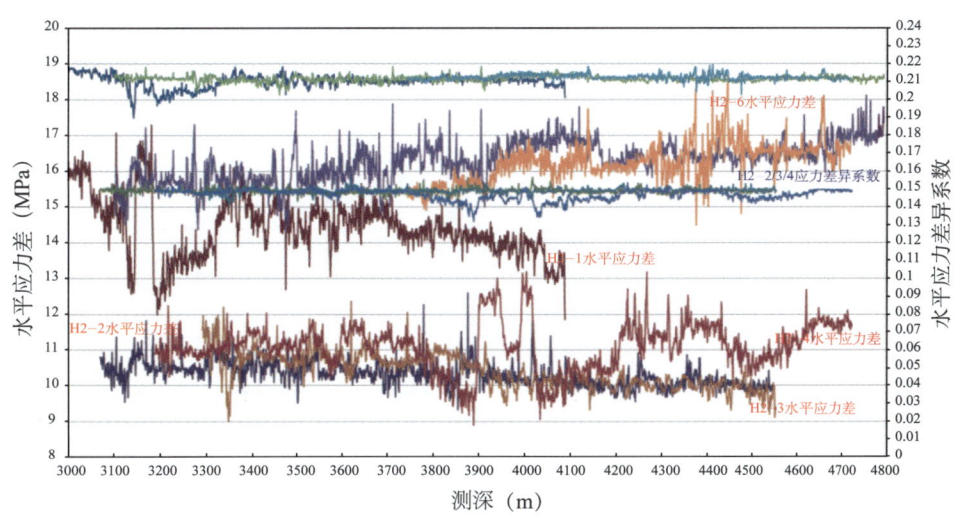

图7-20 水平应力差与水平应力差异系数统计

威202H2平台垂向应力大于最大水平主应力，根据裂缝开启原理，裂缝以形成垂直裂缝为主，然而受到页岩层理的影响，裂缝在扩展的过程中可能会发生转向，这对于形成复杂裂缝网络比较有利。

由图7-21可见，威远地区最大水平主应力方向变化较大，分布从30°到130°不等，说明威远地区应力状况非常复杂，其中威远202井区的最大水平主应力方向为105°。

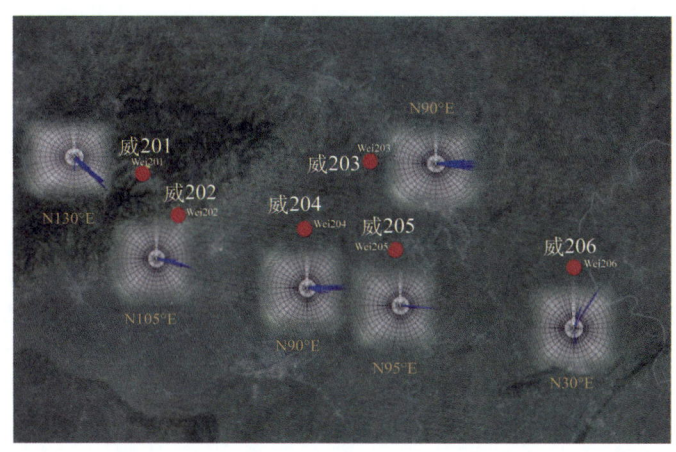

图 7-21 威远页岩气区块最大水平主应力方向统计图

3. 岩石力学特征分析

威 202H2 平台 6 口井纵向上优质页岩储层总体脆性指数较高，在 40.43～52.93 之间。杨氏模量在 37.13～42.36GPa 之间，泊松比在 0.16～0.28 之间（表 7-14）。杨氏模量越高、泊松比越低，表明岩石脆性越好，因此威 202H2 平台具备了形成复杂裂缝网络的基本条件。

表 7-14　威 202H2 平台 6 口井脆性参数统计表

井号	杨氏模量（GPa）	泊松比	脆性指数
威 202H2-1	41.6	0.18	50.67
威 202H2-2	42.36	0.28	41.08
威 202H2-3	41.78	0.18	51.46
威 202H2-4	40.45	0.27	42.99
威 202H2-5	37.13	0.20	40.43
威 202H2-6	39.94	0.16	52.93

4. 体积压裂可行性分析

资源量决定着体积压裂实施的可能性，从表 7-15 可见，威 202H2 平台的 TOC 和含气量与焦石坝地区和宁 201 井相当。体积压裂形成复杂缝网的判定条件主要有：

（1）天然裂缝是否发育；

（2）脆性指数是否较高；

（3）水平应力差异系数是否较小。

威 202H2 平台的杨氏模量、泊松比、水平应力差异系数和裂缝均优于或等同于评价指标范围。从资源量和可压性分析，威 202H2 平台具有进行体积压裂的可行性，通过工程手段（如提高净压力、暂堵等措施）能够形成复杂裂缝网络。

表 7–15　参数评价指标及对比表

评价参数	评价指标	焦石坝	宁 201 井	威 202H2 平台
TOC（%）	2–4	3–4	2.7–3.3	3.46–4.75
含气量（m³/t）	> 2.0	5.13–6.1	3.93–6.47	3.39–6.05
孔隙度（%）	> 2.0	2–4	4–6	5.28–6.77
杨氏模量（GPa）	> 20.7	46.6	35.8–37.2	37.13 ~ 42.36
泊松比	< 0.25	0.2	0.18–0.27	0.16 ~ 0.28
水平应力差异系数	< 0.25	0.13	0.2–0.3	0.2 ~ 0.3
应力大小		SH > SV	SV > SH	SV > SH
裂缝（天然/次生/层理）	发育	发育	发育	发育

二、压裂工艺流程

不同于常规压裂，页岩气井压裂所需要的压裂材料和压裂设备规模都非常大，受限于地理条件，必须对工艺流程进行优化才能满足小井场、大规模的施工要求。工厂化压裂工艺流程包括以下 5 个方面：

（1）连续供水；
（2）连续供液；
（3）连续混配；
（4）连续供砂；
（5）连续泵注。

为保证施工连续进行，做到强化属地管理，各区域之间配合流畅。图 7–22 是威 202H2 平台工厂化压裂井场布置图，图 7–23 是威 202H2 平台工厂化压裂施工现场图。

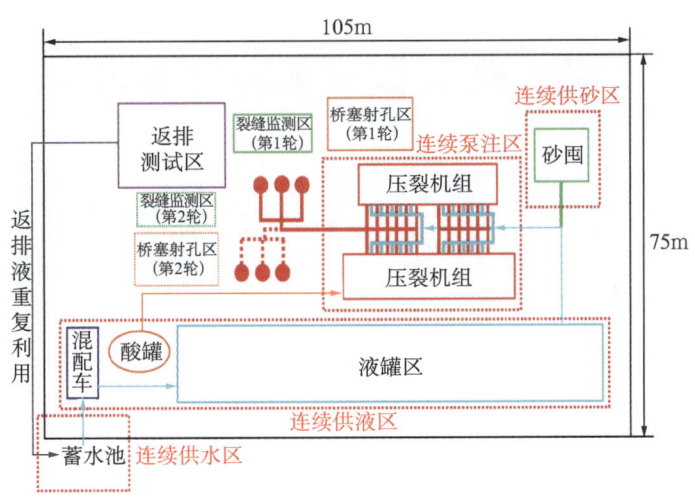

图 7–22　威 202H2 平台工厂化压裂井场布置图

图 7-23 威 202H2 平台工厂化压裂施工现场图

1. 连续供水

威 202H2 平台蓄水池容量为 6000m³，分为沉淀池、稀释池和清水池三个区域，如图 7-24、图 7-25 所示。压裂用水从中心水池（16000m³）泵送至此平台，按每天压裂 3 口井，每口井用液 2000m³，一天的用水量为 6000m³，上水速度达到 300m³/h，可以满足边上水、边配液、边施工的用水需求。

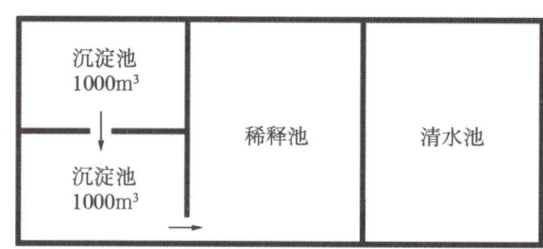

图 7-24 威 202H2 平台蓄水池示意图

图 7-25 威 202H2 平台蓄水池图

2. 连续供液

平台 6 口井分两轮进行压裂，第 1 轮三口井压裂前首先配好 24 台地面缓冲液罐的压裂液 2160m³，同时 2000m³ 蓄水池内蓄满水，稀释池和沉降池可以空置，也可以上水。

考虑到施工用液量的不确定性，每段施工液量按 2000m³ 计算，由于连续混配速度可以满足边施工边配液的要求，因此，第一阶段的施工主要问题是保证上水能力。按上水速度 300m³/h，第一段施工中（5h）可上水 1500m³，则第一段施工结束后，蓄水池中剩有清水 1500m³，缓冲液罐中存液 2000m³；第二段施工中（4h）可上水 1200m³，则第二段施工结束后，蓄水池中剩有清水 700m³，缓冲液罐中存液 2000m³，可保证第三段施工的正常用液。从第三段施工开始，应准备第二天施工的用水和用液，以保证施工的连续性。

第二阶段压裂用水需要完全利用第一阶段三口井的返排液，不足的部分再使用清水配液。返排液首先排到沉淀池中进行过滤，稀释池用于稀释返排液，然后通过加入絮凝剂、杀菌剂等实现重复利用。按返排率 40% 计算，三口井返排量峰值为 2000m³，加上清水池 2000m³ 存水，仍小于蓄水池总容量，因此不会产生返排液溢池现象。

连续供液现场作业情况如图 7-26 所示。

图 7-26　连续供液施工现场

3. 连续混配

对于页岩气井压裂，单段用液量远大于苏 53 作业区大平台水平井压裂，照搬苏 53 作业区大平台水平井压裂是不能满足页岩气井压裂的。因此，在进行详细的方案调研和论证的基础上，确定采用两台连续混配设备（单台连续混配能力 8～10m³/min）、缓冲水罐和缓冲液罐组成的连续混配系统。

现场采用 2 台排量为 10m³/min 的混配车，在混配车前连接 4～5 个共计 400m³ 的缓冲水罐，用于贮存配液用返排水、清水及液体添加剂，在混配车后连接 21 个共计 2000m³ 缓冲液罐，用于贮存配制好的滑溜水或胶液。若减阻剂具有较好的耐盐性，配制滑溜水时尽可能使用返排液，以解决返排液外排困难的问题。由于配制胶液的增稠剂一般抗盐性较差，因此尽可能采用清水配制，配制过程如图 7-27 所示，现场施工情况如图 7-28 所示。

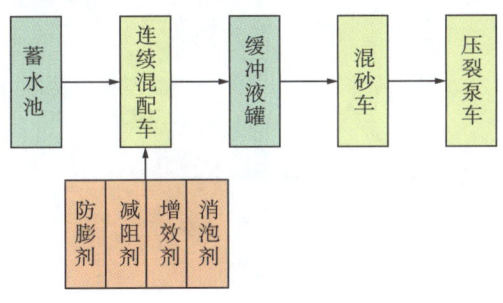

图 7-27　滑溜水配制流程示意图

对于配制的液体进行不定时抽样检查，分别从储液罐和混砂车上抽取样品，质量应达到以下要求：

（1）配液所用清水水质清澈透明，pH 值为 7～8，机械杂质含量＜0.2%；

（2）现场实时检测配液用水矿化度等指标、以实时调整各种化学添加剂应的浓度。

（3）对压裂液取样进行黏度、pH 值等性能测试，确保压裂液性能符合设计要求。

图 7-28　连续混配现场施工图

4. 连续供砂

支撑剂采用 1.5t 大包装由卡车拉运支撑剂至井场，现场吊车配合吊装进砂囤。压裂前砂囤内吊装 100m³40/70 目陶粒以及 20m³100 目粉陶，保证 1.5 段压裂施工量。压裂施工期间支撑剂吊装速度需满足连续供砂需求，连续供砂现场施工情况如图 7-29 所示。

图 7-29　连续供砂施工现场

对于支撑剂质量要求：

（1）运砂装砂前，运砂车和砂囤必须清洁干净，无异物、无铁锈。装砂入囤时应用筛网进行过滤，以防止编织袋碎物等入罐。

（2）严格核实支撑剂数量、清洁程度，现场提取支撑剂样品进行支撑剂表观检测，表观检测结果必须达到相关标准的要求。

5. 连续泵注

按照最大施工排量 14m³/min，最高地面泵压 95MPa 计算，施工所需机械功率为 29732 水马力；由于连续施工，设备不间断运转，按所需功率 1.5 倍准备压裂车组，需 2500 型压裂泵车 18 台及配套的高压管汇车、仪表车、混砂车，主压裂与泵送施工同步进行，泵送施工管汇必须独立连接。2500 型泵车排量最大可达 2.3m³/min，使用 2 台泵车即可完成泵送施工，连续泵注现场施工情况如图 7-30 所示。

图 7-30　连续泵注施工现场

三、压裂施工设计

1. 压裂设计思路

根据上、下倾井井眼轨迹穿行情况，差异化优化施工工艺和参数，形成如下设计思路：

（1）采用滑溜水+活性胶液混合水体系，100 目陶粒+40/70 目+30/50 目组合支撑剂，段塞式加砂工艺，裂缝导流能力按照微缝 0.02～0.05D·cm+支缝 3～5D·cm+主缝 15～20D·cm 阶梯设计。

（2）采用 20% 前置盐酸预处理地层，降低破裂压力和施工压力。

（3）针对储层相对偏软的特性，整体设计胶液前置造缝，滑溜水加 100 目陶粒打磨孔眼，暂堵降滤，并支撑微裂缝；采用滑溜水携带 40 目/70 目支撑剂进入地层深部，利用暂堵、转向、支撑作用形成复杂裂缝，后期采用胶液携带 30 目/50 目支撑剂形成主导缝。

（4）根据轨迹穿行情况，轨迹偏下的井段适当提高前置胶液用量，确保缝高扩展和主缝有效形成。

（5）拉链压裂井整体采用 W 型非均匀布缝，充分考虑井间干扰，大规模施工段错开布缝。

（6）威 202H2-2 井采用球笼式复合桥塞分段，其余五口井采用大通径免钻桥塞分段，第一段连续油管射孔，其他段电缆水力泵送射孔桥塞联作。

2. 压裂设计参数

在总结其他区块压裂施工经验的基础上，优化分段及射孔参数，差异化设计压裂工艺，提高压裂针对性；优化液体配方及组合，提高净压力，增加裂缝的复杂程度；全过程减阻（井筒、近井、缝内）降压，保证施工安全、快速和有效。其中，威 202H2-1、威 202H2-2 和威 202H2-3 井试验树脂覆膜砂，威 202H2-4、威 202H2-5 和威 202H2-6 井试验低密度陶粒，以对比不同支撑剂对产量的影响。具体压裂设计参数见表 7-16。

表 7-16　威 202H2 平台 6 口井压裂优化设计参数表

井号	段数	施工排量（m³/min）	前置酸量（m³）	砂量（m³）			液量（m³）	
				30/50 目	40/70 目	100 目	滑溜水	胶液
威 202H2-1	15	10～14	300	100	1000	190	28000	8000
威 202H2-2	19	10～14	380	120	1200	240	34500	10000
威 202H2-3	16	10～14	315	100	1000	200	30000	8500
威 202H2-4	18	10～14	360	110	1150	230	32000	10000
威 202H2-5	19	10～14	380	120	1300	230	36000	10000
威 202H2-6	18	10～14	360	110	1200	230	33000	10000

四、施工程序安排

平台 6 口井分两批进行"3+3"拉链式压裂（图 7-31）。在进行压裂之前，三口井首段采用连续油管射孔或开启趾端阀连通地层，压裂完 A 井第一段后，泵注流程倒到 B 井，在 B 井首段的压裂过程中，对 A 井进行泵送桥塞和射孔作业；当 B 井首段压裂完后，泵注流程倒到 C 井，在 C 井首段的压裂过程中，对 B 井进行泵送桥塞和射孔作业；当 C 井首段压裂完后，将泵注流程倒到 A 井，以此类推进行压裂、泵注桥塞和射孔作业，这样安排可大幅缩短施工等待时间，具体施工程序见表 7-17。

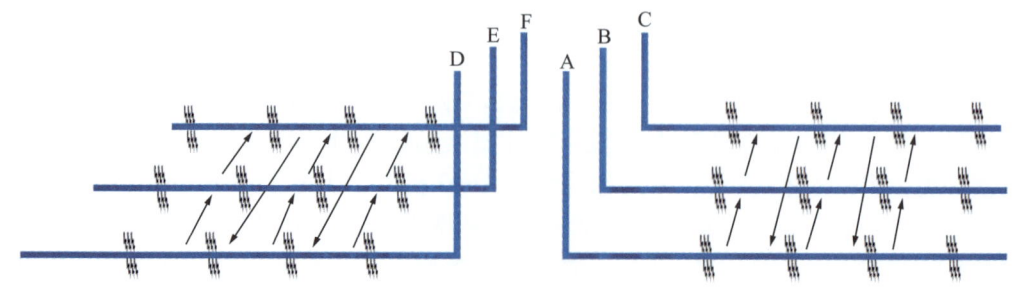

图 7-31　"3+3"拉链式压裂方式顺序示意图

表 7-17 三口井拉链式压裂施工程序安排表

天数	时间	A 井	B 井	C 井
准备阶段		第一段连续油管射孔或趾端阀开启	第一段连续油管射孔或趾端阀开启	第一段连续油管射孔或趾端阀开启
第一天	6:30—11:30	第一段压裂		
	11:30—15:30	桥塞、射孔联作	第一段压裂	第一段压裂
	15:30—19:30		桥塞、射孔联作	第一段压裂
第二天	6:30—11:30	第二段压裂		桥塞、射孔联作
	11:30—15:30	桥塞、射孔联作	第二段压裂	
	15:30—19:30		桥塞、射孔联作	第二段压裂
第三天	6:30—11:30	第三段压裂		桥塞、射孔联作
	11:30—15:30	桥塞、射孔联作	第三段压裂	
	15:30—19:30		桥塞、射孔联作	第三段压裂
……				

五、威 202H2 平台工厂化压裂施工情况

1. 前期准备

（1）压裂井准备：拆采气树，换装压裂井口装置、连续油管井口装置，搭建井口简易平台，连接地面流程；连续油管模拟通井；拆卸连续油管井口装置，安装转换法兰、循环三通、电缆防喷器、液控下捕捉器及相关控制管线等电缆井口装置，对井口装置各部件、各连接部分，按其额定工作压力进行试压；安装地面测试流程和放喷测试管线，并固定牢固；上油管头三通，连接好测试流程，并按规定试压。

（2）压裂施工相关车辆准备：所有压裂设备在上井及施工前，应认真进行检查，确保压裂施工设备性能良好，备件齐全，安装正确；确保整个施工安全、顺利进行，具体相关车辆设备情况见表 7-18。

表 7-18 压裂相关车辆设备表

名称	数量（台、套）
2500 型压裂车（压裂）	18
2500 型压裂车（泵送桥塞）	2
仪表车（压裂）	1
仪表车（泵送桥塞）	1
双绞笼混砂车	2
连续混配车	2

续表

名称	数量（台、套）
吊车	3
连续油管车	1
电缆车	1
高低压管汇	2
供液橇	4
供酸橇	1
微地震监测车	1
高压分流器	1
供水橇	2
油罐车	1

（3）液罐和砂囤准备：按照井场布局图和压裂监督指导，合理安放 24 台液罐、5 台缓冲水罐、18 台立式酸罐、1 台 100m³ 砂囤和 2 台 20m³ 砂囤。

2. 施工情况

威 202H2 平台工厂化压裂施工共分为 2 个阶段，第一阶段为下倾 3 口井，累计连续施工 23 天，压裂 58 段/171 簇，平均每天施工 2.52 段，其中有 2 天施工达到 4 段/天，有 10 天施工达到 3 段/天，有 9 天施工达到 2 段/天，有 2 天施工 1 段/天。三口井施工总液量 106415.62m³，平均每段 1834.75m³；入井总砂量 3780.65m³，平均每段 65.2m³。最大施工排量 15.2m³/min，最高施工泵压 90MPa，最高砂比 20%，单段最高加砂量 90.74m³，具体施工情况和参数如图 7−32、图 7−33 所示。

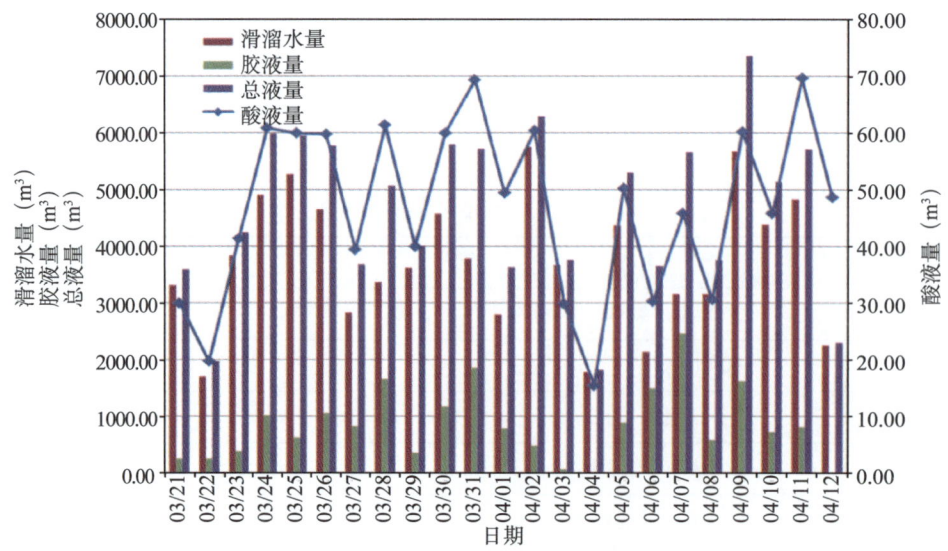

图 7−32　下倾三口井施工用液量统计图

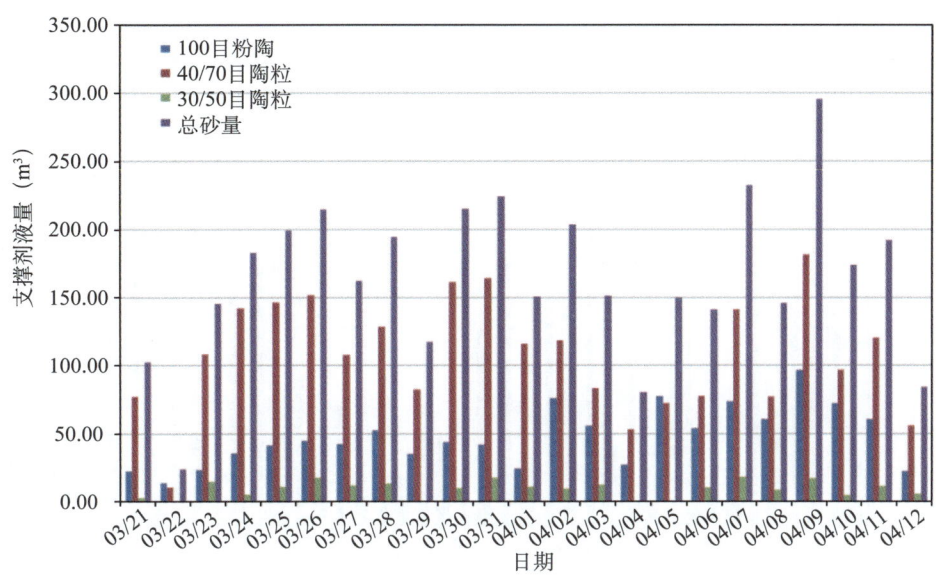

图 7-33 下倾 3 口井施工用支撑剂量统计图

第二阶段为上倾 3 口井，累计连续施工 21d，共压裂 44 段，平均每天施工 2.1 段，入井液量 82608.12m³，平均每段 1877.46m³；入井砂量 2896.8m³，平均每段 65.8m³。施工排量 10.0～14.0m³/min，最高施工压力 86.4MPa，最高砂比 16%，单段最高加砂量 89.87m³，具体施工参数如图 7-34、图 7-35 所示。

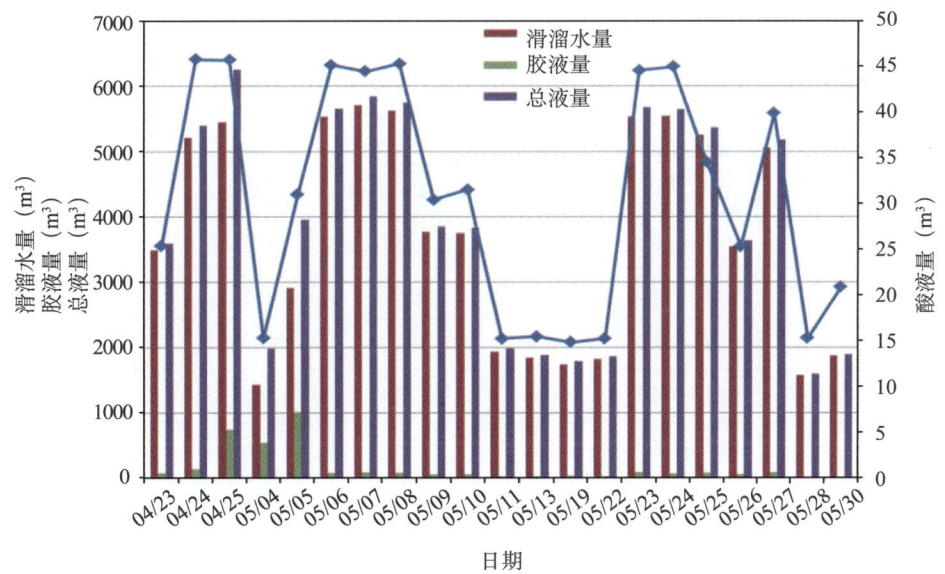

图 7-34 上倾 3 口井施工用液量统计图

施工过程中，基于对地层的不断认识，适时调整了分段方案和设计参数：
（1）3 口上倾井（威 202H2-1、威 202H2-2 和威 202H2-3）压裂段数分别调整为 16 段、18 段和 16 段；

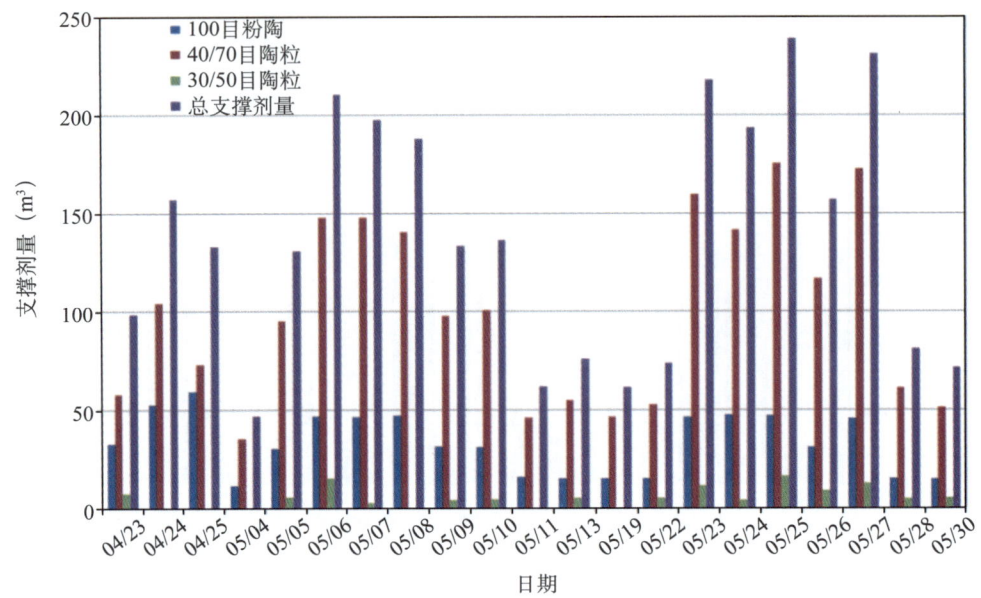

图 7-35 上倾 3 口井施工用支撑剂量统计图

（2）3 口下倾井（威 202H2-4、威 202H2-5 和威 202H2-6）压裂段数分别调整为 19 段、20 段和 20 段，其中威 202H2-5 和威 202H2-6 最后两段受断层影响明显，施工压力低于破裂压力，决定舍弃威 202H2-6 最后一段。

威 202H2 平台 6 口井压裂施工参数见表 7-19。

表 7-19 威 202H2 平台 6 口井压裂施工参数

井号	段数	施工排量 (m^3/min)	前置酸量 (m^3)	砂量（m^3）			液量（m^3）
				30/50 目	40/70 目	100 目	
威 202H2-1	12	10.9～13.0	179.51	33.91	569.31	193.49	22874.30
威 202H2-2	16	11.0～14.0	246.0	41.37	786.35	254.06	29813.28
威 202H2-3	16	10.0～14.0	231.81	39.97	724.82	253.52	29920.54
威 202H2-4	19	12.3～15.2	396.83	74.14	927.75	330.87	35862.90
威 202H2-5	20	10.2～14.9	374.21	90.07	891.64	368.55	36289.20
威 202H2-6	19	10.5～14.9	351.98	48.27	651.22	398.14	34263.52
总计	102		1780.34	327.73	4551.09	1798.63	189023.74

为了实时指导现场压裂和进一步认识地层，对威 202H2 平台压裂施工情况进行了实时监测。为了满足同侧 3 口井工厂化压裂微裂缝监测的需要，选取对侧的一口井作为监测井；设备方面，选择进口高灵敏检波器，以使监测范围最大化。检波器具体安放位置如图 7-36 所示。

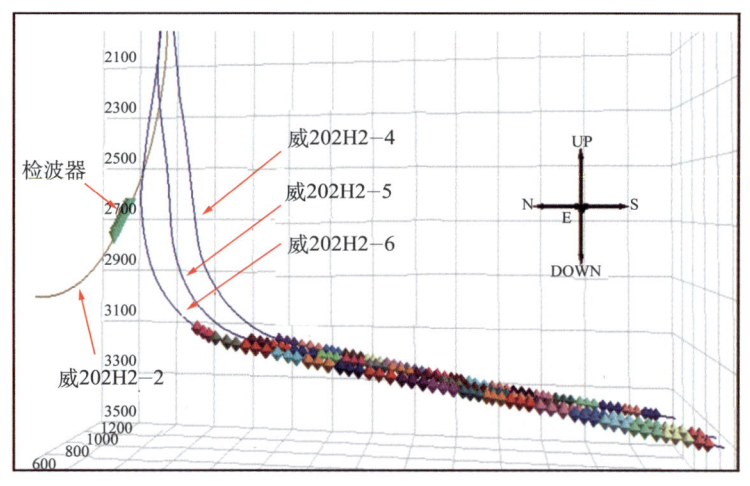

(a) 威202H2-2为监测井

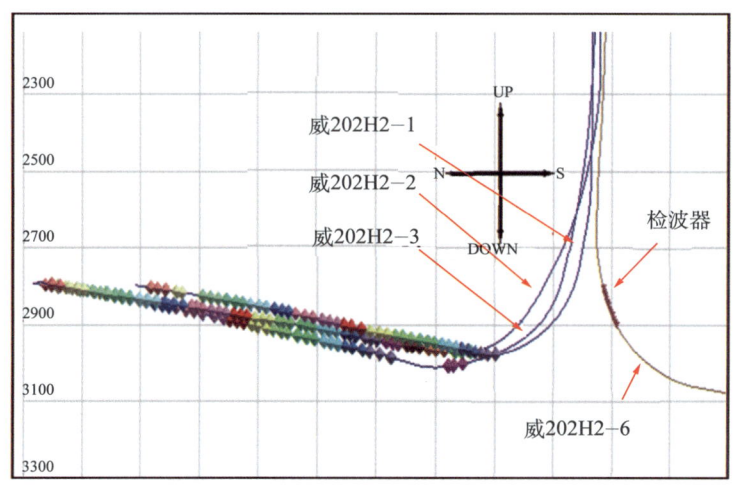

(b) 威202H2-6为监测井

图 7-36 检波器位置及被监测井侧视图

根据定位原理,检波器间距定为 10m。由于受岩性、围岩应力、流体压力、地层局部构造等诸多因素影响,水力压裂产生的破裂时间、大小和位置是不受控制的,压裂期间微地震事件一直在发生,微地震监测只能被动接收整个过程,压裂结束后还需继续监测半个小时,以确保记录全压裂引发的所有微地震事件。为了处理数据方便,每 10s 自动记录一次,具体情况见表 7-20。

表 7-20 压裂微地震监测仪器参数表

地面仪器型号	WAVALAB	记录格式	SGEY
采样间隔	0.25 (ms)	检波器级数	12 级
主频率	500 (Hz)	记录长度	10 (s)
井下仪器型号	Maxiwave	增益	40 (dB)

续表

地面仪器型号			WAVALAB			记录格式			SGEY		
井下检波器道号											
第1级			第2级			第3级			…	第10级			第11级			第12级		

（上表为示意表头，实际列为：第1级 Z X Y | 第2级 Z X Y | 第3级 Z X Y | … | 第10级 Z X Y | 第11级 Z X Y | 第12级 Z X Y）

利用 Tianan 射线追踪法和 Geiger 等定位方法联合确定微地震事件位置；检波器接收破裂能量信号并传输到地面仪器，再送入处理软件接口进行数据自动处理，经过筛选后得到有效压裂破裂事件；之后通过反演定位找到有效事件发生的位置，对事件进行能量分析，确定震级；分析每个事件的 P 波、S 波数量；将定位误差控制在 10m 以内，从而实时初步判断压裂期间裂缝的空间展布、走向以及裂缝方位等信息。压裂微地震监测处理流程如图 7-37 所示。

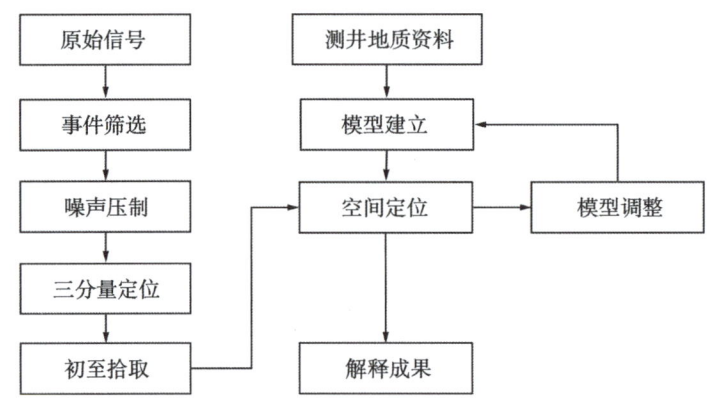

图 7-37 压裂微地震监测处理流程图

上倾三口井共监测到有效微地震事件点 4076 个，异常微地震事件点 599 个，下倾三口井共监测到有效微地震事件点 2486 个，异常微地震事件点 592 个，6 口井总的增产改造体积（SRV）为 $7883 \times 10^4 m^3$，微地震监测如图 7-38 所示。

威 202H2-1 井第 1 段至第 7 段井筒两侧裂缝长度分布较为均匀，说明两侧的物性和裂缝发育差异不大，第 8 段受天然裂缝影响，向井筒左边发育，第 9 段至第 12 段受断层影响，在井筒上下有异常点。

威 202H2-2 井第 1 段至第 8 段井筒两侧裂缝长度分布较为均匀，第 9 段至第 16 段受断层影响，在井筒下方有异常点，越靠近断层，事件点越少，异常点越多。

威 202H2-3 井第 1 段至第 7 段井筒两侧裂缝长度分布较均匀，第 8 段至第 13 段受天然裂缝发育影响，裂缝向威 202H2-2 井方向扩展，第 14 段至第 16 段时间点有重叠，形成了复杂缝网。

威 202H2-4 井井筒两侧裂缝长度分布较均匀，第 10 段和第 11 段受井轨迹影响较大，事件点少，裂缝扩展较短，第 17 段事件多出现在威 202H2-5 井附近，说明通过压裂改造该区域产生了沟通。

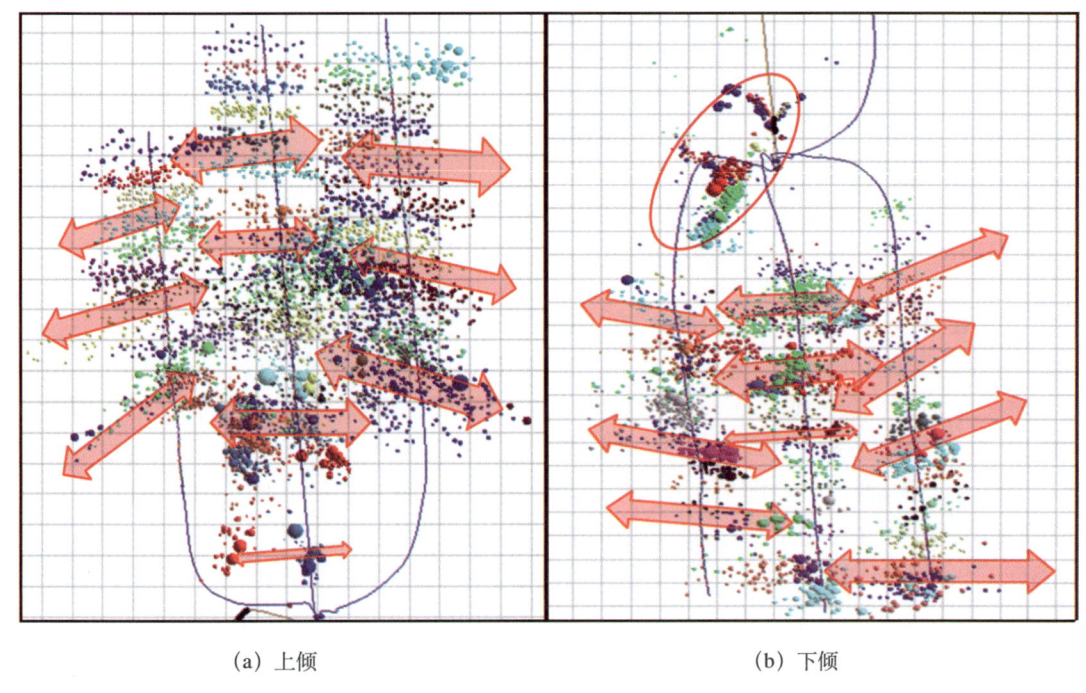

(a) 上倾 (b) 下倾

图 7-38 微地震监测图

威 202H2-5 井第 1 段至第 11 段监测事件点较少，裂缝长度、宽度较小，第 12 段至第 18 段事件点多且改造缝网较大，应是受到地层脆性差异的影响，第 19 段和第 20 段受断层的影响，事件点数很少。本井部分井段受裂缝发育程度不同的影响，两侧事件点分布不均，大震级事件多发生在杨氏模量突变的边界地带。

威 202H2-6 井部分井段受地层非均质性的影响，两侧事件点分布不均，第 16 段至第 19 段受断层影响，事件点很少，大震级事件多发生在杨氏模量突变的边界地带，说明本井附近天然裂缝比威 202H2-4 和威 202H2-5 井发育。

从监测到的裂缝事件点来看，总体呈近东西走向，局部地应力方向有一定变化，裂缝走向受地应力和裂缝发育情况共同影响。

3. 施工效果

威 202H2 平台压裂施工时间为 44 天，首轮连续 23 天完成 58 段压裂，日均压裂 2.52 段，施工效率达到国际先进水平；施工总液量 189023.74m³，总砂量 6677.45m³；率先放喷的 D 井和 E 井最高日产分别达 31.87×10^4m³ 和 20.83×10^4m³，测试产量分别达到 28.77×10^4m³ 和 20×10^4m³。截至 2018 年 12 月 31 日，威 202 区块累计压裂施工完成 12 个平台，61 口井，共 1200 段（图 7-39）。其中威 202H2 平台的 6 口井累产气 2.67×10^8m³，开发效果显著。威 202H2 平台的成功实施，实现了威远页岩气开发的突破，坚定了中国石油开发页岩气的信心，注定为我国页岩气乃至非常规资源的开发留下浓墨重彩的一笔。

与常规单井平台相比，威 202H2 平台工厂化压裂作业模式创造了可观的经济效益：因产气创造的利润已达 4.5 亿元；平台数量减少 5 个，平台建设及蓄水池建设费用节约近 1.3 亿元；减少输气管线 20km，减少临时分离器 5 个，节约费用约 5000 万元；压裂车组及配套设备减少搬迁 5 次，减少压裂液残余损耗约 1000m³，累计实现经济效益超过 6.3 亿元。

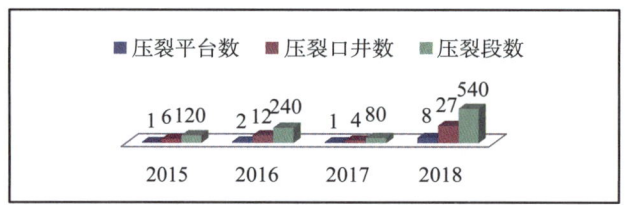

图 7-39 威 202 区块平台压裂工作量统计

威 202H2 平台在开发初期肩负着打破威远页岩气开发瓶颈的艰巨任务，在充分借鉴苏 53-82 平台和学习国外成功经验的基础上，采取"同步进场、同步安装、同步施工"的运行模式和"统一协调、统一调配、统一规范"的管理模式，取得了 44 天完成全部 6 口水平井共 102 段 /299 簇的成绩，日均 2.32 段 /6.8 簇，施工效率达到非常高的水平。通过 6 口井工厂化压裂施工，总结出"大排量、段塞式加砂、滑溜水为主、活性胶为辅"的混合压裂和"大通径免钻桥塞+射孔联作"两种适应于威远区块的主体压裂工艺；结合威远地区返排率高的特点[39]，优化返排液重复利用流程、配方等，实现返排液重复利用率 100%；配备稳定高效的压裂车组及配套设备，保证了工厂化压裂施工的有序、有力、有效进行。

自 2014 年长城钻探公司参与威远页岩气开发以来，通过借鉴和学习国内外成功经验和先进技术，摸索出了一条页岩气开发的可行之路。5 年来，长城钻探共在威远 22 个平台上完井 85 口，压裂、投产的 14 个平台 68 口井，共完成 1339 段压裂施工，平均每天施工 2.14 段，总液量 244.2×10^4m³，平均单井液量 3.60×10^4m³，平均单段液量 1826.0m³；总砂量 8.65×10^4m³，平均单井砂量 1319.24m³，平均单段砂量 67.5m³，单井测试产量最高达到 30.10×10^4m³/d，累计外输页岩气量超过 18×10^8m³，取得了非常喜人的开发效果。

第八章 工厂化测试技术

测试是完井后,对进入井筒的液体(包括气、凝析油和水),通过地面控制技术获得动态条件下地层和流体的各种参数,从而及时准确地对产层做出评价的临时性完井方法。

常规试气一般要经过施工前准备、射孔、替喷、诱喷、放喷、测试及资料录取等步骤,而工厂化测试是常规测试作业模式最大限度的集成和集约,主要应用于大平台丛式页岩气、致密气等非常规资源开采,压后返排及地面产能测试。

第一节 工厂化测试关键技术

工厂化测试技术包括工厂化压后返排技术和工厂化地面测试技术,该技术通过测试地层流体在流动状态下的各种参数进行资料解释和储层评价,是油气田开发的重要手段。

传统的测试施工作业,主要是单井作业,施工队伍少、规模小、易于集中管理。与常规测试作业相比,工厂化测试主要是作业模式上的转变。流程主要体现在:

在大平台丛式井实施批量压裂施工之前,油气井压后返排及地面产能测试流程连接批量化施工一次完成;实施压裂批量化施工过程中,单井压后初期返排依次完成;大平台丛式井批量化压裂施工结束后,多井压后返排交替完成;多井压后返排达到标准后,大平台丛式井单井产能测试批量化完成。概括地讲,工厂化测试有以下几个特点:

(1) 系统筹划。大平台丛式井压前准备阶段,统筹考虑压裂设备、返排及地面测试设备摆放,统筹考虑压裂流程、返排及地面测试流程的连接;压裂阶段,统筹考虑单井初期返排;压裂结束后,统筹考虑多井交替返排及单井地面产能测试。

(2) 无缝衔接。压前准备、压裂施工、压后返排、地面产能测试等多道工序无缝衔接。

(3) 流水线作业。大平台丛式井单井压后初期返排、多井交替返排、单井地面产能测试按照统一标准依次进行。

(4) 设备利用率高。通过优化施工程序、流程连接设计和设备布局,实现作业空间、返排流程和求产设备等多井共享,增大在时间上和空间上的作业密度,提高设备的使用效率。

(5) 经济效益高。大平台丛式井压后返排及地面产能测试过程中,同一道工序依次完成,多井批量化复制作业,可大幅节约设备搬安调试、生产物资配送、流程连接等方面的时间,缩短施工周期,降低设备及物资的运输成本,减少人力和物力的投入,真正实现提速提效。

尽管工厂化测试有以上诸多优点,但是在作业过程中,也面临一些困难,比如地面测试的流程设计差异大、整个流程的密封性要求高等,需要在工厂化测试过程中加以克服。

一、压后返排技术

1. 压后返排的目的

压裂过后必须经过一个放喷也叫返排过程,让压裂过程中使用的压裂液从井筒中流出。

这是压裂作业的必要环节,一般压裂各工序结束后经过一段时间的扩散、压裂液水化,就应该及时开井排出压裂液。

压裂液尽早或焖井后返排是在不破坏岩层结构以及保证入井支撑剂不回流的前提下进行的,其主要目的是:

(1) 清除进入地层裂缝中的压裂液残渣,防止地层堵塞;

(2) 清除施工过程中进入地层的杂质以及井筒中钻完桥塞留下的碎屑等,防止测试过程中堵塞管线;

(3) 避免压裂液对地下水源造成污染。

2. 工厂化压后返排作业模式

工厂化作业的主要目的就是提高设备、场地的利用率,同时缩短工序之间的衔接时间,提高工作效率。实现压裂作业与压后返排作业的无缝连接是达到这一目的的保障,根据压裂方式不同,作业的方式不同,返排作业的方式也会随之调整。

目前工厂化测试作业在压后返排作业方面,有多种拉链式的作业方式,下面举例说明:

(1) 压裂与返排交叉作业方式。压裂返排交叉作业阶段:压裂与返排交叉作业是指在压裂返排前期阶段,通过运用拉链式作业模式,同一井场一口井压裂的同时,另一口井进行返排作业,两项作业交替进行并无缝衔接,可提高设备利用率,缩短作业时间,实现压裂的规模化、裂缝的网络化,极大地提高压裂测试的效率,进而实现效益最大化。

具体作业顺序见表 8-1。

表 8-1 压裂与返排交叉作业示意图

井组名称	井号	交叉作业施工顺序					
		第一轮	第二轮	第三轮	第四轮	第五轮	第六轮
井组 1	1井	压裂	返排				
	2井			压裂	返排		
	3井					压裂	返排
井组 2	1井	准备	压裂	返排			
	2井				压裂	返排	
	3井						压裂

平台井压裂结束后的返排作业阶段:在丛式井平台上的一侧井压裂作业完毕后,如果使用的是免钻桥塞,不需要进行钻塞作业,否则,钻塞过程需要进行压力控制。对每口井进行返排,直至所排出流体达到进入测试流程的标准。返排时应注意优选每个井组中压裂时施工参数较好的井进行排液作业。

(2) 压裂和打桥塞、射孔进行交叉作业方式。先进行分层压裂和打桥塞、射孔交叉作业,整口井压裂作业完成后,再进行返排、测试作业,直至交井。

3. 返排设备功能要求

压裂返排作业所需设备应具有如下功能：

（1）流体控制，用来控制返排流体的压力和流动方向；

（2）捕获大颗粒固相物质，用来除去返排液中的桥塞碎屑、压裂砂等物质，避免冲蚀设备、堵塞流动通道；

（3）防砂，高速运动的返排液中的固相颗粒会对地面测试流程中的设备造成冲蚀，导致危险事故发生。

二、地面测试技术

在测试过程中，地面实现对流体的控制和调节，对地层流体进行加热、分离、计量、分析、化验，获得气水产量、流体性质（黏度、密度等）及特殊成分含量（砂、水等），获取常压样品。

（1）地面测试的目的：

①确认地层流体性质；

②获取流体压力、温度数据；

③求得地层流体的产量；

④收集流体样品，确定流体性质和组分；

⑤为编制正式开采的开发方案提供依据。

（2）地面测试设备及功能要求：

①流体控制设备：包括适当尺寸和压力等级的管汇组/管汇台、返排管汇/油嘴管汇、高压管线、数据头、化学泵等，流程可以控制流动方向和实现不关井换油嘴。

②加热、分离、计量设备：主要使用间接加热器和蒸汽换热器进行加热；采用三相分离器进行油、气、水分离，测气分离器工作压力多为9.92MPa（远远超过传统试油作业上使用的分离器，适应范围广）；油气水计量设备计量范围大，可自动计量瞬时产量，便于分析产量变化趋势；更换测试孔板不需要关井或倒流程；计量罐用来校验流量计或直接计量产量。

③分析化验设备：包括校验地面压力计、测试参数（静压、压差）的轻便式活塞压力计及电子压差校验仪等，可用于分析流体含砂、气比重、水的氯根等有害成分含量等。

④ESD（紧急关井）系统：包括地面各级安全阀（执行机构）、控制面板、高低压传感器（PILOT）、远距离控制按钮、快速释放阀等，对自喷井尤其是高压井，可以实现在紧急情况下自动/远控手动关井（地面）。

⑤DAS（数据自动采集）系统：包括压力、温度及油气水产量等数据自动采集设备，实现远距离动态监测和报警，为随时分析油气井动态提供帮助。另外，根据用户需求，可以配置存储式地面电子压力计。

第二节　工厂化测试作业程序

大平台工厂化测试作业的作业程序包括施工方案设计、作业前准备、压裂液返排、地面求产测试等步骤。

一、施工方案设计

1. 场地规划

1）原则

丛式井工厂化测试面临的最大挑战在于施工现场设备多、交叉作业多，作业期间如果规划不好，容易相互影响，以至于降低施工效率。因此，在压裂、返排、测试作业之前就应该做好场地规划，并遵循如下原则：

（1）综合考虑井场大小、井场地形以及季风方向等，合理规划出生活区、作业区等；

（2）压裂、返排、测试设备流程设计合理，避免重叠；

（3）各类设备摆放间距合理，方便压裂管线、返排管线和测试管线的连接，并兼顾丛式井场所有井的施工；

（4）如果井场较小，可以先考虑安装返排流程，返排结束后，压裂设备撤离，然后再连接测试流程。

2）示意图

对于大平台（6口井/井组以上）工厂化作业施工现场设备多、交叉作业多的情况，需要对整个井场布局进行优化，图8-1是压裂返排测试作业井场规划示意图。

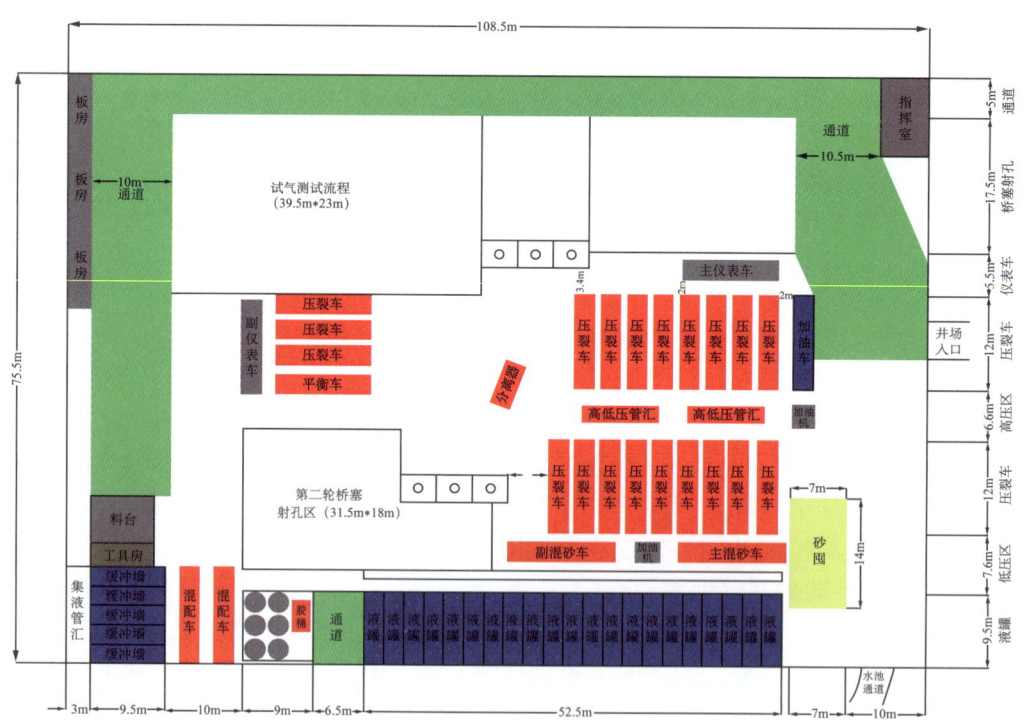

图 8-1 大平台工厂化压裂返排测试作业井场规划示意图

2. 流程设计

1）返排测试流程图

根据甲方要求和作业程序不同，在保证安全环保的前提下，可以形成不同的地面流程[40,41]。下面以威远页岩气项目威202H2平台压后返排测试流程图（图8-2）为例，加以说明。

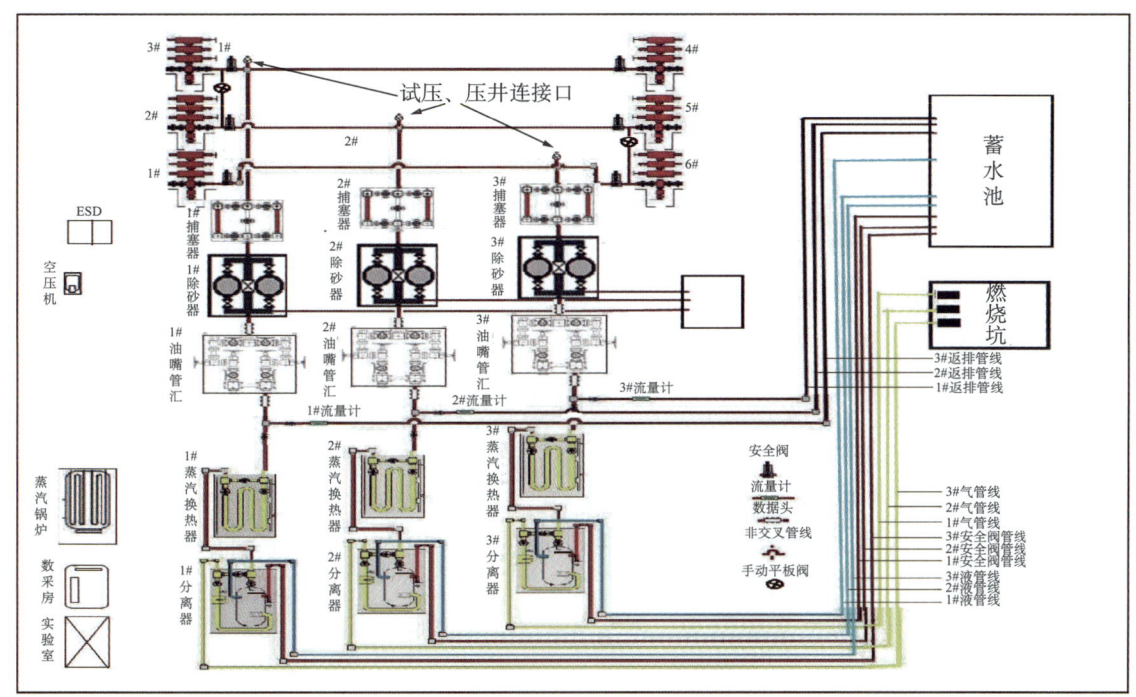

图 8-2　威 202H2 平台压后返排测试流程示意图

2）流程说明

（1）井组连接方式：对于压裂、返排测试交叉作业方式，在施工作业前期，应对排液、测试管线的连接进行优化；对于丛式井排式井场，可以分为不同的井组，每 2～3 口井为一井组，连接一套排液测试管汇，交叉进行排液、测试作业，以进一步提高作业效率。

如威 202H2 平台返排测试流程图 8-2 所示，按照平台每 3 口井一拉链，1 井和 6 井与 1# 流程相连，2 井和 5 井与 2# 流程相连，3 井和 4 井与 3# 流程相连。3 井与 2 井并联，6 井和 5 井并联。

返排测试时根据压裂的顺序来确定返排的井位，通过压裂树阀门的控制，按照交叉作业的方式，依次对压裂后的井进行返排作业。

（2）流程设置：

现场作业过程中，需要根据不同工况作业的要求，设置不同的流程。在返排测试流程示意图中共设置 3 套流程，包括 12 条管线，分别是 3 条放喷、排砂管线、3 条分离器安全阀卸压管线、3 条测试管线、3 条排液管线。

各流程说明如下：

①单井脱砂、钻塞地面流程：井口→地面安全阀→捕屑器→除砂器→返排管汇→流量计→返排管线→蓄水池。

②单井返排地面流程：井口→地面安全阀→捕屑器→除砂器→返排管汇→流量计→返排管线→蓄水池。

③单井测试地面流程：井口→地面安全阀→捕屑器→除砂器→返排管汇→热交换器→

分离器→气（测试管线→燃烧池）→液（液管线→蓄水池）。

备注：上游采用105MPa设备；流程下游转弯处需安装1～2m的缓冲短节，捕屑器、返排管汇转弯处需使用带硬质合金的法兰块或三通。

(3) 流程设计特点：

①在井口装置和捕屑器之间安装紧急关断阀，用于除井口装置以外流程上的紧急关井。

②在井口装置至阀门返排管汇之间安装捕屑器，防止在返排时地层出砂堵塞流程；钻磨桥塞期间捕屑器可使用能够捕获5mm及以上桥塞碎片的滤筒，返排过程中需使用能除去200μm以上砂粒碎片的滤筒。

③捕屑器在定时排砂时，砂粒可能堵塞、刺坏油嘴，因此采用可调式油嘴与固定式油嘴组合控制。

④返排期间通过流程使用返排管汇上的油嘴进行降压，回压控制，实现有控条件下的返排。

⑤整个流程在返排管汇、分离器处预留了取液样接口，可以根据实际情况在不同的地方进行取样化验；在分离器预留天然气取样接口，可以在此处取高、低压气样和常规气样。

⑥在井口和捕屑器之间安装地面安全阀，可实现除井口以外地面流程发生超压、刺漏等意外情况时的紧急关井。

⑦利用数据传送器自动采集压力、温度和产量，实现地面测试压力、温度和产量自动采集和存储。

⑧分离器自带有丹尼尔流量计，能够在不关井的条件下更换孔板，保证测试计量的连续性。

⑨在返排管汇处，预留压裂车的连接入口，便于压裂车压井、试压等作业。

3. 工作制度优化

工作制度包括油嘴尺寸的选择和开关井时间的确定。

1）压后返排过程中工作制度的优选

水力压裂后适当的返排程序是保持裂缝导流能力、保证压裂效果的关键所在。关于返排工艺的研究，目前主要有三个方向：小排量返排、强制裂缝闭合和反向脱砂，其中强制裂缝闭合返排工艺（也叫强化返排）在低渗透气田适用性较高，效果较好。

现场实践表明，完整的强化返排过程通常包括裂缝闭合期、稳定返液期、低含液期、间歇恢复期返排等4个阶段。

(1) 压裂与返排交叉作业：

交叉作业时的返排，是压裂停泵后的首次开井返排，一般包括上述4个阶段中的前三个阶段：裂缝闭合期、稳定返液期和低含液期三个过程。为与后续间歇恢复期返排区分，可称为首开返排和间开返排。

该阶段的工作制度确定原则如下：

①油嘴确定：

裂缝闭合期：从压裂停泵之后，到裂缝闭合，一般需要2～4h。这段时间内井底压力仍高于裂缝闭合压力，裂缝未完全闭合，支撑剂在裂缝内有一定的活动空间，所以该阶段返排应注意防止支撑剂回流。开井后，油管压力降落快于套管，套管压力与油管压力的差值逐渐增大，直至达到一定条件使压裂封隔器解封收缩。开井返排时应视停泵压力和压力降落情况选择控制油嘴，停泵压力高、压力降落慢的井选择小的油嘴，反之选择大的油嘴，通常采用 2～6mm 油嘴控制返排，排量 100～200L/min。

稳定返液期：裂缝闭合后，支撑剂受岩石的应力挤压夹持而相对固定，井周积液在前置拌注氮气的弹性驱动下返出地面，返出物以液体为主，并逐渐转变为气液同出，井口压力变化体现先降落后回升的规律。该阶段可适当放大返排控制油嘴，保持地层不出砂即可，通常采用 8～10mm 油嘴控制或畅放，排量控制在 500L/min 以下。

低含液期：井周积液返出后，地层远处的液体聚集速度远低于气体，井筒内不能形成液柱，排液方式逐渐由塞状举升转变为雾状携带，井口返液逐渐由塞状流为主转变为雾状流为主，当塞状流比例降低至一定程度后需关井恢复。该阶段通常采用 6～10mm 油嘴进行控制，随着气量增大、压力上升而逐步缩小油嘴，直到关井恢复进入间歇恢复期。

②返排时间确定：

首开返排时间以压后初次开井为起点、低含液期结束为末点；返排应当及时、连续，若被迫暂停，应尽量缩短等停时间，以防止压裂液过量滤失。

（2）平台井压裂结束后的返排作业。

此阶段指的是间歇恢复期返排作业，其工作制度确定原则如下：

①油嘴确定：

此阶段是关井恢复和开井排液的多次循环，一般采取短开长关的做法，且关井时间逐次适当延长。其中关井是为了积累井周液量和恢复地层压力，在关井压力上升速度明显趋缓后可开井返排，通常采用 4mm～8mm 油嘴控制。该阶段具有开井后含液量快速降低、单次开井排液量逐次减少的特点。当返排率达到合格标准或单次开井排液量低于预设下限时，可结束返排作业。

②开关井时间确定：

间开返排时间以首开结束为起点、返排结束为末点。

首开和间开返排时间受到压裂液入地液量、地层滤失速度、储层油气产能等多方面影响，区块间、井间差异较大，施工人员应根据区域特征和现场情况合理设置首开返排和间开返排的结束控制条件。

（3）不同作业方式条件下，工作制度的推荐：威远页岩气作业现场采用的是压裂后直接返排、测试的方式，与上述方式稍有不同。这种方式作业过程中，应根据井口压力变化情况，选择合理油嘴控制放喷，返排油嘴与压力关系见表 8–2。

表 8–2 压后返排油嘴与压力关系表

压力（MPa）	大于 20	10～20	5～10	小于 5
油嘴（mm）	3	4	5	7

开始返排的速度要进行控制，裂缝闭合（压力要小于初始关井压力 ISIP 的 70%）后可提高返排速度。在返排过程中应避免排液压力（排液速度）的突然变化。排液初期，返排速率以不出砂为原则，在初始 12h 内采用 3mm 油嘴控制，返排速率在 5～10m³/h，裂缝闭合后加大流量放喷，加快排液，返排速率控制在 8～20m³/h。现场可根据实际情况调整油嘴大小控制放喷。

2）测试过程中工作制度的选择

（1）油嘴选择原则：

①油嘴大小合理。油嘴过大，会导致因井口流量过大而造成的地面温度过低或节流压差过大，形成水合物，导致保温困难；油嘴过小，会导致井底流压与地层压力之比过大，造成计算的无阻流量不准确。

②井口压力和油气产量能保持较长时间的稳定状态，以满足资料录取要求。

③井口产量为预估无阻流量的20%～50%。

④开井期间井口压力不低于关井最高井口压力的75%。

（2）开井时间：测试求产期间，为了取得合格的地质参数，对于不同的产量，所要求的稳产时间也不尽相同，具体可参考表8-3。

表8-3 测试求产参数控制表

测试产量（$10^4 m^3/d$）	＞50	50～20	20～5	＜5
稳定时间（h）	2	4	8	12
压力波动（MPa）	0.5～1	0.5～1	0.5～1	0.5～1
产量波动（%）	＜5	＜5	＜5	＜5

4. 资料录取要求

1）压后返排过程中资料录取

（1）资料录取原则：

根据各地的相关法律法规、相关标准、流程和甲方要求，取全取准现场资料，为储层评价提供详实可靠的依据。

（2）资料录取内容及要求：

①录取内容：

a. 放喷开始结束时间。

b. 油嘴尺寸及更换时间。

c. 气泡、液垫和地层流体流到地面的时间、性质、流动强弱、井口显示。

d. 喷出液量、液性（密度、pH值、氯离子含量）、含砂含水（BS&W）、火焰长度和颜色。

e. 打开地面安全阀（SSV）的时间、操作内容。

f. 环空压力、井口压力、捕屑器上下游压力、除砂器上下游压力、油嘴上下游压力和温度。

g. 在线监测法兰三通转弯处壁厚变化。

h. 捕屑器、除砂器对碎屑、固体颗粒的捕获量。

i. 及时监测有害气体的浓度。

②录取要求：

a. 井口压力记录要求前密后稀，初期每5min记录一次，正常后每15min记录一次；

b. 含砂含水初期每5min记录一次，正常后每15min记录一次；

c. 液量计量每15min记录一次；
d. 固体颗粒的捕获量在每次清理或更换滤网时进行记录。
2）地面测试资料录取要求
（1）资料录取依据及原则：

施工中、工序中的资料录取按SY/T 6013—2009《常规试油资料录取规范》、SY/T 6337—2006《油气井地层测试资料录取规范》、SY/T 6292—2008《探井试油测试资料解释规范》执行，质量标准按SY/T 5981—2012《常规试油试采技术规程》要求严格执行，各项资料、数据必须齐全、准确。

（2）录取资料要求：

①每15min读取井口压力、温度一次；

②每15min读取分离器压力、温度及各个液体流量计数据，计算水流量一次；

③每30min读取气体流量计的气流温度、压差、静压数据，计算天然气流量一次；

④每小时从井口取样测原油含水及沉淀物一次；

⑤每2h从分离器取水样测Cl^-含量一次；

⑥第一个工作制定后期，在分离器处取PVT样品。

二、施工工序

1. 作业前准备

工厂化测试作业前准备工作包括设备安装、固定、调试、试压等工作。

（1）根据地面流程布局图安装地面流程并进行固定。

①分离器距井口15m以外；蒸汽发生器或锅炉距井口50m以外；放喷、测试管线出口与井口的距离必须大于75m，相距各种设施不小于50m。

②高压部分采用105MPa法兰管线，返排管汇与分离器之间及低压部分用压力级别为ϕ73.0mm平式油管进行连接。

③返排管汇下游出口到热交换器进口之间采用活接头（由壬）连接，这段管线应尽量保持短，要求不超过2m。

④分离器安全阀泄压管线应接至燃烧池。

⑤放喷、测试管线流程转弯处安装1~2m的缓冲短节，应采用专用管材。

⑥点火口处于防火墙内，远离民宅，上空应避开高压电缆、电话线、树木等。

⑦所有压缩空气管线布局合理，尽量架空，保持走向一致。

⑧在安装压力传感器、温度传感器之前，核对传感器的校验日期、量程，并将其安装在指定位置。

⑨流程固定要求。流程以内的固定采用移动环保基墩（0.7m×0.7m×0.35m）出口及拐弯处基墩尺寸适当加大，并使用两个单卡基墩固定，基墩水泥密度不低于$1.85g/cm^3$，流程以外的所有管线由水泥基墩进行固定。放喷管线出口用双墩双卡固定，放喷管线出口距离最后一个固定基墩的距离不得超过1m。

（2）设备调试及流程试压：

根据设备保养手册及标准操作流程，对现场设备进行功能调试：

①从井口沿油气流程检查数据采集系统各压力、温度、流量采集点，特别是远传系统要求接线头灵敏，显示屏清晰；调试好，处于工作状态。

②检查地面安全阀控制面板液压油箱油位，油箱内油面应在 1/2～2/3 位置，确认地面安全是否开关正常。

③对地面安全阀进行功能测试，关断时间≤10s。

④除砂器滤网必须清理干净。

按照先低压设备后高压设备试压的原则，进行分级试压。

2．返排测试求产

（1）钻磨桥塞阶段的返排作业：

对于复合桥塞分段的压裂井，需要进行钻塞。如果采用大通径桥塞施工，不需要钻塞作业，直接返排。

①返排液需要进单井脱砂、钻塞地面流程，作业前认真检查流程，确认阀门的开关正确。

②警惕桥塞钻通的瞬间桥塞以下的压力快速上窜引起地面压力失控。地面流程各岗位人员密切巡查地面流程，出现紧急情况立即采取应对措施。

③利用捕屑器对返排碎屑进行捕获和计量。在数据采集系统中密切观察捕屑器的上下游压差变化，进行清洗和检查。使用 3～5mm 割缝的滤筒，上下游压力差大于 400psi 时，或钻塞两个以上需要倒换捕塞器另外一个滤筒，进行清洗和检查；任何时刻不能同时旁通捕塞器的两个滤筒，避免固体颗粒损坏下游设备。

④通过地面流程的返排管汇或油嘴管汇的油嘴控制回压至 35MPa 以下，并计量返排液。

⑤监测地层出砂情况。

（2）单井返排测试阶段：

钻塞结束后，装采气井口，进入返排测试求产阶段。

①将流程导入单井返排地面流程，导入前确认阀门的开关正确。

②返排期间实时监测出砂情况。在数据采集系统中密切观察除砂器的上下游压差变化，进行清洗和检查。返排测试求产期间使用能够除去 200μm 以上砂粒碎片的滤筒，当上下游压力差大于 2.75MPa 时或连续使用 3h，进行清洗和检查；除砂器对返排碎屑进行捕获和计量。返排测试过程中任何时刻不能同时旁通除砂器的两个滤筒，避免固体颗粒损坏下游设备。

③放喷期间应根据井口压力变化情况，选择合理油嘴控制放喷；根据设计要求合理控制返排速率。

④放喷见气并有一定喷势后应提高放喷气量使之高于临界携液流量。返排管汇下游固体颗粒含量小于 1%，将流程倒加单井测试流程，待返排量稳定后进行变制度试气。

3．地面巡查

（1）返排测试过程中随时注意各级压力、温度的变化，派专人负责巡回检查整个地面测试流程，发现异常及时整改，必要时可关闭采气井口和液动安全阀；

（2）开井期间定时巡查，设备按照地面安全阀系统、油嘴管汇、热交换器、分离器、流量计、数据采集系统、可燃气体检测仪分类别进行填写相关记录。

三、威 202H2 平台返排测试施工效果

威 202H2 平台共有 6 口井，采用拉链式作业方式，返排测试施工周期约 90 天，单井最高累计排液量 12770.50m³，单井最高累计出砂量 16.28m³，单井最高气产量 27.57×10^4m³/d，

井口最高压力 43.68MPa。

1. 压裂施工安排

根据设计要求,采用拉链式压裂方式:先 4、5、6 井拉链(2 井监测);然后 1、2、3 井拉链(6 井监测)。

2. 返排测试施工安排

返排测试配合压裂施工,分两步完成,第一批测 4、5 两口井,第二批测 6、1、2、3 口井(地面测试流程图见图 8-3)。

第一批:

4 井单独走 1 号地面流程,可计量 4 井单井产量。

5 井单独走 2 号地面流程,可计量 5 井单井产量。

第二批:

3 井单独走 1 号地面流程,可计量 3 井单井产量。

1+6 井走 3 号地面流程,2 井单独走 2 号流程,可计量 2 井单井产量。

2+6 井走 2 号地面流程,1 井单独走 3 号流程,可计量 1 井单井产量。

2+3 井走 2 号地面流程,6 井单独走 3 号流程,可计量 6 井单井产量。

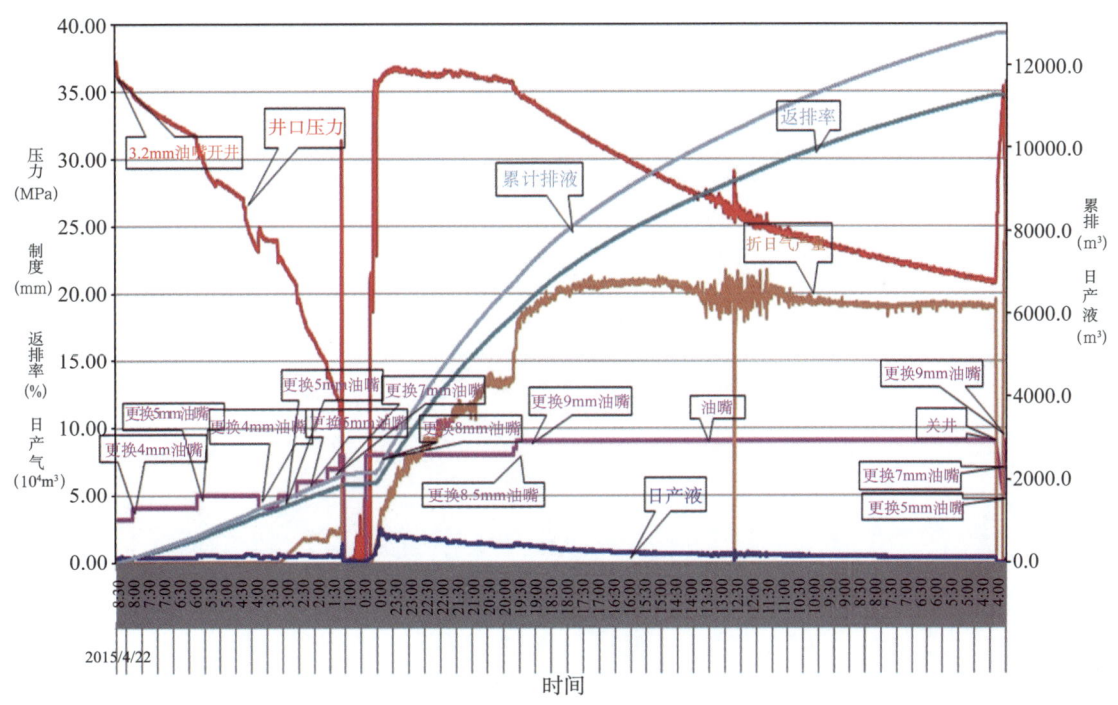

图 8-3 威 202H2 平台压后返排测试流程示意图

3. 施工效果

按照设计要求,根据现场情况,采用不同的工作制度,对每口井分别进行压后返排作业和地面测试求产作业;同时在作业过程中,实时监测井口压力、温度、气产量、排液量、出砂量等。

以威 202H2-5 井为例,在持续 16 天的压后返排作业阶段,根据井下情况,分别采用 3mm/4mm/5mm/6mm/7mm 油嘴控制排量和井口压力，最高井口压力 42.52MPa，累计排液 2084.49m³，累计出砂 3.15m³；在持续 40 天的测试求产作业阶段，根据井下情况，分别采用 8mm/8.5mm/9mm 油嘴控制产量和井口压力，最高井口压力 36.74MPa，累计排液 12270.5m³，累计出砂 6.69m³，返排率达到 34.71%。

在返排测试期间，没有发生管线刺漏、砂堵等工程质量问题，资料录取全面、准确，为今后的资料解释评价提供了详实的数据。

结论：集除砂除屑、流程超压保护、防冰堵和安全监控等功能为一体的地面安全返排测试工艺技术，解决了高压条件下页岩气井钻塞捕屑、除砂、大排量连续返排期间面临的堵塞、刺漏等安全风险，对保障地面流程设备和作业人员的安全具有重要作用。

附录　页岩气与致密气井工厂化作业操作规程

操作规程一般是指有权部门为保证本部门的生产、工作能够安全、稳定、有效运转而制定的,相关人员在操作设备或办理业务时必须遵循的程序或步骤。长城钻探公司在长时间的页岩气、致密气开发过程中,积累了丰富的工厂化设计施工经验,总结颁布和实施了《页岩气、致密气井工厂化钻完井地质设计》《页岩气、致密气井工厂化钻井工程设计》《页岩气、致密气井工厂化钻井作业》和《页岩气、致密气井工厂化压裂作业》四个操作规程。

附录一　页岩气与致密气井工厂化钻完井地质设计规程

一、范围

本部分规定了页岩气、致密气井工厂化钻完井地质设计的内容及要求。本部分适用于页岩气、致密气井工厂化钻完井地质设计。

二、规范性引用文件

下列文件对于本文件的应用是必不可少的。凡是注日期的引用文件,仅所注日期的版本适用于本文件。凡是不注日期的引用文件,其最新版本(包括所有的修改单)适用于本文件。

SY/T 5965—2010 油气探井地质设计规范
Q/SH 0075—2007 油气井钻井地质设计规范
Q/SY 122—2007 探井钻井设计规范
Q/SY 71—2007 钻井工程资料录取规范
Q/SY 128—2007 录井资料采集与整理规范执行
SY/T 5132—2012 石油测井原始资料质量规范

三、术语和定义

下列术语和定义适用于本文件。

1. 工厂化

石油施工或生产过程中,集成应用先进技术,通过流水线式作业,科学合理的组织油气井集中布井设计、钻井、压裂、试油(气)、采油(气)等施工和生产作业。

2. 工厂化作业

应用系统工程的思想和方法,集中配置人力、物力、投资、组织等要素,通过现代科学技术、信息技术和管理手段,用于传统石油开发施工和生产作业,实现在同一平台钻井、压裂、试油(气)、油(气)井生产多工种同步安全作业。具有方案设计最优化、工程技术模板化、施工作业流程化、作业规程标准化、资源利用综合化、队伍管理一体化的特点。

3. 地质设计

提供设计井基本地质情况，明确地质任务、钻探目的与资料录取要求，提出钻完井工艺建议的指导性文件。

4. 地质导向

在钻井施工过程中，根据前期地质研究成果，应用录井、随钻测量等数据，实时地调整井眼轨迹的控制技术。

四、工厂化平台布井设计

1. 布井设计原则

（1）符合开发方案要求，整体设计，批量布井；
（2）满足经济效益最大化，设计合理的钻井数和相关地质参数；
（3）布井设计应满足工程技术要求；
（4）有效提高储量动用程度，减少储量的损失。

2. 布井设计要求

（1）人员要求：
设计人员应具备工程师及以上职称，从事相关工作五年以上。
（2）布井区域选择要求：
①地面条件满足工厂化作业平台布置要求；
②储层部分认识清楚，储量及厚度下限满足开发要求；
③产能预测效果良好，投产后可实现方案指标；
④满足提高工厂化作业速度、节约成本、减少污染的要求。
（3）布井设计要求：
①依据目标区域面积及井网要求设计合理的钻井数；
②同层位井的生产层段平面距离不应低于泄油（气）半径的2倍；
③不同层位井的生产层段之间有一定厚度隔层或垂直距离不低于人工裂缝高度；
④对定向井、大斜度井及水平井的相关设计参数进行优化。

五、钻井地质设计

1. 资质要求

（1）设计单位应有从事地质设计的相关资质；
（2）设计人员应具备工程师及以上职称，从事地质设计工作五年以上；
（3）Geoworks、Petrel、Gptmap等相关设计软件。

2. 地质设计内容及要求

（1）构造描述应包括构造的展布及形态。
（2）地层概况描述对区块地层发育情况进行说明。
（3）应做地质风险分析，包括地层变化、构造形态和断层分布，给钻井工程设计起到提示作用。
（4）地质设计应为钻井工程设计提供相关的基础资料，详细提供地层压力剖面、预测依据和方法。

(5) 资料录取按照相关规定执行。钻井应按照 Q/SY 71—2007 的规定执行，录井应按照 Q/SY 128—2007 的规定执行，测井应按照 SY/T 5132—2012 的规定执行。

(6) 设计确定取心层位和数量时，既要考虑地质研究需要，又要考虑钻井难度。

(7) 地球物理测井的设计应包括：

①测井项目选择应有利于快速识别油气层和综合评价油气藏的需要，同时考虑沉积分析等地质应用和压裂设计等工程应用的需要。

②测井项目选择除保证常规基本系列要求外，对于重点井的主要目的层段，可根据实际地质需要加测测井新技术项目。

③完钻后，目的层段 7d 内必须进行综合测井（Q/SY 122—2007）。

(8) 钻井地质设计文本中应附全所有附图和附表。

(9) 有如下情况应进行设计及施工变更：

①设计变更：在钻井施工过程中因地质原因与设计有较大出入需要变更设计时，必须及时修改设计，审批后交施工方实施。

②目标井位变更：由于工程原因无法实现原设计地质目的，应及时进行补充设计，说明目标井位移动原因、移动后的坐标。

(10) 随钻仪器应具备 GR 测量功能，满足地质及工程轨迹跟踪要求。

(11) 要求地质导向的井应在地质设计中进行说明。

附录二 页岩气与致密气井工厂化钻井工程设计规程

一、范围

本部分规定了页岩气、致密气井工厂化钻井工程设计内容及要求。

本部分适用于页岩气、致密气井工厂化钻完井作业。

二、规范性引用文件

下列文件对于本文件的应用是必不可少的。凡是注日期的引用文件，仅所注日期的版本适用于本文件。凡是不注日期的引用文件，其最新版本（包括所有的修改单）适用于本文件。

GB/T 22513 石油天然气工业钻井和采油设备井口装置和采油树

SY/T 6592 固井质量评价方法

SY/T 5087—2017 硫化氢环境钻井场所作业安全规范

SY/T 5088 钻井井身质量控制规范

SY/T 5172 直井井眼轨迹控制技术规范

SY/T 5234—2004 优选参数钻井基本方法及应用

SY/T 5431 井身结构设计方法

SY/T 5435 定向井轨道设计与轨迹计算

SY/T 5466—2013 钻前工程及井场布置技术要求

SY/T 5467 套管柱试压规范

SY/T 5480 固井设计规范
SY/T 5619 定向井下部钻具组合设计方法
SY/T 5724 套管柱结构与强度设计
SY/T 5964 钻井井控装置组合 配套安装调试与维护
SY/T 6223 钻井净化设备配套、安装、使用和维护
SY/T 6283 石油钻井健康、安全与环境管理体系指南
SY/T 6396 丛式井平台布置及井眼防碰技术要求
SY/T 6426—2005 钻井井控技术规程
SY/T 6616 含硫油气井钻井井控装置配套、安装和使用规范
SY/T 6870 石油钻机顶部驱动装置安装、调试与维护
Q/SY 1296 密集丛式井上部井段防碰设计与施工技术规范

三、钻井平台设计

1. 钻井平台设计原则

(1) 应综合地理、人文及环境特点，根据钻机类型，钻井规模，压裂及试气工艺要求等设计钻井平台；

(2) 具备工厂化批量作业及集群化管理特色理念；

(3) 为钻机整体运移、多部钻机在同一井场作业、批量钻井、压裂及生产作业创造必要条件；

(4) 平台设计遵循安全、高效、节约成本的原则。

2. 钻井平台设计要求

(1) 根据井位部署整体优化钻井平台。

(2) 同排井口间距不小于 5m。

(3) 双排、多排井及两部或两部以上钻机同时施工，排间距应大于 30m。相邻两排井井口位置宜错开半个井间距。

(4) 平台应具备钻具、套管及压裂管串等工具以及钻井液用料的集中摆放条件，便于实现物资多井共享。

(5) 根据施工方式、井数、井口间距、排间距、钻机类型及压裂作业等要求确定平台面积，不同类型钻机井场面积算法参考 SY/T 5505 执行。对于需批量压裂平台，平台面积应同时满足钻井和压裂作业要求。

(6) 方井深度应满足井口装置不影响钻机运移及后续作业要求。

(7) 平台基础应满足钻机运移的要求。

(8) 未提及的其他平台设计要求应符合 SY/T 5466—2013、SY/T 5505 要求。

四、钻井工程设计

1. 钻井工程设计资质、人员、软件要求

(1) 工厂化设计单位及人员要求：

①设计单位具备集团公司颁发的钻井工程设计乙级以上资质。

②工厂化设计人员能够熟练操作 3 种以上专业设计软件。

③从事钻井设计人员应工作 2 年以上,并具有丛式井设计经验。
④设计人员应持有效井控证上岗。
⑤设计人员应掌握钻井工程所需的装备、器材、工具和材料等物资的型号、性能和质量状况。

(2) 工厂化设计单位应具备如下专业软件:
①地层压力预测软件。
②钻井设计计算系统:三维井身轨迹计算、防碰扫描及绕障设计功能;钻具组合优化设计、强度校核、钻柱摩阻扭矩预测与分析功能;综合受力分析程序;钻井参数优选及水力学分析功能;套管强度设计与受力分析、套管下入可行性分析功能、注水泥设计功能;井控设计分析功能。
③钻井液设计分析软件。
④欠平衡钻井多相流动水力参数设计和计算软件。

2. 钻井工程设计原则
(1) 设计应以保证实现地质任务为前提,满足勘探开发的需要。
(2) 设计前应进行前期研究和现场调研,并对地质设计方案复核,完成可行性论证报告或施工方案。
(3) 设计应用成熟的集成配套技术,具有可操作性。
(4) 设计应执行行业及地方健康、安全、环保标准和规范,要有明确的健康、安全、环保要求。
(5) 设计人员应调研并掌握钻井工程所需的装备、器材、工具和材料等物资的型号、性能和质量状况。

3. 钻井工程设计格式
工厂化作业钻井工程设计书格式参见相关规范。

4. 钻井工程设计内容
(1) 井身结构设计:
①按照地质设计和完井数据,做出地层压力预测剖面。
②根据地层压力剖面,结合邻井区实钻过程中井漏、井塌等复杂情况,设计套管层序,并注明封隔目的。
③依据采油(气)要求设计生产套管尺寸。
④依据钻井、储层改造、投产作业施工过程中可能产生的内压力及外挤力选择套管钢级、壁厚,高压天然气井套管设计应着重考虑密封和酸性气体腐蚀因素。
⑤表层套管下深应封住浅层疏松地层和浅层水源,进入基岩 10~20m;能够满足井控需要;相邻两井表层套管下深错开 20m;未提及的其他井身结构设计要求按 SY/T 5431 相关规定执行。

(2) 钻井质量要求:
井身质量按 SY/T 5088 执行,固井质量按 SY/T 6592 执行。

(3) 钻机及主要钻井设备选型:
①钻井工程设计应根据工程施工的最大载荷,合理地选择钻机装备。所选钻机在作业期间所受最大负荷不得超过钻机负荷的 80%。
②井架底座的净空高度能满足各次开钻井口装置的安装要求。

③应配备钻机平移装置,平移装置及基础应满足安全平移条件。

④工厂化作业平台内水平井或大位移定向井宜配备顶部驱动装置,按SY/T 6870执行。

(4)井眼轨迹设计:

①根据目标点基础数据,结合区域地质资料、工程资料进行综合分析,确定井身剖面类型。

②坚持丛式井组整体设计的原则设计井眼轨迹,整体考虑轨迹走向和防碰问题,合理安排施工顺序,降低施工难度,缩短钻井周期。

③根据工具造斜能力及井眼轨迹控制技术水平,通过钻柱受力及摩阻计算分析,选择造斜点和造斜率。轨迹设计方法按SY/T 5435执行。

④相邻两井的造斜点深度相差应不小于50m。

⑤轨迹设计时要进行防碰扫描设计,包括同平台井组防碰扫描设计和相邻完钻井防碰扫描设计,设计方法按SY/T 6396和Q/SY 1296执行。

(5)钻具组合及钻柱力学分析:

①根据井身剖面类型和井眼轨迹控制要求设计钻具组合。

②三维水平井及大位移井应对钻柱做屈曲及强度分析。

③直井钻具组合设计方法按SY/T 5172执行,定向井和水平井钻具组合设计方法按SY/T 5619执行。

④水平井或大位移井应配备专用钻具:无磁钻铤(或无磁承压钻杆),18°斜台肩钻杆及加重钻杆,动力钻具,随钻震击器等。

(6)钻井液设计:

①钻井液设计应从优化钻井液性能及有利于保护储层分段设计,在高风险地层及目的层应有专项设计。

②钻井液体系:根据地层岩性、井下安全、有利于降低井壁摩阻和对保护油气层的要求,使用相匹配的钻井液体系。

③钻井液密度:按SY/T 6426—2005中3.4的规定执行,含硫地区执行SY/T 5087—2017中7.2.4条规定。

④钻井液性能:按SY/T 5234—2004中4.4的规定执行,并满足井眼净化、井壁稳定、润滑防卡、保护油气层及无线随钻测量仪器工作的要求。

⑤固控装置:固控装置的选择及使用要求按SY/T 6223的规定执行,水平井段离心机的使用率应达80%以上。

⑥油气层保护措施:根据储层物性和敏感性数据设计优选与储层相匹配的保护油气层处理剂。

(7)平台钻井施工要求:

①双钻机或多钻机作业时,宜采用一套施工管理人员,可配一套井场工程、生活用房。供电、供水、供油、污水处理、废弃物回收等设施统一布置。

②对于批量钻井,单排双钻机宜同向施工,双排双钻机宜相向施工,多排多钻机施工应尽可能减少相邻钻机之间平行施工状态。

③批量钻井钻机平移至新井后,转盘中心与本排井口中心线偏差不超过50mm;批量钻井钻机回移后,转盘中心与原井眼中心误差不超过10mm。

④丛式井组批量钻进时宜分开次、分钻井液体系或分特殊工艺井段批量钻进,实现表

层或中完批量钻井。

⑤加重、堵漏材料等应急物资应实现多井共享,按需供应。

(8) 井控设计:

井控设计及井控装置选择按SY/T 6426、SY/T 5964以及当地油田井控实施细则执行;在地层含硫化氢地区,按SY/T 5087—2017、SY/T 6616相关规定执行。

(9) 套管及固井设计:

①套管强度设计按SY/T 5724执行,水平井及大位移井应做套管摩阻分析,并进行套管下入可行性分析。

②根据完井要求,提出满足固井质量的水泥浆体系、添加剂和固井技术措施。

③固井作业设计及相关技术要求按SY/T 5480固井设计规范执行。

④套管柱试压按SY/T 5467执行。

(10) 完井井口装置及要求:

完井井口装置及要求按GB/T 22513规定执行,完井井口高度应满足最上层套管头或占位件上端面低于基础面0.2m的要求。

(11) 健康、安全和环保要求:

按SY/T 6283以及当地政府有关健康、安全与环境保护法律、法规等相关文件的规定执行。

5. 审批程序

钻井工程设计由甲方(或委托方)或有设计资质的单位、部门负责审核、逐级审批,批准后方可生效。批量钻井应体现持续改进、不断完善的原则,应根据实际情况做出补充设计,对于重大变更,如井身结构、套管变更应按审批程序申报批准后方可生效。

附录三 页岩气与致密气井工厂化钻井作业规程

一、范围

本部分规定了页岩气、致密气井工厂化钻井作业操作规程的内容及要求。

本部分适用于页岩气、致密气井工厂化钻完井作业。

二、规范性引用文件

下列文件对于本文件的应用是必不可少的。凡是注日期的引用文件,仅所注日期的版本适用于本文件。凡是不注日期的引用文件,其最新版本(包括所有的修改单)适用于本文件。

GB 15603—1995 常用化学危险品贮存通则

GB/T 16716.1—2008 包装与包装废弃物 第1部分:处理和利用通则

GB/T 16783—2006 石油天然气工业钻井液现场测试

GB 8978—1996 污水综合排放标准

SY/T 5087—2017 硫化氢环境钻井场所作业安全规范

SY/T 5225—2005 石油天然气钻井开发储运防火防爆安全生产技术规程

SY/T 5412—2005 下套管作业规程
SY/T 5416.1—2006 定向井测量仪器测量及检验
SY/T 5435—2003 定向井轨道设计与轨迹计算
SY/T 5466—2013 钻前工程及井场布置要求
SY/T 5619—2009 定向井下部钻具组合设计方法
SY/T 5623—2009 地层压力预（监）测方法
SY/T 5964—2006 钻井井控装置组合配套安装调试与维护
SY/T 5974—2007 钻井井场、设备、作业安全技术规程
SY/T 6223—2005 钻井液净化设备配套、安装、使用和维护
SY/T 6228—2010 油气井钻井及修井作业职业安全的推荐做法
SY/T 6283—2003 石油天然气钻井健康、安全与环境管理体系指南
SY/T 6332—2012 定向井轨迹控制
SY/T 6396—2009 钻井井眼防碰技术要求
SY/T 6426—2005 钻井井控技术规程
Q/CNPC 124.2 石油企业现场安全检查规范　第2部分：钻井

三、术语和定义

下列术语和定义适用于本文件。

1. 工厂化钻完井

工厂化钻完井是指利用一系列先进钻完井技术、装备和通信工具，系统优化管理整个建井过程涉及的多项因素，集中进行钻井和压裂等批量作业方式。更加强调油公司、钻井承包商和技术服务公司等各参与方的密切协作，实现各个作业环节的无缝衔接，减少或避免非生产时间，提高钻完井施工速度，达到降低油气综合成本的目的。

2. 钻机整体运移

利用钻机平移装置，实现钻机整体运移，减少传统的钻机搬迁时间。

四、作业准备

1. 队伍及设备

（1）工厂化作业表层施工队伍应具有集团公司乙级资质（含）以上，钻机数量根据施工时间、平台排数和井数确定。

（2）工厂化作业中完、完井施工队伍宜具有集团公司甲级资质，钻机数量根据平台排数和井数确定。

（3）钻机类型依据钻井工程设计，满足钻井施工要求。

2. 平台钻前工程

（1）基础、钻前工程：

基础、钻前工程施工作业按照 SY/T 5466—2013 相应规定执行。

（2）水源：

①水源位置宜临近井场并不影响施工作业。

②水质、供水量应满足钻井液、固井、压裂等施工要求。

③如使用水井作为水源,工厂化施工完毕后应对水井进行封井处理。

(3) 排污:排污应符合相关安全、环保法律法规的要求。

①钻井液池位置选择在平移基础外侧。

②钻井液池容积根据返砂量和排污量确定,并附加50%。

3. 钻机平移

(1) 技术要求:

①选择具有资质的钻机平移装置制造厂家并签订技术协议或合同,内容应包括:平移方案、技术要求、现场安装和调试、技术要求及质量保证等条款。

②钻机整体移运系统设计、制造应遵循"安全、可靠、经济、实用、方便运输"原则。

③机械钻机主机(含后台联动机组)采用液缸拉动方式整体平移至下一井位,钻井泵、钻井液罐、气源房、MCC房、辅发房、油罐等其他设备采用吊车移动。

④电动钻机仅平移井架并加长电缆及高压平管线长度,井架平移距离超过0.3m,其他设备使用吊车移动。

⑤平移前对钻台和二层台上的各种工具检查并固定牢固。

⑥平移过程中平移轨道1m以内不能存在固定设备和人员,防止平移时发生刮碰和造成人身伤害。

⑦平移过程中观察人员随时与指挥者保持联系,保证平移安全。

⑧机械钻机平移风速小于5级,电动钻机平移风速小于3级。

⑨钻机平移应在白天进行。

(2) 钻机基础、导轨要求:

①钻机基础抗压强度X,水平度控制在5mm以内。

②导轨下面与基础接触比压小于0.3MPa,水平度控制在5mm以内。

(3) 平移系统要求:

①配置独立动力源提供平移动力,动力源采用双泵组,保证在其中一个泵组出现故障时,移动装置还能够使用。配备液压控制系统,控制液缸完成钻机的移动。

②在两条主滑轨轨面上分别放置一个液缸,液缸前端通过销轴耳板与钻机底座相连接,后端通过棘轮棘爪机构与导轨上方孔相连接,实现钻机的整体移动。

③ZJ70钻机、ZJ50钻机和ZJ40钻机推荐主要技术参数,见表附3-1。

表附3-1 推荐主要技术参数

技术参数	ZJ70钻机	ZJ50钻机	ZJ40钻机
钻机移动需要的最大静摩擦力	700×0.25=175t	700×0.25=175t	608×0.25=152t
液缸额定压力	16MPa	16MPa	16MPa
液缸理论拉力 × 数量	122t×2组=244t	122t×2组=244t	122t×2组=244t
液缸理论推力 × 数量	163t×2组=326t	163T×2组=326t	163T×2组=326t
推移速度	3mm/s	3mm/s	3mm/s

4. 钻井液施工准备

（1）钻井液设备仪器准备：

①钻井液循环系统、固控和除气设备应按 SY/T 6223 的相关要求进行配备和安装。

②钻井液实验仪器、设备和试剂的配置和钻井液性能检测应按照 GB/T 16783.1 和 GB/T 16783.2 的相关要求执行。

（2）钻井液回收储备装置准备：

①钻井液回收储备装置搅拌器、混合漏斗和循环处理系统。

②钻井液回收储备装置容积根据工厂化平台钻井设备同时平移时钻井液体积确定，并附加 10%。

③钻井液回收储备装置按要求摆放到位。

（3）钻井液材料准备：

①工厂化平台井组单井加重材料储备依据设计要求。

②工厂化平台井堵漏材料储备依据设计要求。

③偏移距大于 500m 的井，推荐使用全油基钻井液体系。

五、现场作业

1. 设备安装、调试、试压、开钻验收

（1）设备安装、调试依据相应规格的钻机手册。

（2）井控设备安装、试压按照钻井工程设计执行。

（3）开钻前验收项目及要求依据 SY/T 5954 的相关规定执行。

2. 工厂化作业

（1）工厂化作业顺序：

①表层批量作业应按同排先后顺序依次一次性完成。

②中完、完井、压裂批量作业顺序以不影响钻机平移和钻井压裂同时施工安全为原则。

（2）表层工厂化作业：

①作业内容包括平台所有井的表层钻井、下套管、固井、测井和安装套管头作业，施工依据设计执行。

②在同一排井口横向、纵向偏差不超过 10cm。

（3）中完工厂化作业：

①作业内容包括安装、试压井控设备、中完钻井作业、下技术套管、固井和测井，施工依据设计执行。

②偏移距大于 150m，中完通井使用扩孔扶正器修整井眼，保证套管顺利下入。

③若中完需揭油气层，在邻井和本井压裂作业时，充分考虑相邻井的影响。正钻井与正在压裂作业的井，井底距离小于 500m 不能实施压裂作业。

④在压裂施工前召开钻井与压裂作业同时施工协调会，评估作业风险，制定施工方案。

（4）完井工厂化作业：

①作业内容包括安装、试压井控设备、批量水平段钻井、下完井管柱、固井和测井，施工依据设计执行。

②完井作业中需要压裂作业时要考虑对邻井的影响。

③水平段长度超过 1500m 后，推荐使用水力振荡器。

④完钻后通井钻具组合模拟完井管柱刚性，通井稳定器数量依次递加，最终达到完井管柱刚性要求。下套管作业执行 SY/T 5412–2005 相关规定，下压裂管柱执行设计并结合 Q/SY 1460–2012 相关规定。

⑤依据完井方式安装完井井口装置。

3. 钻机平移

1）准备工作

（1）若钻井泵、钻井液罐、MCC 房等辅助设备平移时：

①拆卸与平移设备连接的设备及部件，包括钻井泵、万向轴、高压管线等。

②在井架底座正前方（或机房后侧）水泥基础上，并排摆放基础。

③在基础上铺设两条平移导轨，连接牢固，水平度控制在 5mm 以内。

④液压缸的尾部与井架用销子连接牢固，使液压缸伸长到位后头部与轨道本体上的四方孔镶嵌（或液压缸收缩到位后使头部与轨道本体上的四方孔镶嵌）。

⑤分别连接液控台与动力源、液压缸的液压管线，并按技术要求进行调试。

⑥平移导轨表面清洗干净，并涂油脂保证其润滑度。

（2）若钻井泵、钻井液罐、MCC 房等辅助设备不平移时：

①应增加电缆、导流槽、高压管线的长度。

②在井架底座正前方（或机房后侧）水泥基础上，并排摆放基础。

③在基础上铺设两条平移导轨，连接牢固，水平度控制在 5mm 以内。

④液压缸的尾部与井架用销子连接牢固，使液压缸伸长到位后头部与轨道本体上的四方孔镶嵌（或液压缸收缩到位后使头部与轨道本体上的四方孔镶嵌）。

⑤分别连接液控台与动力源、液压缸的液压管线，并按技术要求进行调试。

⑥平移导轨表面清洗干净，并涂油脂保证其润滑度。

2）平移施工要求

（1）井架平移前安排专人指挥，专人操作液压操作台，专人在井架和机房底座两侧观察，并对平移各部位进行认真检查，防止钻机偏离轨道。

（2）平移操作：伸出液压缸头部与轨道方孔紧密嵌合；操作液压杆要平稳保证井架缓慢移动；平移过程保证限位板工作正常，防止钻机移动时偏离轨道；液压缸步进结束后，使限位块到达下一个轨道方孔并嵌入，继续平移，到位后重复上一操作，直至平移至下一井位；井架和机房底座同步运行。

（3）平移过程有异常情况应立即停止作业并及时汇报。

（4）到达预定井口后停止平移，技术人员对井口位置进行校正。

（5）分别对井架、机房底座与导轨之间使用限位块固定牢固。

（6）拆除移动控制装置和多余的移动导轨，并进行保养维护。

（7）若钻井泵、钻井液罐等辅助设备平移时使用吊车将钻井泵、钻井液罐、气源房、MCC 房、发电房、油罐等其他设备移动并安装。

4. 轨迹控制

（1）回收钻井液根据生产情况进行调整，原则上遵循"先入先出"，对于储备时间较长的应加入一轨迹优化方法按 SY/T 5435 的规定执行。

（2）钻井中的三维定向、三维水平井应在井斜达到 60°前调整好偏移距。

（3）井眼防碰技术按 SY/T 6396 的规定执行。

（4）测量仪器选择应符合 SY/T 5416.1、SY/T 5416.2、SY/T 5416.3 及 SY/T 5416.4 的规定。

（5）钻具组合按 SY/T 5619 的规定执行，如三维水平井的偏移距大于 300m，水平段长大于 1500m，宜在原有钻具组合基础上加入水力振荡器。

（6）实钻轨迹控制按 SY/T 6332 的规定执行，通过对地质录井资料、邻井资料、地质标志层对比资料进行分析，预测目的层变化，修正待钻井眼轨迹设计，做到精确入靶。

5. 钻井液回收使用

（1）回收钻井液根据生产情况进行调整，原则上遵循"先入先出"，对于储备时间较长的应加入一定量的防腐剂。

（2）钻井液需回收时，在平移前进行净化，倒入储备罐。

（3）储备钻井液再次使用前，应根据现场实际情况对储备钻井液进行性能调整，满足现场需要。

六、质量安全环保要求

1. 质量要求

井身质量、固井质量、取心质量按照工程设计要求执行，钻井液性能按照工程设计要求执行。

2. 安全环保要求

安全环保要求应按照 GB 8978—1996、SY/T 5974—2007、SY/T 6228—2010、SY/T 5225—2005、SY 5974—2007、SY/T 5964—2006、SY/T 5623—2009、SY/T 6426-2005、SY/T 6283—2003、GB 15603—1995、GB/T 16716.1—2008 的要求执行。

七、阶段评估

1. 评估周期

每批次第一阶段完成后，对钻井生产组织、设备运行、技术措施、QHSE 管理情况进行评估。

2. 评估内容

评估报告应包含如下内容：

（1）生产组织情况包括工序衔接、工具、材料准备、非生产时间比例等内容。

（2）设备运行情况包括设备平移情况、设备运转状况、设备隐患及整改情况。

（3）技术措施情况包括钻井设计和施工方案执行情况、井下故障预防及处理情况、钻头、钻具组合优选情况、钻井参数优化情况、新技术新工具新工艺应用情况、同层位钻井速度对比情况。

（4）QHSE 管理情况。

3. 总结

（1）工厂化作业表层、中完和完井形成总结报告。

（2）每轮井完成后，召集相关方召开总结会议。

（3）总结会议形成总结报告，对建井周期、机械钻速、产品质量进行综合性评价。

附录四　页岩气与致密气井工厂化压裂作业规程

一、范围

本部分规定了页岩气、致密气井工厂化压裂的设计、准备和施工的技术要求。
本部分适用于页岩气、致密气井工厂化压裂施工。

二、规范性引用文件

下列文件对于本文件的应用是必不可少的。凡是注日期的引用文件，仅所注日期的版本适用于本文件。凡是不注日期的引用文件，其最新版本（包括所有的修改单）适用于本文件。

SY/T 5289—2008 油、气、水井压裂设计与施工及效果评估方法
SY 5727—2007 井下作业安全规程
SY/T 6376—2008 压裂液通用技术条件
SY/T 6443—2000 压裂酸化作业安全规定
Q/SY 91—2004 压裂设计规范及施工质量评价方法
Q/SY 125—2007 压裂支撑剂性能指标及评价测试方法
Q/SY 1025—2010 油水井压裂设计规范
Q/SY 1412—2011 油气水井井下作业排液操作规程

三、术语和定义

下列术语和定义适用于本文件。

1. 工厂化压裂

将压裂设备固定于某一场地，对其周边位置较为集中的多口井或丛式井组实施批量压裂作业的施工方式。通过统一的工序控制、标准的施工工艺、连续的物料供给实现效率和效益的最大化。

2. 速溶压裂液

在较短时间内迅速增黏并达到性能指标要求的压裂液。

3. 增黏比

配制的压裂液的即时黏度与该压裂液最终能达到的黏度的比值。

4. 连续混配

在连续供水的情况下，能够不间断地进行压裂液的配制。

5. 连续加砂

利用砂囤或移动砂罐，在压裂施工期间不间断地泵入支撑剂。

6. 同步压裂

指对两口或两口以上井眼位置相邻、水平井段大致平行的井，用两套或两套以上车组进行同时压裂，来增加水力压裂裂缝网络的密度及表面积的压裂作业。

四、压裂设计

(1) 针对同一批次压裂实施的丛式井组，应编制整体压裂实施方案。

(2) 整体压裂实施方案应包括但不限于连续供水系统、连续混配系统、连续加砂系统、连续泵注系统，统筹规划部署施工进度及施工周期。

(3) 整体压裂实施方案应提高生产时效、降低成本，实现经济效益最大化。

(4) 整体压裂实施方案应考虑钻井、作业、放喷、试气等交叉作业，符合安全作业规定。

(5) 单井压裂设计方案应考虑储层特点，应用先进适用技术，可操作性强。在现有的井筒条件、技术装备能力下，压裂设计参数指标可以实现。并按照 SY/T 5289—2008 第 4 章的规定执行。

五、压裂准备

1. 人员与队伍

(1) 压裂施工队伍应具备中国石油工程技术服务乙级以上资质。

(2) 各岗位人员的配备应具备连续施工的能力。

(3) 为确保设备连续施工，现场应配备检维修工、电工等人员。

2. 井场踏勘

(1) 由施工队专业人员提前勘查上井路线，并绘制路线图。路线应图示明确，并对易误入路段、危险路段做出标示。

(2) 井场道路应至少满足长 13m、宽 3m、高 4.7m、重 55t、转弯半径 19m 的车辆通行需求。

(3) 丈量井场大小及井口间距，合理规划井场设备摆放，如蓄水池、地面罐、混配设备、输砂装备、泵注设备以及其他设备，并绘制设备摆放示意图。

(4) 井场需填平、夯实，井场内地面应避免出现高度超过 0.1m 的垂直台阶，井场地面承重要求不低于 0.2MPa。

3. 主体设备

(1) 设备准备：

①按工厂化平台地面设计规划合理摆放蓄水罐，满足施工要求。

②放喷管汇每隔 10m 用地锚固定，出口端采用双地锚固定，安装试压按 SY 5727—2007 执行，并具备 2~3 口井同时放喷能力。

③放喷出口距离井口 30m 以外，应接燃烧罐。

④按设计要求准备压裂设备，压裂设备应具备连续施工能力，备用设备至少按 20%~50% 以上配备。

⑤根据压裂设计排量配备好相应型号和数量的连续混配装备以及其他配套设备。

⑥准备好检维修设备及相应设备配件。

⑦冬季施工应准备泵车、混配车、井口、阀门等关键部位的防冻及解冻设备。

(2) 设备摆放：

①根据整体实施方案要求，按供水区、配液区、泵注区、输砂区以及放喷排液区进行

设备的摆放，各区域相对固定，预留好安全和应急疏散通道，同时能满足多口井的施工。

②同步压裂时，两套或多套设备之间要留有不少于4m安全通道，可以容许液氮罐车和油罐车自由通过。

③交叉作业区及放喷区应留出不少于30m的安全距离。

4．液体

（1）配液准备：

①根据储层特性及压裂工艺要求，通过室内试验，优化设计压裂液配方，压裂液配方的优化及压裂液性能指标要求应符合SY/T 6376—2008的规定。

②配液前，地面蓄水池及缓冲罐备足配液用水，供水速度应不小于配液速度，配液用水符合压裂液配方要求。

③其他材料准备及配液应按SY/T 5289—2008 5.1.5执行。

（2）连续混配：

①连续混配应由专业的配制人员操作。

②调试连续混配参数，确认其配制出的压裂液性能符合指标要求，配液速度能够满足施工排量要求。

③根据液体类型及施工排量和规模，至少配置满足一段施工数量的地面缓冲罐。

④连续混配车宜配备压裂液原料自动添加装置。

5．支撑剂

（1）支撑剂的检验及性能指标应按SY/T 125—2007要求执行，支撑剂准备应按照SY/T 5289 5.1.6执行。

（2）现场配备足够的吊车和砂罐车，保证连续供砂。

（3）宜配备连续输砂装置和砂囤。

六、压裂施工

1．上水、配液

（1）按液体配方配制压裂液，精确控制干粉配比、液添配比、清水流量、液位等作业参数。

（2）配制出的压裂液应在10min内增粘比达到80%以上。

（3）对压裂液实时添加的材料、种类、数量及水量进行现场监测。

（4）定期取样，检查压裂液的黏度、交联性能，缓交时间等压裂液性能参数。

（5）要保证蓄水池至缓冲水罐以及缓冲水罐至连续混配车的导水能力。

2．泵注

（1）泵注施工按SY/T 5289—2008 5.2要求执行。

（2）滑套式分层（段）压裂施工，压裂完一层（段）后，停泵或降排量，投球打滑套，先以较低排量送球，注意观察压力变化情况，确认滑套打开后，再提排量到设计排量，转下一层（段）施工。

（3）段内多裂缝压裂施工，提前预置好转向剂，当主裂缝延伸到适当的时候，将转向剂导入井筒，阻止主裂缝延伸，从而使得液体转向形成新裂缝。

（4）桥塞分层（段）压裂施工，压裂完一层（段）后，停泵，打桥塞、射孔完成后，转下一层（段）施工。

（5）同步压裂施工，应确保每段压裂时在同一时间启泵。
（6）压裂完一口井后，停泵，导闸门，转下一口井施工。

3. 异常处置及应急

（1）当连续供水不及时，应准备好倒水罐车现场应急备用。
（2）当施工或混配车出现故障时，应及时启用备用车辆。
（3）有交叉作业的邻井发生异常，应立即停止加砂，转顶替，停泵。
（4）若邻井在钻井钻遇压裂层位时，应停止钻进直到压裂施工结束。
（5）应针对井口压力异常变化、地面管线刺漏、泵车故障、管柱脱落、含硫化氢或一氧化碳等有害气体泄漏等异常情况，启动应急预案。

七、放喷返排

压裂完毕，达到闭合时间后，按设计要求用油嘴控制放喷排液，并准确计量排出液量，具体参照 SY/T 5289—2008 执行。

八、质量安全环保要求

（1）储水池应做好防渗处理。
（2）井场电器、照明设施、线路安装等执行 SY 5727《井下作业井场用电安全要求》和 SY/T 5225《石油与天然气钻井、开发、储运防火、防爆安全技术规程》等标准。
（3）压前作业及压裂施工中的安全及环保要求按 SY/T 6443—2000 及 SY/T 5289—20085.5 执行。
（4）压裂施工过程中注意观察邻近的施工井或生产井的压力变化，若发生异常应采取必要的安全措施。
（5）压前作业及压裂施工中的质量要求按 Q/SY 91—2004 标准执行。
（6）各作业区域设专人负责，进行属地管理。
（7）返排液体应进行回收处理，防止液体污染。
（8）交叉作业前，相关方应进行风险分析、预案制定和技术交底。
（9）交叉作业区域间相对隔离，并留有安全通道。

参 考 文 献

[1] Olof Hummes, Paul B0nd, et al. Using Advanced Drilling Technology to Enhance Well Factory Concept in the Marcellus Shale[C]. IADC/SPE151466.

[2] 石磊，等．井工厂钻井技术调研报告 [P]．金正纵横咨询公司，2014，10

[3] 张金成，孙连忠，王甲昌，等．"井工厂"技术在我国非常规油气开发中的应用 [J]．石油钻探技术，2014，42（1）：20–25

[4] 王国勇．致密砂岩气藏水平井整体开发实践与认识—以苏里格气田苏53区块为例 [J]．石油天然气学报，2012，34（5）：153–156

[5] 王锦昌，邓红琳，袁立鹤，等．"井工厂"模式在大牛地气田的探索与应用 [J]．石油钻采工艺，2014，36（1）：6–10

[6] 刘伟．四川长宁工厂化钻井技术探讨 [J]．钻采工艺，2015，40（4）：24–28

[7] 瞿国华．页岩气产业开发技术经济 [M]．北京：中国石化出版社，2016

[8] 文乾彬，杨虎，等．吉木萨尔凹陷致密油大井丛"工厂化"水平井钻井技术 [J]．新疆石油地质，2015，36（3）：334–337

[9] 叶成林．苏53区工厂化钻完井关键技术 [J]．石油钻探技术，2015，43（5）：129–134

[10] 唐钦锡．水平井地质导向技术在苏里格气田开发中的应用 [J]．石油与天然气地质，2013，34（3）：388–394

[11] 许冬进，廖锐全，等．致密油水平井体积压裂工厂化作业模式研究 [J]．特种油气藏，2014，21（3）：1–6

[12] 王伟锋，等．页岩气成藏理论及资源评价方法 [J]．天然气地球科学，2013，24（3）：429–438

[13] 丰国秀，陈盛吉．岩石中沥青反射率与镜质体反射率之间的关系 [J]．天然气工业，1988（3）：7+30–35

[14] 李建秋，等．页岩气井渗流机理及产能递减分析 [J]．天然气勘探与开发，2011，34（2）：34–36

[15] 葛云华，鄢爱民，高永荣，等．丛式水平井钻井平台规划 [J]．石油探勘与开发，2005，32（5）：94–100

[16] 何东博，贾爱林，冀光，等．苏里格大型致密砂岩气田开发井型井网技术 [J]．石油勘探与开发，2013，40（1）：80–82

[17] 王国勇．苏里格气田水平井整体开发技术优势与条件制约———以苏53区块为例 [J]．特种油气藏，2012，19（1）：62–65

[18] 曾凡辉，等．北美页岩气高效压裂经验及对中国的启示 [J]．西南石油大学学报（自然科学版），2013，35（6）：90–98

[19] 周贤海．涪陵焦石坝区块页岩气水平井钻井完井技术 [J]．石油钻探技术，2013，41（5）：26–30

[20] 刘社明，等．苏里格南合作区工厂化钻完井作业实践 [J]．天然气工业，2013，33（8）：64–69

[21] 史玉才，管志川，陈球炎，等．钻井平台位置优选方法研究 [J]．中国石油大学学报：自然科学版，2007，31（5）：44–47

[22] 夏家祥，等．北美移动钻机技术现状 [J]．钻采工艺，2013，36（4）：1–5

[23] 吴则鑫．水平井地质导向技术在苏里格气田苏53区块的应用 [J]．天然气地球科学，2013，24（4）：859–863

[24] 唐钦锡.苏53区块复杂地质条件下水平井入靶技术研究与应用[J].石油地质与工程,2013,27(2):79-81

[25] 唐钦锡.水平井地质导向技术在苏里格气田开发中的应用[J].石油与天然气地质,2013,34(3):388-394

[26] 曹阳,等.三维多靶侧钻水平井轨迹控制技术[J].天然气技术与经济,2010(3):23-26

[27] 魏周胜,等.苏里格气田 ϕ88.9mm 油管固井工艺技术[J].特种油气藏,2011,18(2):1-2

[28] 王文东,赵广渊,苏玉亮,等.致密油藏体积压裂技术应用,2013,34(3):345-348

[29] 姚中辉,张俊华.体积压裂技术在石油开发中的应用[J].中国新技术新产品,2013(2):173

[30] 王海庆,王勤.体积压裂在超低渗油藏的开发应用[J].中国石油和化工标准与质量,2013(2):143

[31] 米卡尔·埃克诺米德斯,肯尼斯·诺尔特.油藏增产措施[M].北京:石油工业出版社,2009

[32] Michael J. Economides, Tony Martin. Modern Fracturing: Enhancing natural gas production[M]. Energy Tribune Publishing Inc., Houston

[33] 刘乃震.苏53区块"井工厂"技术[J].石油钻探技术,2014,42(5):21-25

[34] 刘乃震,柳明.苏里格气田苏53区块"工厂化"作业实践[J].石油钻采工艺,2014,36(6):16-19

[35] 叶成林,王国勇.体积压裂技术在苏里格气田水平井开发中的应用[J].石油与天然气化工,2013,42(4):382-386

[36] 李宪文,张矿生,樊凤玲,等.鄂尔多斯盆地低压致密油层体积压裂探索研究及实验[J].石油天然气学报,2013,35(3):142-146

[37] 刘乃震,柳明,张士诚.页岩气井压后返排规律[J].天然气工业,2015,35(3):50-54

[38] 陆峰,潘登.页岩气藏体积压裂后地面连续捕屑除砂排液工艺[J].钻采工艺,2015(5)

[39] 刘飞,王勃,潘登,等.四川盆地页岩气井地面安全返排测试技术[J].河南理工大学学报:自然科学版,2013(1)